commentary on architecture competition #0

설계경기 코멘터리 #0

책의 구성에 대해

설계경기는 건축물의 건립을 위해 복수의 설계자로부터 안을 모집하고, 심사에 의해 최적의 설계안/설계자를 선정하는 절차를 의미한다. 흔히 상금을 내걸고 공개적으로 모집한다는 뜻을 가진 '현상설계공모' 등으로 통용되기도 하지만, 그 목적으로 보아 상금이 아닌 설계안을 구하는 경쟁이라는 점에서 '설계경기'라는 명칭을 사용하고자 한다.

『commentary』는 2023년 2, 3분기 설계경기 기록원 스코어러(scorer.co.kr)에 등록된 공고 약 500건 가운데 유저들의 관심도가 가장 높았던 일곱 건의 설계경기를 다루고 있다. 더불어 지역과 용도, 규모 및 형식 등 여러 요소들을 고려하여 동시대 설계경기의 다양성을 반영하고자 했다.

『commentary』는 각 설계경기 심사위원 2인의 인터뷰, 그리고 심사 당시 제출되었던 당선작과 입상작 1건의 제안서 원본으로 구성된 두 개의 파트로 이루어져 있다. 인터뷰 상에는 언급하고 있는 제안서 내용이 수록된 페이지를, 반대로 제안서 상에는 해당 위치를 언급하고 있는 인터뷰의 페이지를 기재함으로써 각 제안서의 내용의 어떤 관점으로 논의되었는지 심사위원의 시선을 따라가며 양자가 서로에 대한 이해도를 심화시키는 기능을 수행할 수 있도록 하였다.

인터뷰이 및 입상작은 각각의 평가사유서와 표결 내용을 토대로 선정되었다. 심사 과정에 대한 공개된 기록들을 수집, 분석하여 당선작과 가장 뚜렷한 차이를 드러내는 입상작을 선별하고 그에 대한 표결 및 심사평을 남긴 심사위원을 인터뷰 대상으로 선정한 것이다. 독자의 이해를 돕고자 지면에서 다루고 있는 입상작에 관한 심사위원 전원의 심사평을 함께 수록하였으며, 띄어쓰기와 같은 세부 수정사항 외에는 추가적인 변경 없이 모두 기록된 원문을 그대로 사용하였다. 위와 같은 과정을 거쳐 정리된 일곱 건의 인터뷰는 모두가 서로 각기 다른 이야기들을 다루고 있으며, 이러한 이슈들은 여기에서 다루지 못했던 수많은 설계경기 심사와도 무관하지 않을 것으로 보인다.

놀랍게도 기획안에 따라 작성된 서른 네 줄의 섭외 목록으로부터 이 책의 목차는 거의 달라지지 않았다. 이 같은 출간이 가능했던 것은 만들어진 적 없었던 새로운 기획이었음에도 불구하고 열 네 명의 심사위원과 스무 팀에 달하는 건축가의 도움과 기여 덕분이다. 특히, 아직 설계를 진행하고 있거나 건물이 완성되지 않은 당선작의 경우 다양한 차원의 우려들이 있었음에도 불구하고 어려운 요청에 기꺼이 손을 내밀어 주었다. 이 자리를 통해 다시 한번 감사의 말씀을 전한다.

편집후기

국내에서 건축설계경기를 전문적으로 다루는 연속간행물이 발행되기 시작한 것은 1996년으로, 지금으로부터 약 한 세대 전의 일이다. 창간호의 편집자는 짧은 글에서 설계경기를 '가타부타, 이래라저래라, 설계비 깎자고 지랄하고, 능력이 있네 없네 까부는 건축주라는 양반들의 입이 닫혀 있는 게 바로 매력!'[1]이라고 표현하고 있다. 설계경기가 건축의 자율성을 담보하고 혁신적인 건축가와 계획안의 등용문이라는 데는 누구나 원칙적으로 동의하겠지만, 당시 한국적 상황에서 이는 다소 천진한 낭만에 가까워 보인다.

예컨대 그해 같은 발행처에서 출간된 다른 잡지는 "이제 현상설계는 하지 말자!"[2]는 제목의 칼럼을 게재했다. 그 시기 건축계의 주요한 작업들을 생산했던 4.3그룹의 멤버 우경국은 이 글에서 심사의 투명성과 공정성이 보장될 수 있는 제도적 장치가 마련되어야 한다고 주장하며, 그렇지 못한 설계경기는 거부하고 그것이 이루어질 때까지 기다리자는 말로 끝을 맺는다. 이후 건축가들의 보이콧이 어느 정도 수준으로 이루어졌는지는 알 수 없으나 국가적인 대형 프로젝트들을 제외하면 주택과 같은 중소규모 민간 프로젝트들에 비해 설계경기에 의한 일상적인 공공건축물이 건축가의 작업으로서 주목을 받는 경우는 상당히 드문 것이었다.

오늘날 보편화된 심사위원 사전 공개, 표결/채점 내용 및 평가사유서 공개, 심사 현장 실시간 송출 등 그가 요청했던 제도적 장치들이 마련되고 안착하는 데까지는 적지 않은 노력과 시간이 소요되었고, 그것의 상당 부분 역시 그들 세대의 몫이었다. 그와 같은 제도적 변화들은 스코어러(scorer.co.kr)와 『commentary』 기획을 가능케하는 기반이기도 했다. 그것들이 모두 제대로 작동한다면 이제 설계경기는 보이콧의 대상이 아니라 "한국 건축의 최전선인 설계 경쟁 시장 질서 구축에 나선 아방가르드"[3]가 되어야 할 것이다.

우경국의 주장을 따랐다면 그간의 공공건축 대부분은 방임 상태에 놓였겠지만, 설계경기를 통해 건립되는 공공건축물의 수와 규모는 지속적으로 증가해 왔으며 그와 관련된 출판물 역시 연감의 형식을 비롯하여 그 종수를 늘려왔다. 그러나 한 세대에 걸친 설계경기의 변화에 대응하여 건축 매체는 그것을 반영하고, 나아가 추동하는 역할을 수행하고 있는가?

다루고 있는 대상의 범위와 형식상의 한계를 지닌 『commentary』 역시 이러한 지적으로부터 자유롭지 못할 것이다. 〈국립진주박물관 이전〉 설계경기의 심사위원 이민아가 언급한 대로 "특정 심사위원에 대한 인터뷰가 아닌, 확보된 데이터를 바탕으로 심사위원회 내부를 통째로 들여다보려는 노력이 필요"할 수도, 그 밖에 또 다른 형식적 고민들이 필요할 수도 있겠다. 이상은 편집자의 입장에서, 『commentary』가 설계경기를 대상으로 하는 출판물로서 지닌 의미와 한계에 대해 생각한 바이다. 국내 건축 전문지 시장의 현황을 고려할 때 이 같은 출판이 어디까지 지속될 수 있을지는 장담할 수 없으나 허락된 시간 내에서 우리는 함께 방법들을 찾아보려고 한다. 만약 어떤 실마리를 찾게 된다면 그것은 모두 독자들의 공일 것이다.

글

정평진, 스코어러 공동대표
설계경기 기록원 스코어러(scorer.co.kr)를 설립하여 운영하고 있다. 2020년 '000: 공적 공중 공원'으로 '사회적 건축: 포스트코로나 젊은 건축가 공모'에서 대상을, 2022년 「거리에 대한 권리: 철거된 르네상스 호텔과 공개공지, 그리고 이우환의 관계항」으로 《Landscape Architecture korea》 창간 40주년 기념 비평상을 수상했다. 건축디자인 전문지의 에디터로 일했으며, 여러 매체에 도시와 건축에 대한 글을 쓰고 있다. 서울시립대학교에서 건축을 전공했다.

참고

1 「데스크 에세이」, 《설계경기》, 1996.4
2 우경국, 「이제 현상설계는 하지 말자」, 《건축문화》, 1996. 7
3 박인석, 『건축이 바꾼다』, 마티, 2017

차례

INTERVIEW

13   영주수도사업소
　　　commented by　　조준배(유진도시건축연구소)
　　　　　　　　　　　이승환(아이디알 건축사사무소)

29   국립진주박물관 이전
　　　commented by　　이민아(건축사사무소 협동원)
　　　　　　　　　　　이정훈(조호 건축사사무소)

53   단산면 행정복지센터
　　　commented by　　이은경(이엠에이 건축사사무소)
　　　　　　　　　　　정이삭(에이코랩 건축사사무소)

75   휴천1동 행정복지센터
　　　commented by　　김효영(김효영 건축사사무소)
　　　　　　　　　　　이기철(아키텍케이)

93   문경시 아동청소년 어울림센터
　　　commented by　　유종수(코어 건축사사무소)
　　　　　　　　　　　최연웅(아파랏체 건축사사무소)

109 시립화성 실버드림센터
　　　commented by　　이소진(건축사사무로 리웅)
　　　　　　　　　　　조경찬(터미널 7 아키텍츠 건축사사무소)

127 의성성냥공장 리모델링
　　　commented by　　김정임(서로 아키텍츠)
　　　　　　　　　　　신민재(에이엔엘 스튜디오)

DOCUMENT

146   영주수도사업소
      148   당선   건축사사무소 씨엔+건축사사무소 디오
      162   3등   에이오에이 아키텍츠 건축사사무소

176   국립진주박물관 이전
      178   당선   범건축 종합건축사사무소+에스티엘 아키텍츠+가우 건축사사무소
      194   4등   제공 건축+오브라 아키텍츠

210   단산면 행정복지센터
      212   당선   에스티피엠제이+아뜰리에준 건축사사무소
      226   2등   건축사사무소 김남

238   휴천1동 행정복지센터
      240   당선   건축사사무소 오브
      254   2등   수와선 건축사사무소

266   문경시 아동청소년 어울림센터
      268   당선   수조 건축사사무소+스와 건축
      274   2등   건축사사무소 이안서우

280   시립화성 실버드림센터
      282   당선   서로 아키텍츠+탈 건축
      298   2등   건축사사무소 적재

316   의성성냥공장 리모델링
      318   당선   건축사사무소 아키텍톤
      328   3등   이손건축 건축사사무소

INTERVIEW

competition 1
영주수도사업소

1st
건축사사무소 씨엔[1] +
건축사사무소 디오[2]

3rd
에이오에이 아키텍츠
건축사사무소[3]

commented by
조준배, 이승환

document
pp.146–175

1　instagram.com/cn_architects
2　instagram.com/do_architecture
3　aoaarchitects.com

공모개요

유형	일반 설계공모
위치	경북 영주시 고현동 388-3번지 일원(영주 가흥정수장 내)
지역지구	자연녹지지역, 수도공급설비
규모	지상 3층
연면적	2,100㎡(±3% 범위 내 오차 허용)
대지면적	5,135.12㎡
설계비	약 3.8억 원(378,100,000원)
공사비	약 69.3억 원(6,930,000,000원)

공모일정

공고	2023. 03. 03
심사	2023. 04. 27

심사위원

이상대	스페이스연 건축사사무소
정웅식	온 건축사사무소
조준배	유진도시건축연구소
최교식	오우재 건축사사무소
이승환	아이디알 건축사사무소

심사결과

당선	건축사사무소 씨엔+건축사사무소 디오
2등	하우 건축사사무소
3등	에이오에이 아키텍츠 건축사사무소
4등	제이오에이 건축사사무소
5등	코드 아키텍츠+날곳 건축사사무소

종합의견

정수장과 기존 여과지와의 관계 형성 그리고 수도사업소 업무공간과 주민을 위한 공공성의 관계가 주요 논의 대상이었으며 업무공간의 합리성과 실행 작품의 완성도에 대한 논의를 더하여 최종 선정하였다. 당선작은 기존 여과지를 활용하고 도시에서 떨어져 스스로 컨텍스트를 만들고, 서천과의 연계성을 만들어내는 좋은 작품이 선정되었다.

당선	건축사사무소 씨엔+건축사사무소 디오
조준배	기존 여과지를 잘 활용하고 건축 배치가 단순 명확하여 현실적으로 높은 실행력을 갖춘 작품.
이상대	전체 수도사업소의 마스터플랜 상에서 주동의 배치가 폐여과지의 활용 및 건축적 해석이 우수함. 간결한 건축적 해결로 사업의 목적에 부합함. 향후 발주처와의 협의 과정에서도 원안의 기본 배치 개념이 유지되길 바람.
이승환	폐여과지의 건축적 잠재성을 최대한 활용하면서도 공공성과 사적 업무공간의 균형을 합리적으로 해결한 우수한 안. 다만 업무공간의 채광 문제는 적극적으로 해결할 필요가 있음.
정웅식	폐여과지의 흔적에 적절한 기능을 부여하고 풍경으로 활용한 부분이 가장 돋보인다. 닫힌 흔적과 열린 흔적의 관계를 공간의 프로그램과 통합한 배치가 우수하다. 추후 완속여과지와의 공간 결합 가능성이 상상력을 자극한다.
최교식	기존 폐여과지를 잘 활용하여 내부 공간을 구성하고 외부 공간과 연계한 계획안임. 대지의 상황과 수도사업소의 정체성에 대한 좋은 제안임.

3등	에이오에이 아키텍츠 건축사사무소
조준배	단순명쾌하고 상징적 성격이 강하나 내부 기능적 해결에 아쉬움. 구조적 해석이 합리적이다.
이상대	폐여과지를 건축화해 나가는 논리가 뛰어남. 단순한 이미지 속에서도 건축적 메시지 전달이 잘되어짐. 구조 모듈의 구성에 의해 평면적 제약이 따를 수 있는 가능성이 보임. 전면부와 배면부 표현이 유사하게 되었으면 더 자유로울 수 있으리라 생각됨.
이승환	폐여과지의 구조적 모듈로부터 새로 지어지는 수도사업소의 형태적, 공간적, 구조적 속성을 결정하고 있는 매우 강력한 안. 동시에 그런 강력한 질서가 실제로는 평면 구성에 단점으로도 작동하고 있어 동전의 양면과도 같은 결과를 낳은 것으로 보인다.
정웅식	폐여과지의 흔적을 구조적 시스템으로 치환하고 건축 자체가 정수장의 일부로서 과거부터 존재하여 온 시설로 복원한 것 같은 흥미로운 제안이다.
최교식	폐여과지 모듈을 이용한 기능적, 구조적 접근이 인상적임. 수도사업소의 정체성에 대한 고민이 보이는 계획임. 구조가 만드는 대공간에 배치된 프로그램 계획이 다소 아쉬움.

조준배 연세대학교에서 건축 전공 후, 파리건축6대학 그리고 파리1대학 철학과(예술철학) 박사과정,
파리건축1대학 건축전문연구과정(건축이론과 미학)을 지나고, ㈜김영섭+건축문화 건축사사무소 실장,
㈜앤드aandd 건축사사무소 소장을 하였다. 건축도시관련 정책연구를 위해 건축공간연구원에서
연구위원을 하면서 현장에서 문제해결에 관심이 많아 영주 디자인관리단장, 전주 지역재생총괄단장을
하였고, 재생과 정비를 결합한 소규모 주택 정비모델 개발을 위해 서울주택도시공사 재생기획처장을
하였다. 현장 경험을 나누기 위해 서울대학교, 연세대학교 등 다수 대학에서 강의를 했고 현재는 축소시대
대응을 위해 영주시 도시건축관리단장과 ㈜유진도시건축 본부장으로 활동 중이다.

이승환 이승환은 서울대학교 조경학과와 건축학과, 건축학과 대학원을 졸업하고 아뜰리에17과 해안건축에서
실무를 익혔다. 2009년 런던으로 이주하여 London Metropolitan University에서 Master of Arts 학위를
취득한 후 Tony Meadows Associates에서 BIM 전문가로 활동하였고, 2014년 귀국하여 전보림과 함께
아이디알 건축사사무소를 설립하였다. 한국예술종합학교와 서울시립대학교에서 설계 스튜디오와 디지털
텍토닉 스튜디오 등을 담당하였다.

심사에 들어가기 전 준비하는 과정에 대상지나 프로젝트 방향에 대해 어떤 생각이나 인상을 갖고 있었는지 궁금하다.

이승환.　　심사 전에 사이트를 보고 왔는데 두 가지 점에서 굉장히 강렬한 인상을 받았다. 일단 대지 주변으로 남북 방향의 두 가지 강한 선형적 요소가 있었는데, 서측으로는 천이 흐르고 있었고 동측에는 KTX 철로와 그를 따라 높은 펜스가 설치되어 있었다. 천의 건너편으로도 바로 건너갈 수 없는 지역이라 접근성에 있어 제한이 상당했다. 진입로도 크게 뚫려있지 않고 골목 같은 길을 따라 들어가면 그 뒤로 커다란 정수장이 숨어 있는 느낌이고 인접한 곳에 공공시설이 들어설 예정인 것도 아니라 공공성을 구현하는 정도에 한계가 있을 것 같았다. 그런 생각을 하면서 대상지에 들어섰는데 가파르고 높은 언덕처럼 되어있는 여과지의 경계부가 눈에 들어왔고, 거기에 올라서서 주변을 바라보니 여과지의 존재감이 강하게 느껴졌다. 콘크리트 박스 덩어리들이 덩그러니 쫙 늘어서 있는데 건축가가 이걸 보면 당연히 가슴이 뛰고, 이걸로 뭔가를 하고 싶다는 생각이 들겠구나 싶었고 폐여과지를 건축적인 아이디어로 잘 담아내는 게 승부처가 되겠다고 생각했다. 이전에 심사했던 영주 CCTV 관제센터 설계공모의 경우도 비슷한 조건이었는데, 일반 시민들의 생활영역과는 교집합이 거의 없는 공공시설이라 공공성이라는 것을 어떻게 풀어내야 하는가에 대해 많은 고민이 있었다. 영주 수도사업소는 입지와 프로그램 면에서는 공공적이기 어렵지만 대지 안에는 마치 선유도공원과 같은 자원과 매력을 지니고 있어서 이 지점이 중요하겠다는 생각이 들었다.

조준배.　　이 건물은 용도의 측면에서도 시민들에게 개방되는 것과 같은 공공성은 상대적으로 부족하고, 행정이 이용하는 건물이라는 의미에서의 과거의 공공건축에 더 가깝다. 그래서 일반 시민들이 이 곳을 찾아오는 경우는 그렇게 많지 않을 거라고 생각했고, 그렇다면 우선적으로 여기서 일하는 수도사업소가 효율적으로 사용할 수 있는 공간과 배치에 대해서 조금 더 관심을 갖고 보았다. 총괄건축가로 다시 영주에 내려간 지 얼마 되지 않은 시기에 진행한 공모였는데, 십수 년 전 영주시의 디자인관리단

대상지 위성지도

단장을 하던 때에도 심사에 관여하는 경우는 없었기 때문에 상당히 예외적인 상황이었다. 그간 영주시의 심사가 대체적으로 투명하게 운영되고 좋은 결과를 냈던 것으로 알고 있었기 때문에 어떤 식으로 진행이 되는지 궁금하기도 했다. 과거에 비해 제출된 작품의 수준도 높았고, 토론 없이 진행되었던 과거의 심사에 비해서 각 위원들이 자기 의견을 개진하고 서로 이견이 있더라도 그것을 해소해 나가는 토론 과정을 경험할 수 있어 좋았다.

2차 심사방식 의결서에는 두 가지 항목이 언급되어 있다.
- 개방/비개방 영역 구분에 대한 고려
- 우수한 품질로 실현 가능한 건축물이 될 수 있게 예산을 고려할 것
이 부분들이 주요하게 거론되었던 까닭은 무엇인가?

조준배.   시설의 특성상 일반인은 절대 출입이 불가능한 영역이 있었기 때문에 그 부분을 정확하게 지켜야 했고, 제어실이나 실험실 같은 곳은 기관 내에서도 행정직 공무원 등은 접근이 제한된 영역이라 이와 관련된 구분과 동선을 명확하게 해야 할 필요가 있었다. 그리고 디자인적으로 굉장히 화려한 안들이 많았는데, 가급적 예산 내에서 실현가능한 안을 뽑자는 논의가 있었다.

이승환.   가령 어떤 안의 경우에는 외벽의 면적이 크게 늘어나서 현실적으로 예산 안에서 소화하기 어렵다고 판단했다. 다만 그런 부분들이 절대적인 잣대가 되는 것은 아니다. 어느 정도 완성도를 갖추고 다른 요소들을 잘 풀었다면 부분적인 구획이 잘못되어 있다고 해서 결정적 감점 요인이 되지는 않았다. 설계 과정의 밀도와 합리성이 잘 갖춰져 있다면, 다른 부분에서 아쉬움이 있더라도 2차 심사에서 논의할 만한 가치가 있다고 생각했다. 오히려 기본적인 기준들을 완벽하게 했더라도 설계 프로세스에서 강점이 부족한 경우 2차 심사 대상이 되기는 더 어렵다.

종합의견서에는 네 가지 내용이 쓰여있다.
- 정수장과 기존 여과지와의 관계 형성
- 업무공간과 주민을 위한 공공성의 관계
- 업무공간의 합리성
- 실행 작품의 완성도
먼저 첫 번째 항목의 경우 위원들 간에 어떤 논의가 있었는지 말해달라.

이승환.   심사 중에 대상지 북쪽에 있는 가흥정수장과의 관계에 대한 논의가

당선안 조감도

3등 안 조감도

p.152
당선 제안서, 대지현황분석

p.154
당선 제안서, 배치계획

p.164
3등 제안서, 배치계획

p.153
당선 제안서,
개념 및 설계 의도

있었다. 대상부지를 정수장과 독립적인 영역으로 보는 방향과 전체적인 배치와 맥락을 고려하는 방향, 크게 두 가지로 구분되었다.

조준배. 정수장은 사실 민간인들은 전혀 들어갈 수가 없는 출입금지 영역이기 때문에 연결성을 부여하는 데 어려움이 있다고 봤다. 그렇기 때문에 당선안처럼 주동이 폐여과지와 수직 방향으로 배치되면서 양쪽을 구분 짓는 형식이 더 적절하다는 의견들이 있었다. 다른 하나의 그룹은 다른 안과 같이 여과지와 평행한 남북 방향으로 배치하는 제안들이었다.

이승환. 당선안 배치는 그 외에도 몇 가지 이점이 있었는데, 진입로에서 뚜렷한 정면성을 느낄 수 있다는 것과 건물이 마당을 둘러싸면서 외부 공간에서 위요감을 주고 있다는 점이 그랬다.

두 번째 항목인 '업무공간과 주민을 위한 공공성의 관계'의 경우 앞서 이야기했던 대지와 프로그램의 특성으로 인한 한계가 있었을 것으로 보이는데, 당선안은 이에 대해 어떤 해석을 내놓았는지 궁금하다.

p.150
당선 제안서, 내부투시도

p.149
당선 제안서, 조감도

p.155
당선 제안서, 1층 평면도

이승환. 대체적으로 업무시설의 독립성과 공공성을 섞으려는 시도를 했는데, 당선안을 높게 평가했던 이유 중 하나는 여과지라는 땅 자체가 가지고 있는 고유의 건축적 자원을 상대적으로 프라이빗한 업무시설과 공공영역, 양쪽에 배분하는 균형점을 잘 찾았다는 점이었다.

당선안은 네 개의 여과지 가운데 세 개의 상부를 덮어 업무시설로 이용하고, 서측 일부를 선큰 가든으로 남겨두었다. 일하는 사람들은 이곳을 온전히 사용할 수 있는 반면, 방문객의 경우 접근은 불가능하지만 가까운 거리에서 자유롭게 시선을 두는 것은 가능하다. 물리적으로는 막혀 있으면서도 가까운, 바라볼 수는 있지만 갈 수는 없는 거리감이 꽤나 매력적이라고 생각했다. 영국의 다윈센터를 보면 관람객들이 연구자들의 공간을 볼 수 있는데, 그러면서도 각자의 영역이 존중되는 그런 세팅이 재미있다고 느꼈다.

3등 안의 경우 업무공간과 공공성의 관계에 대한 접근에서 어떤 차이가 있었나?

p.167
3등 제안서, 계획프로세스

p.169
3등 제안서, 1층 평면도

p.170
3등 제안서, 지상 1층 투시도

이승환. 네 개의 여과지 중 세 개를 업무용으로 사용하고 나머지 하나를 공공에 개방하는 배분의 비율에서는 큰 차이가 없다고 봤고, 적절한 균형이라고 봤다. 그러나 당선안과 같이 접근과 시선이라는 추가적인 레이어들이 얽힌 구성이 더 좋다고 판단했다.

복수의 심사위원들이 공통적으로 '구조 모듈의 구성에 의해 평면적 제약'(이상대),

당선안 투시도

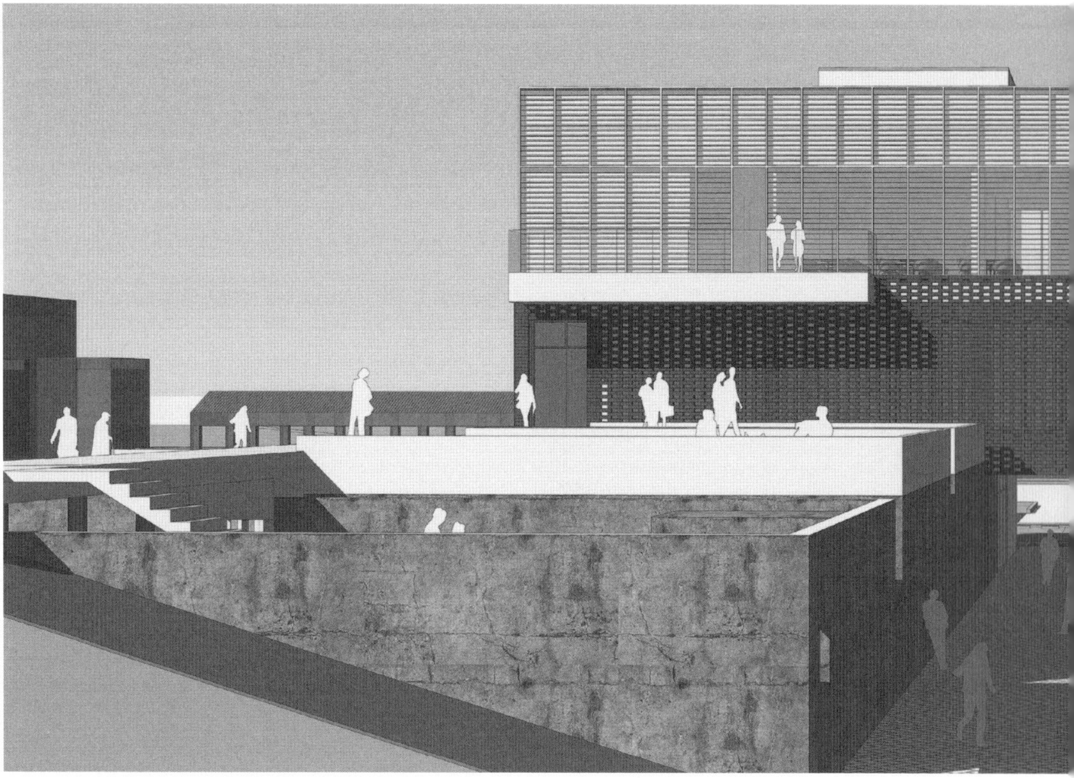

3등 안 투시도

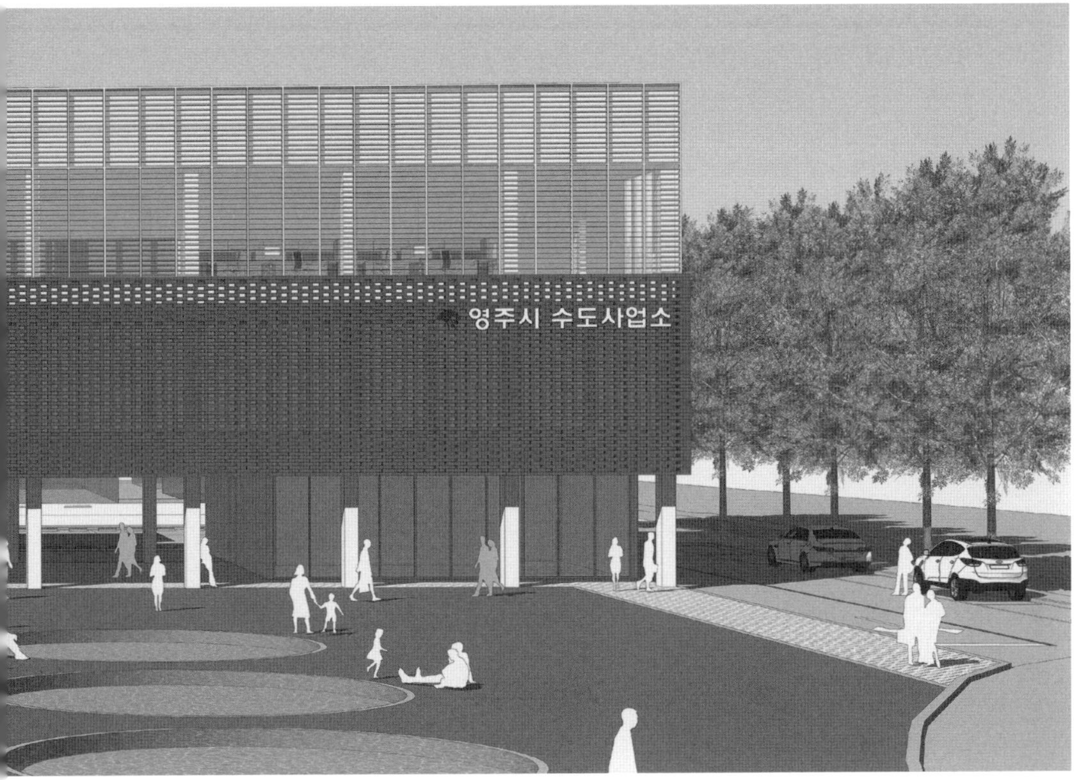

당선안 배치도

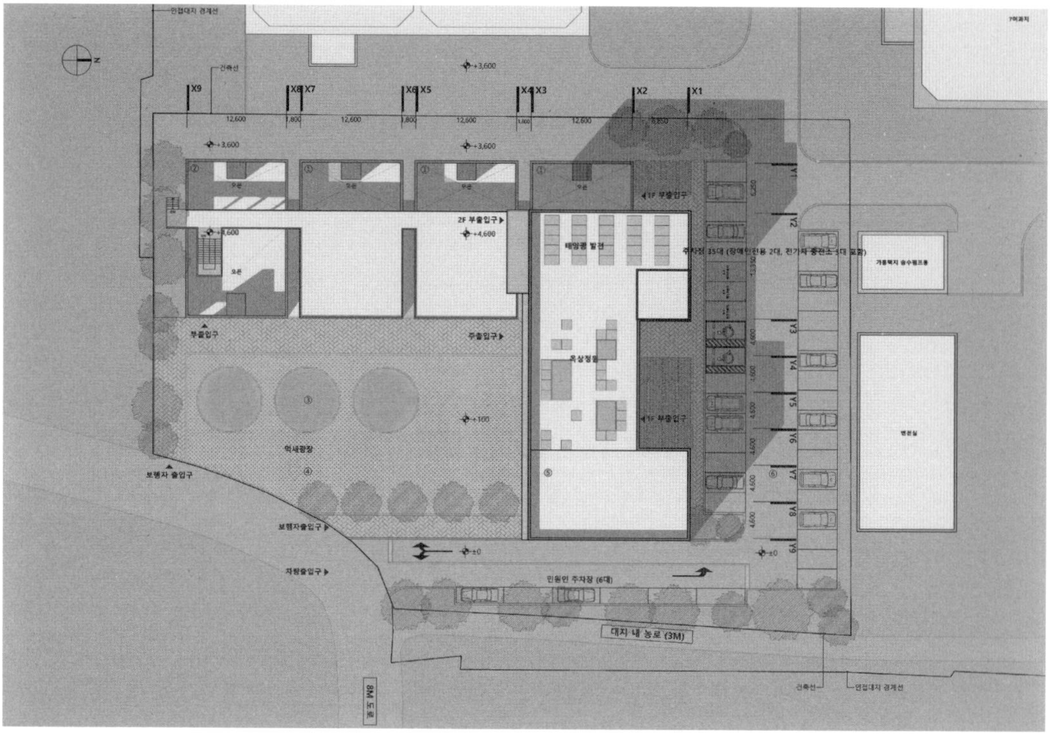

3등 안 배치도

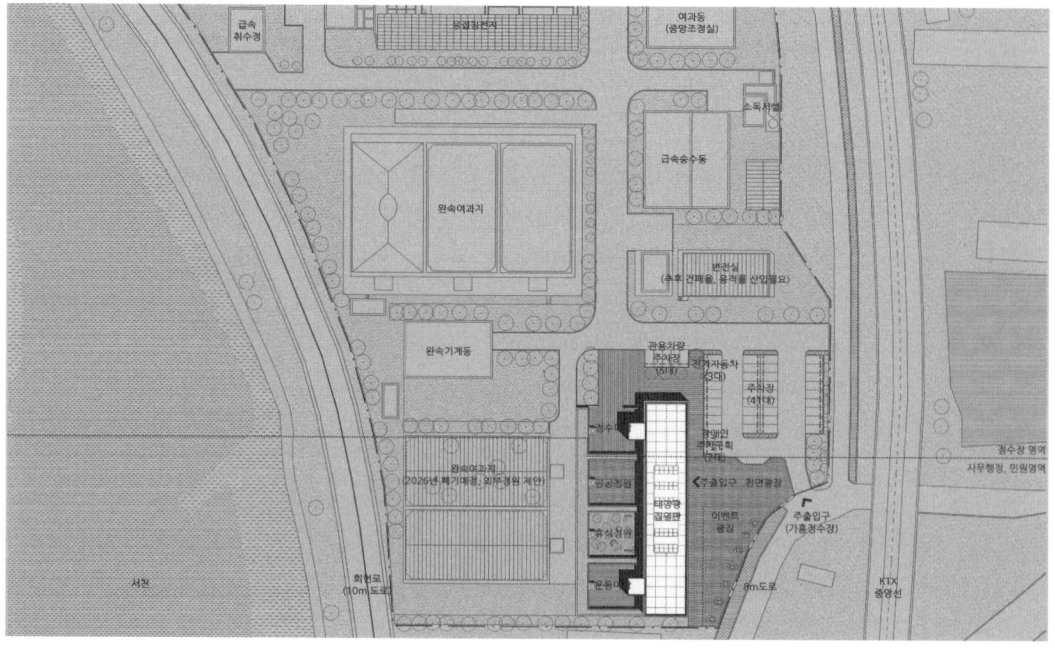

'구조가 만드는 대공간에 배치된 프로그램 계획이 다소 아쉬움'(최교식) 등의 언급을 했고 이승환 위원은 '강력한 질서가 실제로는 평면 구성에 단점으로 작동하고 있어 동전의 양면과도 같은 결과를 낳은 것으로 보인다'고 했다. 이 부분이 당락을 가르는 지점이었다고 보나?

조준배. 저런 스케일을 가진 장스팬의 대공간이 꼭 필요한가라는 근본적인 물음이 있었다. 이러한 시도 자체는 좋은 평가를 받았지만, 여과지의 모듈이 사용자의 입장에서는 약간의 미스매치라는 점에서 프로그램을 조금 더 고려해 적정한 모듈로 구성되었으면 하는 부분이 아쉬웠다.

이승환. 3등 안의 경우 평면상의 기능적인 면에서 다소 아쉬운 점이 있었다. 여과지의 모듈을 차용해서 15m, 11.5m의 스팬을 가진 구조를 제안했는데, 특수한 공법을 요하는 장스팬인 반면 모든 기능들을 적절히 수용하기에는 충분한 규모가 아니었다. 좁고 세장한 볼륨을 긴 방향으로 잘게 쪼개다 보니 대회의실을 비롯해 어떤 실들은 가로 세로 비율이 2:1에 가까운 경우도 있었다.

p.166
3등 제안서, 계획의 주안점

p.172
3등 제안서, 평면계획_지상 2, 3층

이상대 심사위원은 전면부와 배면부의 표현이 유사하지 않았다는 점에 대한 아쉬움을 남기기도 했는데, 이에 대한 의견은?

조준배. 후면에서는 계단실과 화장실이 장스팬의 구조를 많이 가리고 있는 점이 많이 아쉬웠다.

이승환. 계단실보다도 화장실이 좀 더 아쉬웠는데, 이 부분이 디자인상 정리가 조금 부족했다고 느꼈다.

p.167
3등 제안서, 계획프로세스

p.170
3등 제안서, 지상 1층 투시도

이승환 위원은 2차 심사 3차 표결(상위 3개 작품 중 2개 선택)에서 당선안과 3등 안에 투표했는데, 당시 둘 중 어느 쪽에 우위를 두고 있었는지 궁금하다.

이승환. 씨엔+디오의 안이 더 당선안답다고 생각했다. 에이오에이의 안은 건축적인 의미에 있어서 다른 안들에 비해 확실히 강한 주장을 하고 있었고, 이번 공모에서는 균형점이 조금 안 맞았지만 다른 경우에도 충분히 통용될 수 있는 주장이었기 때문에 좋은 제안이라고 보았다.

'당선안 답다'는 부분이 때로 건축적인 시도와는 상충되면서 공공건축의 한계로 여겨지는 경우도 있는 것 같다.

조준배. 강한 컨셉의 제안에는 리스크가 동반될 수밖에 없는데, 그것이 어느 정도인지의 문제라고 본다. 좋은 아이디어와 더불어서 나머지 부분들이

당선안 동측면도 및 종단면도

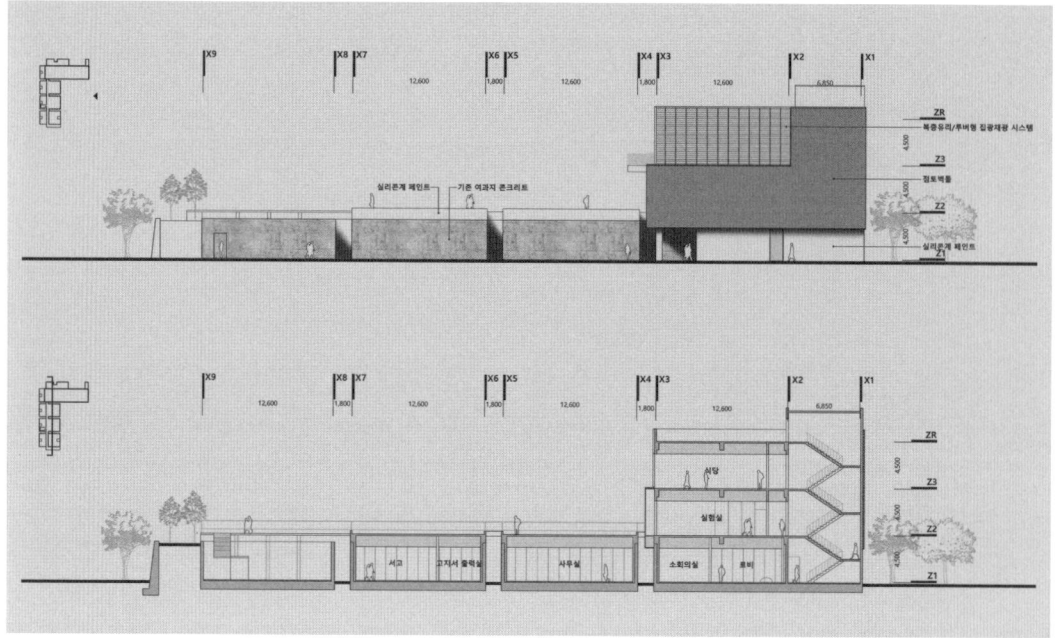

3등 안 종단면도

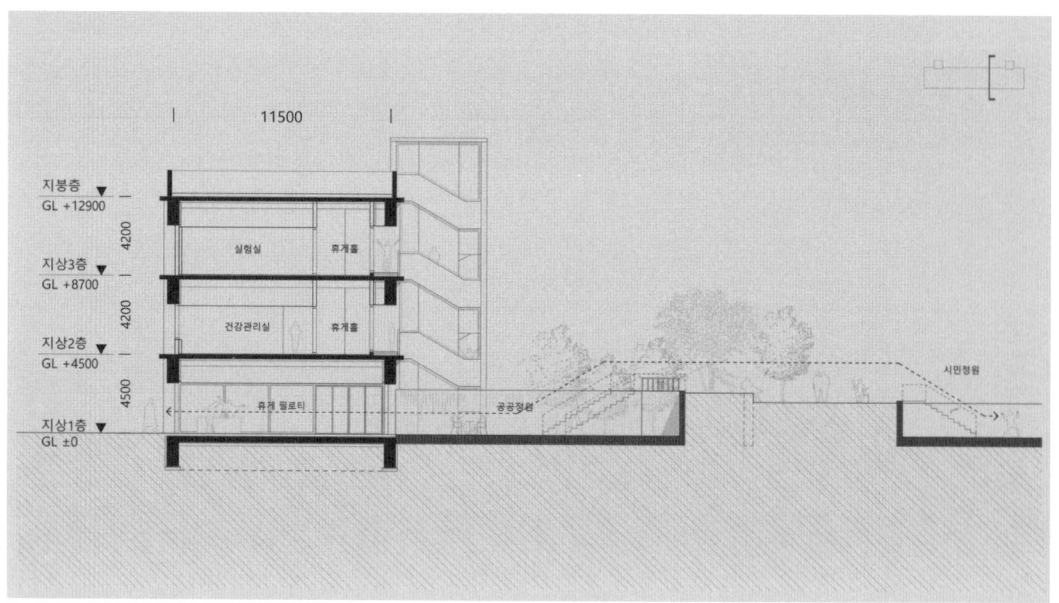

충분히 해결될 수 있다면 유의미한 결과를 낼 수 있고, 따라서 당선안답다는 것이 모두 무난한 것만을 의미하는 것은 아니라고 생각한다.

이승환. 발주기관과 심사위원들의 성향에 따라 달라지는 부분도 있다. 사이트와 프로그램에 특수한 점이 있는가, 발주기관에서도 특별한 니즈와 기대가 있는지 여부에 따라 심사의 방향도 영향을 받는다.

조준배. 10만 이하의 중소도시에 위치한 수도사업소는 일반 시민들이 많이 찾는 상징적인 장소가 되기는 어렵다. 그보다는 서천과 기찻길 사이에 다소 폐쇄적인 이 곳에서 하루 종일 외부와 단절된 채로 물이 제대로 정수되고 있는지 들여다보는 이용자들의 삶이 중요하다고 보았다. 만약 3등 안에서 활용한 여과지의 모듈이 그것을 적절하게 담아낼 수 있었다면 좋았겠지만, 당선안에 비해서 그렇지 못했다.

조준배 위원은 평가사유서에서 당선안에 대해 '현실적으로 실행력이 높다'고 언급했는데, 이는 예산에 대한 고려인지?

조준배. 당선 이후 행정과 함께 실시설계를 해나가는 과정에 발생할 변형에 대한 고려가 있었다. 예산에 대한 문제뿐 아니라 특수한 구조나 공법이 들어갈 경우 변경의 여지가 많아진다. 실행력이 높다는 것은 원안을 유지해서 끝까지 끌고가기가 좋다는 의미였다. 안 자체가 좋아서 선정했는데 예산 등의 문제로 많은 변경이 이루어져 결국 당선안과 준공된 건물이 같은 건지 구분도 잘 되지 않는 사례들을 많이 보았는데, 이러한 경험이 심사 기준에 반영된 것이다.

비슷한 조건일 경우 설계나 시공상의 복잡성과 특수성이 상대적으로 적은 쪽이 선호된다는 말인가?

조준배. 꼭 그렇지는 않다. 앞서 말한 발주기관이 가진 의지의 문제인데, 만약 시의 얼굴이 될만한 문화시설이라면 그런 것들이 문제되지 않지만, 노출이나 접근이 거의 없는 장소에 많은 비용과 시간을 들이는 경우는 그렇게 많지 않다. 말하자면, 그 공공건축물이 지니고 있는 위상에 따라 얼마만큼의 힘이 들어갈지가 고려된다고 볼 수 있다.

이승환. 그러한 건물의 위상이 나름의 판단 근거는 되지만, 나의 경우 절대적인 기준선이 있다기보다는 일정한 범주 안에 들어온다면 그 안 자체의 완성도를 본다. 즉, 스스로 세운 가정 하에 최적의 솔루션을 도출하는 빌드업이 잘 풀려 있다면 선택하게 된다. 앞에서 말했던 영주

cctv관제센터의 경우 두 개의 안이 최종적으로 올라왔는데, 하나는 오피스로서 매우 쾌적하지만 공공성은 크게 강조되지 않았고, 다른 하나는 지붕 전체를 모두 개방한 공원의 형태를 제안했다. 이때 후자를 선택했던 이유는 내가 생각했던 공공성의 정도보다 더 과감했음에도 불구하고 그러한 목표를 풀어나가는 과정이 무리스럽지 않았기 때문이었다. 지침과 스페이스 프로그램이라는 약속 너머에 건축가 스스로가 설정한 전제가 설득력이 있는지에 대해 심사위원들 간에 많은 토론을 거치게 된다.

3등 안은 프리캐스트 콘크리트와 포스트텐션 빔 형식 등 기술적 해법들을 제안했는데, 이와 관련하여 예산 및 실현 가능성에 대한 평가는 어땠나?

조준배. 일반적이지 않은 해법을 제시하는 까닭이 여과지의 모듈이라는 한 가지에 그치지 않고 프로그램을 비롯한 또 다른 이유들이 있었다면 훨씬 자연스럽게 설득이 되었을 거라고 본다.

이승환. 『내가 건축학교에서 배운 101가지 것들』이라는 책을 보면 좋은 제안은 두 가지 이상의 문제를 해결해 준다는 내용이 있는데, 3등 안은 그렇다기보다는 한 가지의 목적성이 뚜렷했고 오히려 나머지 영역들은 해결이 되기보다는 제약이나 약점으로 작용되었기 때문에 '동전의 양면'과 같은 결과를 낳았다고 판단했다.

마지막으로 이번 심사를 진행하며 공모 운영과 관련하여 개선이 필요하다고 느낀 지점이 있었나?

조준배. 설계경기가 일반화되면서 공모의 수준이 전반적으로 높아진 만큼 그에 따라 발생하는 피로도에 대한 걱정이 있다.

이승환. 설계비 5억원 규모의 공모전을 한두 달 준비하는 데 사무실 입장에서 약 2천만 원이 소요된다고 할 때, 50팀이 제출하면 10억의 비용이 발생하는 것이다. 건축계 전체로서도 큰 손실이고 각 건축가들에게도 굉장히 큰 타격이 될 수 있는 것이다.

조준배. 이런 점을 고려해서 1차에서는 제출물을 10페이지 이내로 받고 2단계에서 조금 더 발전된 안을 내는 형식으로 진행한 경우도 있었다. 공모의 중점과 목적은 협의를 통해 좋은 안을 잘 만들어갈 수 있는 건축가를 선정하는 것이라고 생각하기 때문에, 표현의 수준 등으로 평가하는 건 지나치게 많은 노력들이 소모되는 것 아닌가라는 의구심이 남는다.

p.167
3등 제안서, 계획 프로세스

competition 2
국립진주박물관 이전

1st
범건축 종합건축사사무소[1] +
에스티엘 아키텍츠[2] +
가우 건축사사무소[3]

4th
제공 건축[4] + 오브라 아키텍츠[5]

commented by
이민아, 이정훈

document
pp. 176–209

1 baum.co.kr
2 instagram.com/stlarchitects
3 instagram.com/gau_architects
4 jegong.com
5 obraarchitects.com

공모개요
유형	일반, 국제 설계공모
위치	경남 진주시 강남동 245-224번지 일원
지역지구	지구단위계획구역
연면적	14,990m^2(±5%m^2 범위 내 조정 가능)
대지면적	20,000m^2
설계비	약 30.7억 원(3,069,000,000원)
공사비	약 506.2억 원(50,615,000,000원)

일정
공고	2023. 04. 10
심사	2023. 07. 18

심사위원
권병용	NBBJ 한국지사장
김동규	경상대학교 건축학과
김동진	홍익대학교 건축학전공
김정임	서로 아키텍츠
김진욱	서울과학기술대학교 건축학부
이민아	건축사사무소 협동원
이정훈	조호 건축사사무소
이준석	명지대학교 건축학부

심사결과
당선	범건축 종합건축사사무소+에스티엘 아키텍츠+가우 건축사사무소
2등	디엔비 건축사사무소+신한 종합건축
3등	건축사사무소 적재
4등	제공 건축+오브라 아키텍츠
5등	요앞 건축사사무소

1차 심사

김진욱   진주박물관이 입지할 입지적 맥락은 쉽게 읽히지 않는 오래된 도시의 시간의 켜 속에서 찾아내어야 하는 어려운 주제였을 것으로 보인다. 제출된 작품들은 저마다 주요 관점을 박물관 프로그램과 함께 지역에서의 역할에 대한 고민으로 설정하였다. 200m가 넘는 긴 대지에서 남북 지역 간의 연결은 과거 기차역으로 나뉘어졌던 단절을 해소하는 개념들과 함께 긴 대지를 여러 매스로 분절하는 개념들이 주를 이룬 것으로 보인다. 전체적으로 수준이 높은 작품이 접수되었으며 개별 토론과 의결을 거쳐 새로운 진주박물관을 건립하는 예비후보 5개안을 선정하였다.

이준석   대지의 이해를 반영한 다양한 접근의 제안들이 우승 후보군에 선발되었으며 대부분 진주시의 미래 상징이 될만한 우수한 개념을 보여줬다. 당선안은 진주시가 기대하는 참신한 개념 및 미래지향적 건축적 특성을 보유한 동시에 시공성 및 아이디어 재현의 가능성을 보유한 설계작이어야 한다고 봄.

김정임   국제공모 방식을 통해 다양한 제안이 들어와서 반가운 마음입니다. 기존 철도길이 있던 사이트의 특성과 동서로 분절되어 있는 양측에 대한 연결, 무엇보다 보행 레벨에서 문턱 없는 박물관을 만들고 싶다는 발주처의 의지를 반영하여 심사하고자 하였습니다. 특히 진주의 역사성도 중요하게 다루면서 동시에 새로운 방식의 전시가 가능한 유연한 공간으로서의 설계도 중요하다고 생각됩니다.

김동규   옛 철길을 시작으로 많은 작품들이 진주의 역사에 관해 다양한 고민을 했다고 생각한다. 역사에 대한 고민을 바탕으로 설계한 안들은 박물관의 문턱을 없애기 위해 노력했다고 판단할 수 있다. 다만 (구)진주역의 장소성이 동서 지역을 연결하는 것을 주로 고민하는 것인데 이에 대한 해석이 다를 수 있다는 것을 볼 수 있었다. 박물관의 기능성과 구축의 관점에서도 고려가 필요하다는 고민이 함께되었다. 많은 작품 중에 2차 심사 발표에 선정된 아이디어들은 대지에 다양하게 적용될 수 있는 안들이며 발표를 들으며 설계안에 대한 고민을 확인할 수 있는 시간이 될 것 같다. 깊이 있는 고민이 박물관 공간에 적용되었을 상황을 고민하며 실제로 지어졌을 때 공간의 이용가능성을 상상해볼 수 있는 좋은 시간이었다.

권병용   진주박물관이 자리 잡은 곳은 오랫동안 여러 가지 요소들로 인해 진주의 구도심을 단절시켜 왔다. 단순히 이 지역뿐만 아니라 진주는 여러 섹터로 분절되고 서로 소통할 수 없는 상태로 각자가 발전되는 모습을 보여왔다. 이번 이 프로젝트를 통해 그런 단절을 해결할 수 있기를 기대한다. 전통적인 프로그램인 박물관이지만 기능적인 요구도 충족하면서 시민들이 모여서 자유롭게 소통하고 즐길 수 있는 fun한 공간이 제공되기를 바랍니다. 이런 내용들이 만족된다면 결국 다시 연결되는 멋진 일이 생길 거라고 생각합니다.

김동진   '문턱 없는 박물관'이라는 비전을 가진 박물관으로, 현대 박물관 건축의 새로운 유형을 제시하면서, 지형적 특성과 지역의 공공성을 고려한 다수 공모작이 있었다. 특히, 과거의 전시 박물관이 전시장과 복도, 홀로 나누어져 경직된 평면 구성이었다면, 일상의 뮤지엄으로서 자유롭게 전시를 관람하면서 시간을 보낼 수 있는 장소가 되도록 "유연한 평면구성"을 한 안들이 눈에 띄었다. 신도심과 구도심의 경계에서, 그리고 기존의 기차역사박물관과 신축될 과학박물관을 연결하는 축을 연결하고 조율하는 계획안

	또한 주요 내용으로 심사했다.
이정훈	도시적 맥락에서 본 매스가 어떤 맥락으로 읽힐지에 대한 고민이 심사의 주된 방향이었다. 출품작의 대다수는 저층부의 개방성을 도시적 축과 연계하며 해석하였으며 이를 건축적으로 해결하였다. 전시 공간이 가져야 하는 특수한 공간을 빛과 동선 개념으로 해석한 안, 다양한 변용가능한 확장성 및 재료의 사용에 대한 제안으로 해결한 안, 기존 철도의 레이어를 다양한 중첩선으로 제안한 안 등 다양한 건축적 해결책으로 제시하였다. 진주라는 지역적 특성을 고려하고 이를 전시 공간의 특성으로 해석하여 도시적 맥락에서 유의미한 내외부 공간을 형성하는 과정이 흥미로웠다.
이민아	지침에서 강조한 도시, 인문, 사회적 맥락을 고려한 박물관 계획을 제시하는 것에는 대부분 안이 공통적으로 잘 반영하고 있다. 문화도로와 진주대로 간의 연계를 이루는 방식에서 작품별 해석이 몇 가지 유형으로 구분되고, 각 장단점을 검토할 수 있었다. 열려 있는 박물관, 문턱 낮은 박물관, 새로운 형식의 전시 공간을 제시하는 방식과 공간구성에 대해서는 작품별 완성도 차이가 컸다. 평면의 합리성, 특히 그라운드 레벨에서의 각 프로그램 공간의 연계 등을 주요히 검토했다.

<u>2차 심사</u>

권병용	1등. 이 작품은 전통적인 박물관 전시 방식을 따르기보다 프로그램에 대한 재해석을 통해 형태적으로 공간적으로 새로운 형식의 박물관을 제안했다. 이를 통해 내외부 공간의 경계를 희석시키고 사이트 컨텍스트와 사용자들과의 심리적 경계를 느슨하게 하여 사용자들이 자유로운 공간과 프로그램의 경험을 제공하게 하는 훌륭한 작품이다. 다만 향후 진행 과정에서 재료, 건축 디테일 그리고 허가 과정 등의 이슈들이 잘 조율되어 건축가의 의도가 충실히 현실화되기를 기대한다. 그리고 건축가의 계획 의도와 사용자의 사용 경험이 잘 조화되기를 바란다. 4등. 튜브구조가 프로그램과 공간을 구축하는 모듈이 된다. 도시 패브릭의 점과 점을 지그재그로 이어 튜브들을 그에 맞춰 놓고 쌓아서 예상치 못한 멋진 형태를 만들어 낸다. 이는 외부의 형태에서뿐만 아니라 내부 공간에서도 예상치 못한 공간적 경험으로 이어진다. 하지만 파사주 부분이 물리적으로 동쪽과 서쪽을 연결하는 걸 제외하면 프로젝트 전체가 다양하고 흥미로운 포켓스페이스를 가진 벽처럼 사이트를 동서로 막아서고 있다. 이는 내외부 공간이 경계가 없이 자유롭게 연결되는 것을 지향하는 프로젝트의 목표와 거리가 있는 부분이다.
김동진	1등. 한 매스 안에서 여러 복잡한 기능들이 명쾌한 공간적인 체계를 가지고 구성되어 건축적 완결성이 돋보이는 안이다. 구조 또한 목구조의 시스템이 매우 간결할 뿐 아니라, 구조자체로 다양한 내부 공간들을 잘 조직하고 있다. 전체 매스의 각도를 살짝 비틀어, 두 개의 기존 박물관의 축으로부터 단절을 피하고 양쪽 구/신 도심 측에서 접근을 자연스럽게 유도하여 외부 공간과 건물 내부의 관계를 적절히 조율하였다. 다만 당선작이므로, 공사비의 이유로(현재의 공모안과 다르게) 구조와 재료의 큰 변경이 일어나지 않도록 각별한 주의와 관리를 요한다. 4등. 도시로부터의 파사드는 구도심의 건물처럼 위압감이 없어 보이며, 도시의 경계(urban edge)를 자연스럽게 만들면서, 공원의 일부로서 느껴지도록 배치되었다. 긴

각 파이프 공간을 따라 산책하듯 거닐다보면, 교차되면서 만나는 공간들에서 예상치 못했던 공간과 낯선 대상들과 마주하게 된다. 파이프 공간의 한쪽 면은 외부 중정으로 열려있어 답답한 통로가 아니라, 열린 내부 공간이 되도록하며, 방사형으로 순환하는 구조는 looping Space를 만든다.

김정임　1등. 공원과 연계되어 전통적 의미의 박물관 기능을 넘어서 지침에서 요구한 복합문화공간으로서 다양한 활용이 예상되는 유연한 설계안입니다. 또한 개방적이고 확정적이지 않는 내부 공간들은 새로운 전시기법들을 충분히 수용할 것으로 생각됩니다. 엔지니어드 우드를 사용한 구조방식으로 구조 자체가 인테리어마감이 될 수 있고 공장제작으로 공기단축이 가능하므로 공사비 예산을 맞추는 것도 가능하지 않을까 예상됩니다. 이런 간결한 디자인일수록 디테일과 시공 완성도가 중요하다고 생각됩니다. 현장 마무리까지 설계자가 개입하여 잘 완성할 수 있기를 바랍니다.
4등. 동서의 서로 다른 성격의 지역을 연결하는 직관적인 디자인이 흥미로운 안입니다. 단순한 스킴이지만 가로레벨에서는 매스의 적절한 분할과 내외부 공간의 교차 등으로 입체적 공간경험이 가능할 것으로 생각됩니다. 다만 진주라는 지역성에 대한 해석이 부족하고 개방적이고 흐르는듯한 연속적인 전시공간이 박물관보다는 현대미술관에 더 적합해보인다는 생각입니다.

김진욱　진주박물관 본 심사는 47개 작품을 심사한 1차 심사를 통과한 다섯 작품으로 국내건축가 3팀과 해외건축가가 포함된 2팀을 대상으로 진행되었다. 패널과 제한된 도면을 심사한 1차 심사와는 달리 본 심사는 모형과 설명이 추가되어 설계 의도와 대지가 갖고 있는 맥락을 읽어 내고 전달하는 방식에 대해서 논의가 진행되었다. 특히 심사를 주관한 한국건축가협회의 노력으로 심사장의 위치가 진주박물관이 들어서는 대지를 내려다보는 큰 창이 있는 회의실로 설정되어 심사 중에 대지는 물론 주변 현황에 대해서 진주라는 역사도시에 대해서 이해하기에 많은 도움이 되었다. 발표와 심사는 유튜브로 진행되었으며 진주박물관 측에도 공통 질문의 기회를 부여하였다. 발표자들의 발표는 기 제출된 한정된 자료를 이용해야 하는 전제가 있었으나 무엇을 중요하게 고민하였는가에 대한 설명으로 빠르게 진행되었다. 일반적으로 발표는 오디오가 유튜브로 송출되고 토론은 오디오를 제외하는 경우가 많은데 본 심사는 위원회의 의결로 모두 공개하는 것으로 결정하였다. 그럼에도 불구하고 토론은 치열하였으며 선명하였다. 심사위원들의 논의는 두 갈래로 나누어졌다. 하나는 새로운 건축 시스템과 유연한 공간 계획을 바탕으로 한 명쾌함에 대한 갈망과 또 하나는 대지가 갖고 있는 단절에 대한 이음을 전제로 한 구축적이고 견고함에 대한 지지로 설명할 수 있다.
결론은 진주 박물관의 특성인 전쟁박물관이라는 엄중한 프로그램과 임진왜란이라는 무거운 역사가 배경임에도 불구하고 밝고 경쾌하고 공간의 유연함을 실현할 수 있는 작품이 당선되었다. 심사위원회의 의결은 이제 진주박물관의 새로운 미래의 가능성에 대한 믿음을 전제로 하고 있다. 주 통로는 박물관이 폐장된 시간에도 열려야 하며 시민들에게 개방되어 오랜 단절을 극복하여야 할 것이다. 2등을 비롯한 입상작 건축가들의 진지하고 오랜 고민의 시간들과 땀에 경의를 표하며 당선작을 만든 팀에게 박수를 보내고 완결된 진주박물관을 시민들에게 선사해주기를 부탁드린다. 전국적인 폭우가 쏟아져 열차편이 지연되는 어려운 상황에서 심사는 진행되었다. 어려움의 끝은 희망이고 새로운 빛이라 믿어 본다. 미래의 국립진주박물관을 기대한다.

이민아   2단계 심사 대상 5개 작품은, 7인 심사위원의 득표수에 의해 선정된 결과로, 47개 작품을 동일한 주안점으로 평가하며 작품간 상대적 우위를 논하는 과정에 의하기보다, 각기 다른 관점을 가진 위원들로부터 다득표를 받은 상위 다섯 작품을 추려내는 방식으로 진행되었다. 이에 30개 이상 작품이 제출되는 관심도 높은 공모의 경우 심사 시간에 제약받지 않고 충분한 토론을 유도하는 1단계 심사 매뉴얼 수립의 필요성이 언급되기도 한다. 질문 답변 시간을 통해 작품별 장단점을 확인했고, 상위 두 작품을 선정하는 과정에서도 토론이 생략되었다. 상위 두 작품에서 제외된 3, 4, 5위를 구분하는 투표 과정과는 달리 상대 우위 이유가 명확히 해설되어야 하는 상위 두 작품 선정 과정에 최종 표결 내용만 공개되어 국제설계공모로서 다소 미흡한 절차였다고 생각한다. 3등 작품은 단절된 박물관이 자리 잡는 방식 자체로 이어주기 위한 전략으로 3, 6, 9m 폭의 인식적 path로 박물관-마을을 연계하고 소규모 제안 공간들로 마을 길을 자연스럽게 활성화한다. 주변 스케일에 대응한 간결한 매스 계획, 전시공간 연계 방식, 지붕 구조 등 충분히 매력적인 제안이었다. 2등 작품이 강조한 장소성, 영역성, 공공성은 일반적 개념 전개로 진주성의 오마주, 타임리스 밸리 등의 건축화에 다소 동의하기 어려웠고, 관람 동선 및 기타 평면 계획의 전반적 미진함이 큰 단점이었다. 1, 2위를 정하는 결선 토론을 진행하는 과정에서 당선작의 상대적 우월성과 장점이 더 드러났다. 당선작은 지역성을 고려하지 않았다는 의견도 있었으나, 주변과의 접점을 극대화한 문턱 없는 새로운 차원의 박물관 형식, 지역 이용의 활력을 도모하는 포용적 장소로서의 박물관 역할 제시 등에서 우수한 작품이다. 혼성 목구조로 제안된 간결하고 명쾌한 대공간은 도시재생 사업지역의 다양한 활용과도 유연하게 연계 가능한 장점을 가진다. 총괄건축가 공공건축가제도가 안착된 진주시의 의미 있는 공공건축물이 도전적, 실험적, 선도적으로 완성도 높게 실현되길 기대한다.

이준석   국제설계공모 제도의 취지에 맞는 다양한 접근의 개성 있는 설계안들이 제출되었으며 본 심사를 통해 여러 관점에서 대상 대지의 잠재성과 가능성, 그리고 실질적인 지역사회 기여의 기회를 깊이 있게 고려하는 계기가 되었음. 일부 흥미롭고 대담한 제출안들의 경우 시공성이나 예산 범위 내 실현 가능성이 낮은 경우가 발견됨. 그러나 본 심사위원은 우수 설계안 선정에 있어 설계안의 현실성과 보편 타당성을 앞세운 제안보다는 본 박물관의 설립 취지와 그 의미를 고려하여 적절한 수준의 창의적 접근을 포함, 대지의 활용 및 공간 제안에 있어서 혁신적이고 고유한 창의성이 돋보이는 설계안 선정에 비중을 두었음. 최종 우수작 5개 선정에 있어 일부 설계안들의 경우 평면 계획의 완결성이 미흡하거나 전체 대지 내에서 임의의 형태적 유형을 서사적 개념 없이 남김으로써 전체 도시 맥락의 구축에 반하는 수준 이하의 작품이 포함되기도 했으며, 제안된 이미지의 주장과 공간의 현실적 구현이 현격하게 다를 수 밖에 없는 미흡함을 가진 설계안도 포함되는 등 본 심사위원의 평가 취지와는 상반되는 설계안 일부가 선정되기도 하였음. 당선작의 경우 제안된 아이디어에 의한 설계 완결성이 우수하며 무엇보다도 의도된 구축 방식과 맞물린 계획적 접근이 국내에서 거의 시도되지 않은 여러 장점을 보유한 제안임에는 틀림없으나, 본 국립진주박물관 발주 및 시행 여건을 고려할 때 지정된 예산 범위 및 일정 내에 원안의 완성도를 갖는 건축물로 구현하는데 많은 난관이 따를 것으로 사료됨. 향후 원안의 의도를 넘어서는 설계안 변경이 필요할 것으로 판단되므로 면밀한 향후 검토와 철저한 대비가 요구됨. 본 심사위원은 2등 수상작이 갖는 장점으로 창의적 대지의 해석과 그에 따른 고유한 형태의 제안이 돋보였고 박물관이 가동되지 않는 시간에 박물관 인근의 공간들과 맞물려 박물관 외부 공간들이 지역 시민들과 다양한 장소로 함께할 수 있는 점을 높게 평가하며, 이 또한 당선안이 갖고 있지 않은 아쉬움이라고 판단함.

김동규 5개의 모든 작품에 대한 설명을 들어보니 '문턱이 낮은 박물관'에 대하여 많은 고민을 통해 본 공모의 결과물을 도출하였음을 알 수 있었다. 그 중 당선작은 실내 공간을 지상 3층으로 계획하여 자칫 육중해질 수 있는 상황이지만 더블스킨 개념을 공간화하고 높고 넓은 복도를 구성하여 1, 2층의 전시 영역과 교육 영역에 대한 진입을 유도하는 내외부 공간 사이의 전이 공간을 계획하였다. 이는 방문객의 행위로 내외부 공간이 자연스럽게 하나가 되어 공간적으로 투명해지는 효과를 만들어냈다고 판단한다. 사선으로 살짝 비틀어진 매스의 배치를 통해 다양한 외부 공간을 만들어내고 이를 넓은 입면의 출입구와 연계하여 건축과 외부 공간이 자연스럽게 하나가 되는 상황을 연출하고 과거 플랫폼 공간을 재구성하여 공립전문과학관에서 (구)차량정비고까지 연결되는 외부 동선을 명확하게 정리하였다. 현재 진주국립박물관에서 탑돌이를 하는 상징적인 석탑이 외부 동선과 바로 면하여 광장으로 계획되어 가치를 이어갈 수 있도록 구성하고 건물과 연계된 다양한 외부 공간이 시민숲 광장과 연계될 수 있는 마스터플랜까지 잘 제안하여 배치의 짜임새 또한 장소의 활용성을 충분히 보여주고 있다. 2등작은 외부 공간을 적극적으로 지층에 계획한 점이 인상적이었다. 공립전문과학관과 (구)차량정비고를 시각적으로 연결하는 도로를 밸리로 개념화하여 외부 동선으로 명확히 제시하였지만 이를 지하로 유도하는 계획과 좁은 동선 공간에 석탑을 배치한 점에서 현재의 가치를 수용하지 못한 아쉬움이 있다. 3등작은 박물관을 지역 연계의 측면에서 형상화한 흥미로운 안이다. 다만 정해진 형태에 의해 박물관 공간의 필요한 규모를 수용하지 못한 아쉬움이 있다. 4등작은 선형 형태에 착안한 배치가 대지 주변을 재미있게 구성할 수 있는 입면의 가능성을 보여준 안이다. 다만 선형의 공간에서 확보할 수 없는 박물관의 실내 공간에 아쉬움이 있다. 5등작은 박물관의 내부 공간을 중정과 연계하여 건축적 공간의 가능성으로 아주 잘 계획한 안이다. 다만 중정의 크기를 박물관 공간과 함께 구성하다 보니 외부 공간은 넓은 대지가 모두 주차장으로 계획되어 시민숲 광장이 협소해지고 주차장에 의해 박물관과 시민숲 광장과의 연계성이 떨어지는 결과가 되어 아쉽다.

이민아   서울대학교 건축학과와 동대학원 건축학과를 졸업하고, 네덜란드 베를라헤 건축대학원을 졸업했다. 공간연구소(1991~1992)와 기오헌(1992~2003)에 근무했고 현재 협동원건축사사무소 소장이다.

이정훈   프랑스 건축사이자 한국 건축사이다. 성균관대학교에서 건축과 철학을 공부하고 국비 장학생으로 도불, 프랑스 낭시(Nancy) 건축학교 및 파리 라빌레트(Paris Lavillette) 건축대학에서 건축재료 석사 및 프랑스 건축사를 최우수로 취득하였다. 파리 반 시게루(Shigeru Ban) 사무소, 런던 자하 하디드(Zaha Hadid) 사무소를 거쳐 2009년 서울에 조호 건축사사무소를 개설하였다.

<u>이민아 위원의 평가사유서 상에서 최종 표결 후보를 선정하는 투표 전 토론이 생략된 것에 대한 지적이 있었는데, 당시 정황을 설명해달라.</u>

이민아. 결과 발표 후 남아있는 심사 기록을 보는 것과 심사장소에서 위원들이 체감하는 현장 분위기 사이에는 간극이 크다는 것을 먼저 얘기하고 싶다. 심사는 결국 응모자가 긴 시간 고민한 것에 대해 훨씬 짧은 시간 내에 판단을 내려야 하기 때문에 적지 않은 압박과 책임감이 동반된다. 작품에 대한 심사 과정을 재론하는 이런 형식의 인터뷰는 낙선 작품 리뷰의 필요성에 동의하지 않으므로 흔쾌히 수락할 수 없었다. 정제된 기록과 달리 심사 현장은 지독하게 치열하고, 위원의 입장에서는 스스로 납득하기 어려운 심사(과정, 결과 모두)에 참여하게 되면 그 후유증이 매우 오래 지속된다. 2차 심사에서 결선 후보를 선정하는 첫 투표 결과가 발표되고 어느 위원은 집계가 잘못된 것이 아니냐고 말하기도 했을 정도였다. 당선안은 1단계에서부터 모든 위원들의 고른 지지를 받았고, 개인적으로도 탁월한 안이었다고 생각했지만 최종 표결 후보를 선정할 때는 3등과 4등 안을 선택했다. 의견서에 썼듯이 2등 안이 패널에서 표현하고 있는 장소성과 영역성, 공공성은 모든 공공건축물 건립 사업의 기본 전제이며, 진주성의 오마주, 타임리스 밸리 등의 건축화에 동의하기 어려웠으며 관람동선 및 기타 평면 계획에 있어서도 전반적으로 미진했다. 결국 표결 전 토론을 생략하고 진행한 위원장의 결정에 대한 아쉬움이 남는다. 위원장의 재량에 따라 토론 진행 여부가 결정되기보다는 논의 단계(개별안에 대한 의견 공유 및 선정단계마다 토론)를 필수적으로 거치도록 하는 심사 매뉴얼이 수립되어야 한다고 생각한다. 특히 진주박물관과 같이 주목도가 높아 제출 작품수가 많을 경우 모든 단계에서 선정/탈락 이유가 명확히 드러나야 한다.

이정훈. 개인적으로는 4등 안이 끝까지 올라가서 1, 2등을 다투게 될 거라고 기대했는데 2등 안이 최종 표결 후보가 될 거라고는 전혀 상상하지 못했다. 잘 풀어낸 계획안이고 2차 심사 대상이 되는 것까지는 이해할 수 있었지만 당선권 안에 들어갈 만큼 강한 건축적인 컨셉은 보이지 않았고 그 정도의

대상지 위성지도

퀄리티나 가치가 있는 작품이라는 데 솔직히 납득하기 어려웠다. 오히려 4등 안이 가진 순수한 아이디어가 큰 줄기에서 볼 때 굉장히 훌륭한 안이고, 당선이 되었어도 좋았을 거라는 생각을 지금도 하고 있다.

당선안 같은 경우는 현실적으로 CLT(Cross Laminated Timber)와 같은 공학 목재나 신공법 등으로 인해서 공사비 증액의 문제가 있을 수 있기 때문이다. 반면 4등 안은 재료의 가격 문제가 아니라 공간 자체만 구현되면 되는 것이므로 조잡하지 않고 강력한 축과 공간의 아이디어를 갖고 있으면서도 국내 공공 프로젝트에서도 충분히 실현 가능하고 납득할 만한 적정 범위 안에 들어온다는 것도 매력적인 지점이었다.

<u>투표 전 토론이 이루어졌다면 결과가 달랐을 수도 있었을까?</u>

이민아. 최종 표결까지 이르는 과정에서 심사위원들의 논의를 생각해 보면 결과가 달라지지는 않았을 거라고 본다. 그러나 1단계에 제출된 완성도 높은 안들이 저평가 받은 이유와 2단계 심사 실황 중계를 통해서도 파악이 어려운 결선작 선정 과정은 참가자들 입장에서 납득하기 어려웠을 것이다. 물론 1단계 심사에서도 오십여 개의 작품들을 살피면서 각각의 심사위원들이 생각하는 장단점이 논의되었지만 결국 마지막 표결에서의 선택과는 달랐다고 기억한다. 이는 심사위원들에게 부여된 권한 행사에 대해 누구도 질문을 가질 수 없는 공모 심사의 본질적 위력이자 한계다.

<u>2차 심사와는 달리 두 위원 모두 1차 심사에서는 4등 안에 표를 주지 않았다. 장점을 충분히 보지 못했던 것인지 아니면 더 좋은 다른 안들이 있었던 건지 궁금하다.</u>

이정훈. 사선 축이 지나치게 강하다는 느낌을 받았고, 다른 제스처를 취한 안들이 더 적절하고 돋보였던 것 같다. 워낙 많은 안들을 대상으로 상대적인 비교를 해서 보는 것이기 때문에 큰 그림에서 여러 방향들 중에 몇 가지를 고르라고 할 때 아무래도 첫 표결에서 4등 안을 선택할 만한 부분이 보이지는 않았다. 가령 컨셉이 조금 더 명확하게 드러나거나 평면이 정갈하게 구획된 것들을 위주로 선정했다. 4등 안은 그런 안들에 비해서 다소 과격한 인상이 강해서 이런 방향이 과연 맞을까 싶었는데 2차 심사에서 도면을 꼼꼼하게 뜯어보니 상당히 괜찮은 계획안이었다.

이민아. 사실 이렇게 직관적 조형성이 강하게 읽히는 형식의 제안은 설계경기에서 비교적 흔하게 볼 수 있다. 관점의 차이지만, 박물관에 대한 해석이나 이 사이트와 강하게 밀착되어야 한다는 차원에서 보면 2차 심사

당선안 지상 1층 평면도

4등 안 지상 1층 평면도

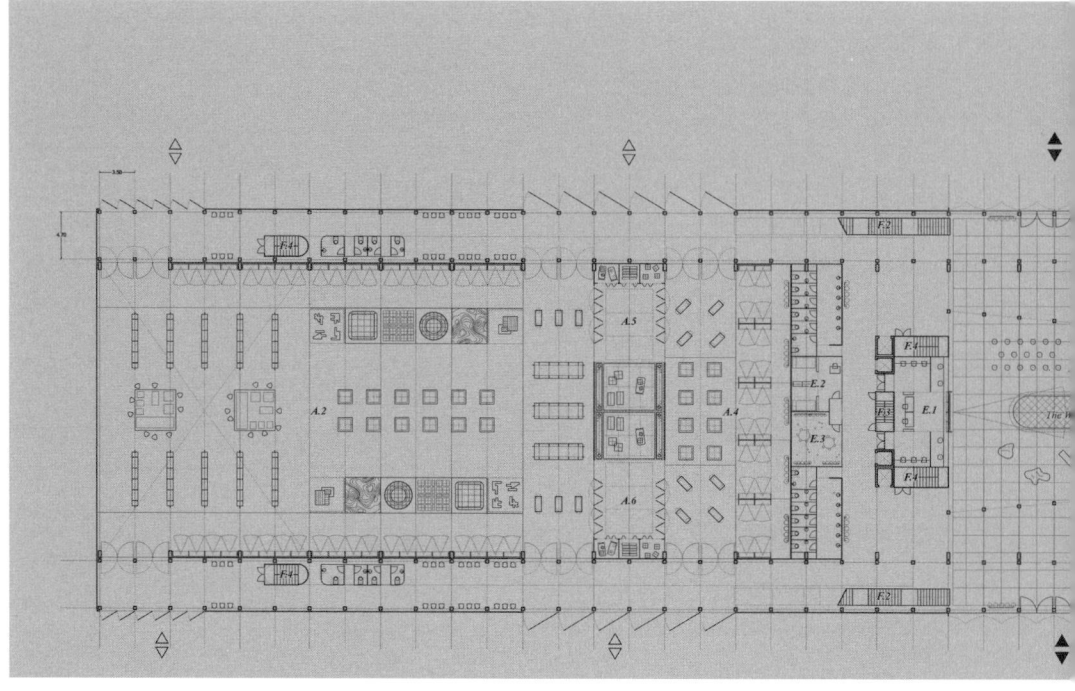

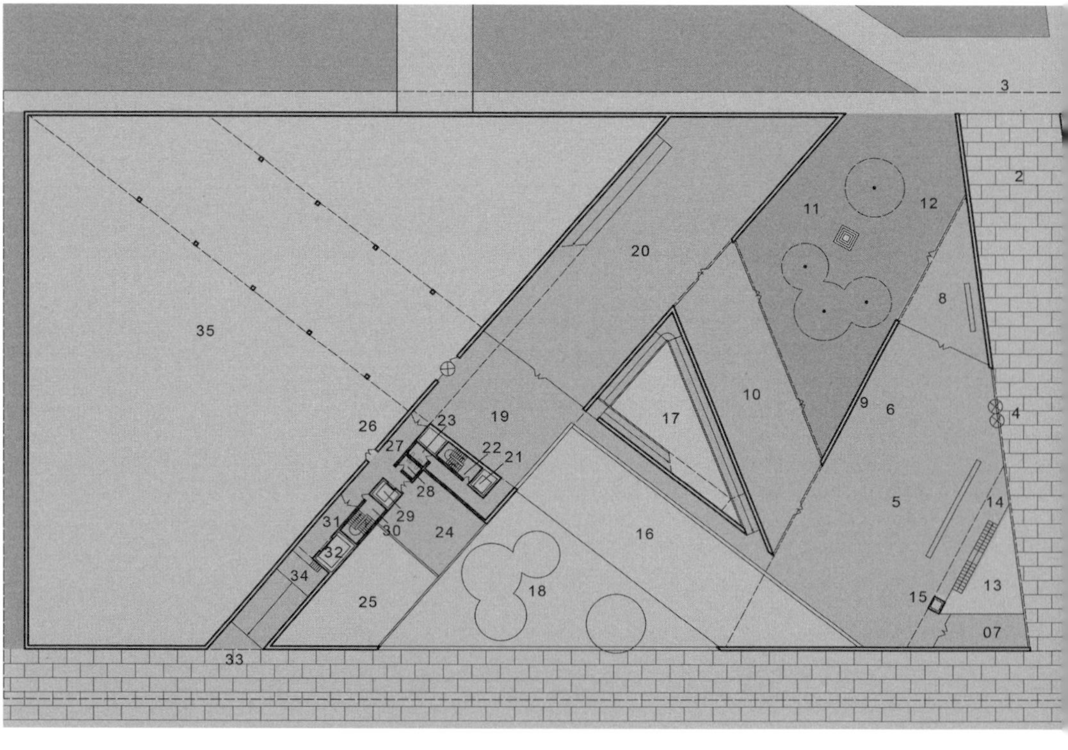

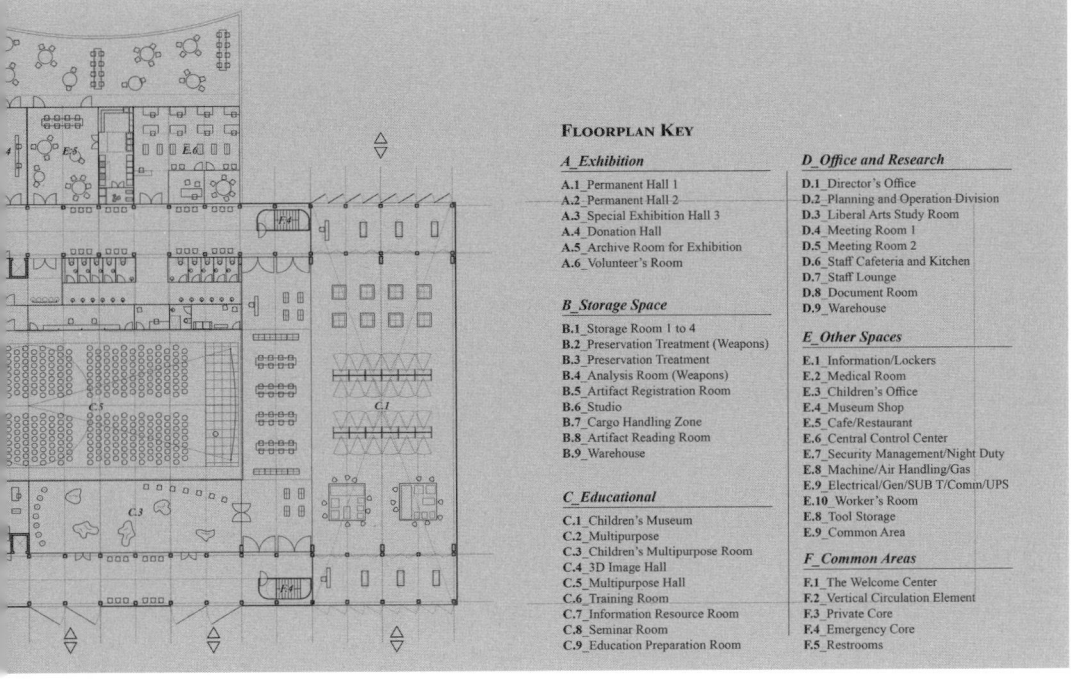

FLOORPLAN KEY

A_Exhibition
A.1_Permanent Hall 1
A.2_Permanent Hall 2
A.3_Special Exhibition Hall 3
A.4_Donation Hall
A.5_Archive Room for Exhibition
A.6_Volunteer's Room

B_Storage Space
B.1_Storage Room 1 to 4
B.2_Preservation Treatment (Weapons)
B.3_Preservation Treatment
B.4_Analysis Room (Weapons)
B.5_Artifact Registration Room
B.6_Studio
B.7_Cargo Handling Zone
B.8_Artifact Reading Room
B.9_Warehouse

C_Educational
C.1_Children's Museum
C.2_Multipurpose
C.3_Children's Multipurpose Room
C.4_3D Image Hall
C.5_Multipurpose Hall
C.6_Training Room
C.7_Information Resource Room
C.8_Seminar Room
C.9_Education Preparation Room

D_Office and Research
D.1_Director's Office
D.2_Planning and Operation Division
D.3_Liberal Arts Study Room
D.4_Meeting Room 1
D.5_Meeting Room 2
D.6_Staff Cafeteria and Kitchen
D.7_Staff Lounge
D.8_Document Room
D.9_Warehouse

E_Other Spaces
E.1_Information/Lockers
E.2_Medical Room
E.3_Children's Office
E.4_Museum Shop
E.5_Cafe/Restaurant
E.6_Central Control Center
E.7_Security Management/Night Duty
E.8_Machine/Air Handling/Gas
E.9_Electrical/Gen/SUB T/Comm/UPS
E.10_Worker's Room
E.8_Tool Storage
E.9_Common Area

F_Common Areas
F.1_The Welcome Center
F.2_Vertical Circulation Element
F.3_Private Core
F.4_Emergency Core
F.5_Restrooms

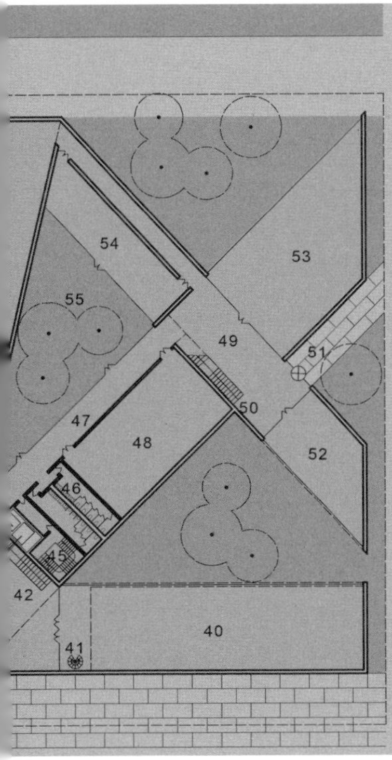

1F LEGEND HISTORY MUSEUM

1 NEW PEDESTRIAN STREET
2 WELCOMING SPACE "THE PASSAGE"
3 CITIZEN'S FOREST PARK
4 HISTORY MUSEUM ENTRANCE
5 LOBBY
6 INFORMATION AND TICKETS
7 MUSEUM SHOP
8 CAFE
9 BUDDAH IMAGE
10 DONOR HALL
11 PAGODA COURT
12 CAFE TERRACE
13 OPEN TO LOBBY SERVICES BELOW
14 PUBLIC STAIR
15 PUBLIC ELEVATOR
16 OPEN TO SPECIAL EXHIBITIONS GALLERY BELOW
17 RAMP HALL
18 SUNKEN COURTYARD BELOW
19 ENTRANCE FROM PARKING LOBBY
20 PERMANENT EXHIBITION HALL 1
21 PUBLIC ELEVATOR
22 PUBLIC STAIRS
23 PUBLIC RESTROOMS
24 OFFICE MEETING ROOM 1
25 OPEN TO LIBERAL STUDIES ROOM BELOW
26 EMPLOYEE ENTRANCE
27 SERVICE HALLWAY
28 SERVICE RESTROOMS
29 SERVICE ELEVATOR
30 SERVICE STAIRS
31 FREIGHT AREA
32 FREIGHT ELEVATOR
33 FREIGHT ENTRANCE
34 LOADING DOCK
35 PARKING LOT
36 CHILDREN'S MUSEUM & EDUCATION ENTRANCE
37 CHILDREN'S MUSEUM & EDUCATION LOBBY
38 CHILDREN'S MUSEUM
39 CHILDREN'S GARDEN
40 MULTIPLE PURPOSE ROOM
41 ACCESS TO PROJECTION BOOTH ABOVE
42 PUBLIC STAIR
43 PUBLIC ELEVATOR
44 SERVICE ELEVATOR
45 SERVICE STAIR
46 PUBLIC RESTROOMS
47 EDUCATION AREA HALLWAY
48 3D IMAGE HALL
49 EDUCATION AREA LOBBY
50 PUBLIC STAIR
51 ENTRANCE FROM CITIZEN'S FOREST
52 TRAINING ROOM
53 INFORMATION RESOURCE ROOM
54 CHILDREN'S MULTIPLE PURPOSE ROOM
55 CHILDREN'S COURT

1F LEGEND CHILDREN'S MUSEUM & EDUCATION AREA

당선안 서측 입면도와 파사드 및 구조 상세도

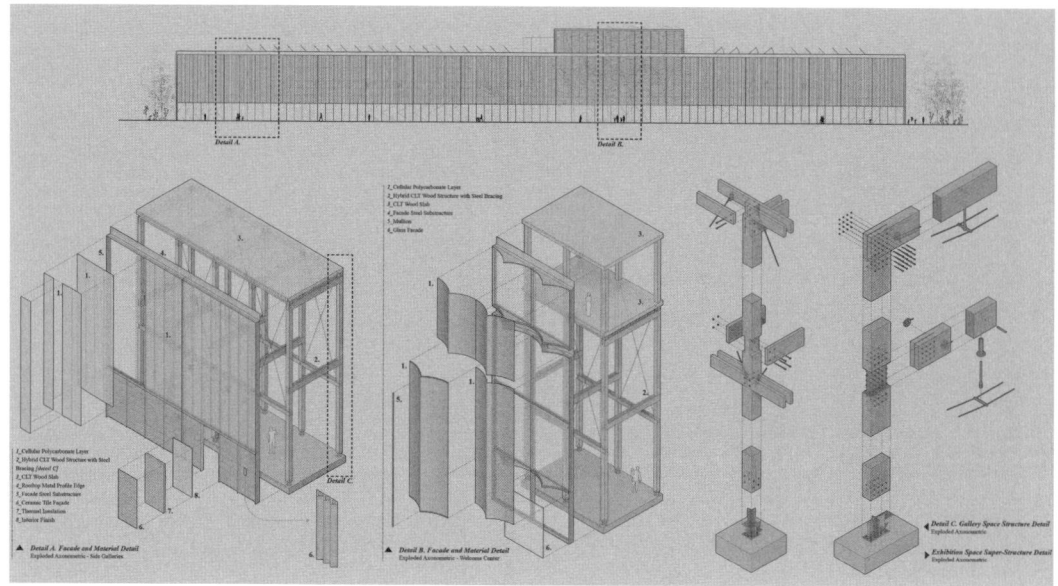

4등 안 디자인 컨셉 스케치

대상을 선정하는 단계에서는 다소 지역의 특성에서 유리된 안이라고 느껴서 눈에 들어오지 않았다. 그런데 2단계 피티를 듣고 나니 공간의 조직 원리가 주변과 어떤 관계를 가지고 있는지 잘 이해할 수 있었다.

2차 심사에서 새롭게 본 지점은 구체적으로 어떤 것이었나?

p.199
4등 제안서, 1층 평면도

이정훈. 일단 굉장히 다이나믹한 느낌이 있었고 피티를 통해서 계획안을 봤을 때 훨씬 더 좋은 느낌을 받았다. 각각의 축이 가진 공간성이나 단면적으로 미술관의 레벨에 대한 고려도 많이 되어 있었다. 실제로 지어졌을 때에는 투시도처럼 위에서 볼 수는 없지만 조형적인 역동성도 느껴졌다. 위치에 따라서 넓은 범위가 오픈되거나 닫히는 부분에서 의도된 리듬들이 읽혔다. 평면의 짜임새만 놓고 보면 못한 것은 아니지만 레이아웃이나 내부 공간들이 눈에 잘 들어오지 않는 느낌이었다. 당선안 같은 경우에는 가구 배치도 완벽하게 되어있었던 반면에 4등 안은 스케일감이 잘 그려지지 않았는데, 피티를 통해 설명을 듣는 과정에서 상상이 되면서 이 안이 가진 장점에 대해서 다시 생각하게 되었다.

4등 안은 구획된 내부 공간에서 전시물을 자유롭게 배치할 수 있도록 가변성 혹은 유연성을 제공하고 있다. 각 매스의 축들은 도시를 향해서 열리거나 닫히는 리듬을 지니고 있고, 그 내부의 공간들은 좀 더 확장이 가능한 계획이었다. 스킵플로어로 구성된 부분의 경우 큰 매스와 작은 매스 사이에서 발생하는 레벨 차이를 통해 프로그램 동선이 이루어지는 점이 상당히 매력적이었고, 실제로 지어진다면 내부 공간이 매우 흥미롭겠다고 생각했다.

p.204
4등 제안서, 내부 공간

이민아. 전용공간/공용 공간의 설정이 매력적이고 유연하여 저렇게 작동할 수 있겠다라는 생각이 들었다. 전시 계획은 별도로 발주될 예정이었지만 그에 대한 제안이 어느 정도 요구되었는데, 발표에서 전시 계획에 대한 설명은 없고 공간 자체의 특이성을 전시의 대상으로 보고 있다는 짧은 언급만 있었다. 어떻게 보면 확정된 공간들 같지만 한편으로는 굉장히 중성적이어서 추후에 전시물들이 배치될 때 포용적인 공간의 힘으로 잘 작동할 것이라는 확신을 가지게 했다. 굉장히 거칠어 보이는 비정형적인 형태와 여러 레벨로 구성된 스킵플로어 형식 속에서도 공간의 세부 요소들이 섬세하게 조율되어 있어 좋은 계획안이라고 판단했다.

당선안 외부 투시도. 시민의 숲 광장에서 웰컴센터를 바라본 모습

4등 안 외부 투시도. 건너편의 시민의 숲 공원 및 박물관 입구로 연결되는 공공 통행로

김정임 위원은 4등 안에 대해 박물관보다는 현대미술을 다루는 공간에 더 적합해 보인다는 의견을 남겼는데, 이에 대한 생각은 어떤지 궁금하다.

이정훈. 아무래도 모던한 이미지 때문에 그렇게 보일 거라는 데에 공감이 되고, 그런 점이 최종 표결까지 오르지 못했던 이유 중에 하나일 수도 있을 거라고 본다. 전통적인 박물관의 개념으로 보면 딱 맞아 떨어지지는 않는 게 사실이지만 새로운 시도로 보면 안될 이유는 없다고 생각한다.

이민아. 그 밖에도 4등 안은 공공건축물에서 지켜야 하는 친환경, 배리어프리 등 까다로운 법규들을 비교적 느슨하게 다루고 있었다. 그래서 이 개념이 온전하게 실현되는 데는 어려울 것이라는 논의들이 있었다.

권병용 위원의 경우 평가사유서에 4등 안에 대해 건물이 벽처럼 대지를 동서축으로 막고 있어서 박물관의 경계를 허물고 주변과 자유롭게 연결시키고자 하는 이 프로젝트의 목표와 부합하지 않는다고 적었다.

p.195
4등 제안서, 외부 투시도

이정훈. 부분적으로는 일리가 있지만, 관점에 따라 다른 판단도 있을 수 있다고 생각한다. 4등 안의 경우도 대각선 방향으로 열려 있는 곳들이 있고, 특히 웰컴센터의 경우 다른 안들과 달리 뻥 뚫린 커다란 통로를 제안하고 있는 것도 연결하는 방식으로서 나쁘지 않은 선택이라고 본다. 오히려 2등 안 같은 경우에는 반드시 지하를 통해서만 이동이 가능했기 때문에 더 닫힌 방식에 가까웠다.

당선안에 대해서는 재료와 공법의 현실적 한계를 지적하는 의견들이 있었던 것 같다.

이민아. 물론 한국의 실정을 생각하면 공공건축 시공사가 이런 프로젝트를 실현하는 것은 어려울 거라고 생각했는데, 이정훈 위원을 중심으로 그럴수록 공공의 영역에서 공들여 시도를 해야하는 것 아닌가라는 의견들이 나왔다.

p.190
당선 제안서, 단면 투시도
p.193
당선 제안서, 구조상세도

이정훈. 강한 문제 제기가 있었다. 국내에서 CLT나 목재 공법들이 충분히 상용화되지 않은 상황이기 때문에 실현 불가능할 거라는 의견이 반대하는 위원들로부터 반복적으로 제기되었다. 물론 맞는 말이지만, 이렇게 실험적인 목구조 공법을 시도해 볼 수 있는 프로젝트가 많지 않은데 진주라는 도시가 목재 건축에 특화된 방향성이 있는 곳이기 때문에, 이런 사업을 통해 새로운 시도가 이루어져야 기술적인 토양이 만들어지는 것을 앞당길 수 있을 거라고 생각했다. 물론 당선사와 발주기관이 어느 정도의 의지를 갖고 어디까지 진행될 수 있을지에 대해서는 솔직히 장담하기는

어렵다. 하지만 그렇다고 해서 2등 안이 갖고 있는 매력이나 장점이 당선이
될 정도라고는 절대로 생각할 수 없었다.

그렇게 보면 4등 안은 형태적으로는 더 화려해 보이지만 그러한
시도가 이루어지지 않는 환경에서 무난하게 제안할 수 있는 최선일 수도
있을 거라고 본다. 반면 당선안은 단순한 입방체이지만 내부 목구조가
더블스킨으로 되어 있어서 공사비 문제가 없지 않을 것이다. 그럼에도
피티를 통해서 제안자가 그러한 역량을 갖추고 있을 거라고 판단했다.
당선안은 디테일이 매우 우수한 안으로 동일하고 단순한 모듈을 변형 없이
규칙적으로 반복하고 있기 때문에 한국 건축에서 지금까지 볼 수 없었던
원형을 프로토타입화되는 유니트로 디테일하게 충분히 잘 만들 수 있을
거라 기대했고, 공사 자체의 난이도로도 보면 크게 무리하지 않은 거라고
생각했다. 에너지나 친환경성, 생태학적으로도 다른 안들에 비해
미래지향적인 작품이었다.

<u>최종 표결이 4:3으로 마무리된 것을 보면 직전 논의가 치열했을 것 같은데 주로 어떤
내용들이 거론되었나?</u>

이민아. 개인적으로 예상하지 못했던 작품이 최종 표결 후보로 올라와서
당황스러웠고, 실시간으로 중계되고 있는 상황이 부담스러웠음에도
치열하게 설득하지 않으면 안 되겠다는 생각에 다소 직설적으로 의견을
개진할 수 밖에 없었다. 당선안의 경우 경미한 지침의 위반이 발견되었는데,
실격할 만한 사항도 아니었고 추후에 주변 지역이 전반적으로 재구성되는
과정에서 충분히 수정이 가능한 부분이라는 총괄건축가의 검토 의견을
심사 중에 확인하기도 했다. 그러한 과정을 거쳐서 최종 표결에 후보에
올렸음에도 결선 토론 과정에서 이런 안이 선정되면 민원이 제기될 거라는
의견이 다시 거론되었다. 앞서 논의가 끝난 문제를 다시 언급하는 것은
심사 절차상 옳지 않다. 두 설계안의 수준은 차원이 달랐기 때문에 그에
대해서 일일이 설명하는 건 크게 의미가 없다고 생각한다.

이정훈. 기억하기로 2등 안을 지지하는 위원들의 주된 주장은 그 계획안이
무난하다는 것이었다. 지하 공간을 비롯해서 기능적인 면들을 잘 풀었다는
것인데, 관점에 따라 특징이 없는 것으로 볼 수 있다. 건축적이거나 사회에
대한 메시지나 방향, 즉 색깔이 없고 잘 정리되어 있다는 정도의
느낌이었다. 건축가의 작품이라기보다 설계경기에서 많이 볼 수 있는
계획안이었고, 일반적으로 지어지는 공공건축이라면 넘어갈 수 있었겠지만

당선안 내부 투시도. 유연하고 독립적이며, 어디서나 접근이 가능한 공공공간으로의 웰컴 센터

4등 안 내부 투시도. 완만한 경사로에 의해 연결되는 3차원의 전시공간은 역사적 사건과 대상 그 자체가 아닌 그들 간의 관계성을 강조하며, 그에 대한 복수의 해석이 반영된 전시 구성의 기회를 제공한다.

굳이 국제공모를 통해 설계안을 선정하는 국립박물관으로서의 위상이나 격을 생각하면 너무 약하다고 밖에는 판단할 수 없었다.

당선안이 완벽하게 이행될 수는 없더라도 풀어가는 어려움 속에서 이런 설계경기를 통해 사회적으로 조금이라도 업그레이드할 수 있는 계기가 되었으면 하는 바람이 있었다. 그런 시도가 있어야지만 시스템이 조금이나마 더 다양해지고 좋아질 수 있는 것이지, 가능한 범위 안에서만 실천이 이루어진다면 사실 뭔가를 더 할 수 있는 것이 없다고 본다. 정말 좋은 아이디어가 있다면 완전하게 구현이 안되더라도 향후 다른 프로젝트의 기반이 될 수도 있기 때문에 조금이라도 공공에 기여할 수 있는 방향성을 가진 작품을 선정해야 한다고 생각한다.

끝으로 심사 과정의 세분화와 그에 대한 보상 수준에 대한 의견을 듣고 싶다.

이정훈. 기술 심사 단계의 인력과 역량을 강화하는 것도 하나의 방법이라고 생각한다. 하지만 결국 좋은 심사위원들이 더 많은 심사를 할 수 있게끔 매력적인 과정을 만드는 게 맞다고 본다. 현재는 심사 수당을 자문비 수준으로 책정하고 당연한 사회봉사처럼 생각하는데, 심사위원이 영광스러운 자리도 아니고 오히려 문제가 생겼을 때 그 상황을 감내해야 하는 경우들도 있다. 그렇게 해서는 절대로 좋은 심사위원회를 구성할 수 없다. 색깔을 가지고 경험이 있는 사람들이 좋은 안을 뽑을 수 있게끔 유도해야 한다. 그렇지 않으면 설계 경험이 없는 위원들이 선정되는 경우가 많아지는데, 역량 있는 응모자들이 지원하지 않을 가능성이 높고 결국에는 많은 사회적 비용을 투입함에도 불구하고 공공에 대한 기여가 이뤄지지 못하는 상황이 발생한다. 진주나 파주, 영주 같은 곳은 누구나 인정할 만한 심사위원들로 구성이 되기 때문에 많은 지원들이 몰리고 알려지지 않은 당선자들의 훌륭한 작품들이 많이 배출되고 있다.

이민아. 검토해야 할 응모작이 많을 경우에는 심사 단계를 추가해야 하지만, 소요 시간에 비례해서 비용을 책정하는 문제는 별개의 문제다. 가령 발주처에서 심사위원 수당을 절약하려고 단계를 나누지 않고 심사일정을 무리하게 잡는 경우 최상의 심사가 이루어지기는 어렵다. 심사 요청 연락을 받으면, 우선 함께하는 심사위원 구성을 확인하고, 발주처가 공모 기획을 위해 얼마나 준비를 했는지, 공모 운영이 전문적이고 공정한지 알아보려고 노력한다. 공모지침서와 과업내용서를 보면 대부분 확인이 된다. 심사비용을 산정하는 방식은 발주처가 회의 및 자문비 기준을 참조하여

지침을 합리적으로 세우면 된다. 최근에는 공모 수 증가 및 심사 횟수 제한으로 다수의 건축가들이 심사에 참여하고, 공모 운영 역시 새로운 업역으로 부상하면서 엄격한 운영 원칙과 기술 없이 미숙한 심사 진행이 속출하고 있다. 스코어러가 건축설계 공모 분야에 기여하려면 특정 공모 결과에 대한 특정 심사위원 인터뷰가 아닌, 확보된 데이터를 바탕으로 심사위원회 내부를 통째로 들여다보려는 노력이 필요하다고 생각한다.

competition 3
단산면 행정복지센터

1st
에스티피엠제이[1] +
아뜰리에준 건축사사무소[2]

2nd
건축사사무소 김남[3]

commented by
이은경, 정이삭

document
pp.210–237

[1] stpmj.com
[2] a–jun.net
[3] kimnam.co.kr

공모개요

유형	일반 설계공모
위치	경상북도 영주시 단산면 옥대리 199-3 외 8필지
지역지구	계획관리지역, 자연취락지구, 상대보호구역
규모	지상 2층 이내(지하층 금지)
연면적	1,102.93m^2(±5%m^2 범위 내 오차 허용)
대지면적	2,544.00m^2
설계비	약 2.4억 원(238,752,000원)
공사비	약 40.3억 원(4,032,710,000원)

공모일정

공고	2023. 06. 16
심사	2023. 08. 16

심사위원

이은경	이엠에이 건축사사무소
정이삭	에이코랩 건축사사무소
최연웅	아파랏체 건축사사무소
최정인	일상 건축사사무소
남상문	날곳 건축사사무소

심사결과

당선	에스티피엠제이+아뜰리에준 건축사사무소
2등	건축사사무소 김남
3등	건축사사무소 시도건축
4등	818건축
5등	오앤엘 건축사사무소

총평

지역 행정복지센터 설계 공모에 63개 안이 제출되었고, 1차 심사에서 2차 당선작 5개 안을 선정하였다. 많은 제안들 중에서 크지 않은 적절한 규모를 기능적으로/현재적으로 제안하는 설계가 아닌, 우리가 처한 현실의 문제에 '건축의 담론'을 제공하는 안들이 돋보였다. 고령화와 인구 축소의 가장 큰 영향을 받는 지방 도시에 공공서비스를 제공하는 건축은, 인구와 환경이라는 지금 시대에 처한 우리의 당면과제로 확대해석할 수 있다. 한 명의 주민도 공공서비스를 받아야 하며, 이를 지원하는 물리적 공간을 어떻게 구축하고 관리할 것인가라는 보편성과 대지가 가진 지역만의 특수성을 건축 공간뿐만 아니라 구축과 미학적 완성으로 제안하고자 하는 노력들을 엿볼 수 있었다. 공모가 과열되었지만 공공건축의 기준이 높아지고 있음에 의의를 찾으며 당선안의 온전한 실현으로 증명되기를 희망한다.

당선   에스티피엠제이+아뜰리에준 건축사사무소

이은경   지역에서 공공서비스를 지원하는 건축적 유형을, 집합된 프로그램을 단층 높이의 밀도를 형성하는 건물군과 현장에서의 시공성, 미래의 시간을 염두에 둔 환경에 대한 고려가 통합된 제안으로서 미학적으로 높은 성취를 보여주는 수작이다.

남상문   도시적 스케일과 시설 성격에 가장 부합하는 계획안. 프로그램 구성 및 조닝이 합리적. 복합구조를 활용한 구축적 표현이 우수하고 건축적 완성도가 탁월.

정이삭   완결적 형태와 미적 완성도, 공간 계획의 합리성 모두 우수하다고 보임.

최연웅   건축적 공간, 구조적 설명이 합리적이며 건축의 힘을 믿는 수작이라고 생각합니다. 태양광 면적이 부족해 보이니, 조금 더 검토해야 할 필요가 있어 보입니다.

최정인   모든 프로그램을 1층에 배치하여 사용자의 접근성을 높이고 내외부의 긴밀한 연계를 가능하게 한 점이 돋보임. 기존의 주변 건물들을 면밀히 분석하여 매스를 분절하고 입면을 구성하여 도시적 맥락을 고려하고 건축적 완성도가 높음.

2등   건축사사무소 김남

이은경   마을 스케일을 반영한 건물과 집합, 입면에서 벌어지는 지역 건축 유형의 해석과 디자인의 적용에서 세심한 관찰력을 발견한다. 외부 마당에서 실내 마당으로 이어지는 관계, 중심권 내부화된 마당이 지역 주민에게 잘 활용될 공간으로 제안되었다.

남상문   분절된 매스가 도시 스케일에 부합하고 친밀한 공간을 유기적으로 구성하지만 외부 공간 활용이 제한적이고 서측 주도로에서 접근성 부족.

정이삭   미시적 시선에 근거한 접근법이 대상지의 맥락에서 유효하고, 겸손하며 급진적인 계획안이 인상적.

최연웅   작은 스케일을 다루는 방식과 공간을 다루는 방식이 인상적이었습니다. 작은 매스의 통일과 민원실의 처리가 조금 아쉬웠습니다.

최정인   사용자의 접근성을 높이고 커뮤니티 공간으로서 내부 홀의 구성이 독창적이며 공공재로서 기능과 실용적인 측면에서 활용도가 높을 것으로 판단됨.

이은경   이엠에이건축사사무소(주) 대표로 서울대학교 건축학과에서 학사와 석사, 네덜란드 베를라헤
        인스티튜트에서 건축도시 석사과정을 졸업하였고, 건축가 민현식, 자비에 드 가이터, 리켄 야마모토 등의
        사무실에서 실무를 익혔다.

정이삭   정이삭은 2013년 에이코랩 건축을 개소했고 2017년부터 동양대학교 교수로 재직 중이다. 사회적 건축
        작업과 공공 연구를 하며 건축 및 현대 미술 전시에 기획자나 작가로 참여해 왔다. 서울시립대학교
        건축학과(학사)와 한국예술종합학교 건축학과(석사)를 졸업하였다.

<u>지침을 보았을 때 어떤 요소가 심사의 주안점이 될 거라고 판단했는지 궁금하다.</u>

이은경. 일단 지침에 주어진 프로그램이나 공사비와 같이 기본적인 요구들을 중요하게 고려하지만, 결국 문제는 그것을 넘어서는 부분에 대해 어떻게 심사위원들의 공감대를 얻을 수 있느냐에 있다. 개인적으로는 축소, 고령화된 소도시 촌락에서 공공 서비스를 제공하는 건물로서 단순히 기능을 수행할 뿐 아니라 독자적인 아이덴티티가 필요할 것이라고 생각했다.

정이삭. 지침에는 다소 유니크하거나 주관적 해석을 담기는 부담스럽기 때문에, 어떤 때는 너무 밋밋해서 참고한다는 것이 크게 의미가 없다는 생각이 들기도 한다. 어쩌면 확률의 문제겠지만, 결국 응모자는 기본적인 요소를 충족시킨 후에 본인의 해석을 가미하는데 그 지점이 심사위원들의 판단과 일치한다면 유리해질 수 있다고 본다. 이런 농촌 마을의 주민센터는 일반적인 도심의 동주민센터와는 다른 지점이 있을 거라고 생각했고, 도시와는 다른 마을의 위계나 조직 같은 것들을 최대한 읽어내고 해석한 제안이 있을 것으로 기대했다.

<u>총평에서는 현재적인 제안과 건축의 담론을 제공하는 안을 구별하고 있는데, 여기에서 말하는 담론의 내용은 무엇이었나?</u>

p.214
당선 제안서,
설계의도 및 배치개념

이은경. 흔히 도시에서 말하는 컨텍스트와는 또 다른 차원에서 시간이 지남에 따라 사라지고 변화되는 부분들이 있을 텐데, 특정한 솔루션을 그리고 있었던 것은 아니었지만 그에 대한 해석과 내용이 있어야 한다고 생각했다. 예를 들어 당선안은 매우 자기완결적인 계획안이다. 해당 지역은 비정형적인 가로와 특정한 유형을 갖고 있지 않는 건물들로 이루어져 있고 인구 구성의 변화가 더 빠르게 나타날 수도 있는 곳인데, 이렇게 형식성과 고유한 아이덴티티를 지니고 있는 제안을 했다는 점에서 새로운 유형으로서 더 돋보였던 것 같다. 향후 이 건물이 이 지역 내에서 여러 가지 솔루션들을 제공하고 주변과 조화를 이루면서 확장해 나갈 수 있을 것인가에 대한 질문들이 논의와 담론을 지속하게 해줄 거라고 판단했다.

대상지 위성지도

일단 외형적으로 어떻게 보이는지가 중요하다고 생각했다. 유럽 도시의 광장처럼 어떤 지역에 변하지 않는 구조가 있다면 그것을 중심으로 여러 활동과 사람들이 모이게 되는데, 작은 도시일수록 그러한 중심성이 중요하기 때문이다. 일반적인 공공건물은 전면에 공지를 두고 그 뒤에서 입면을 보여주는데, 이 프로젝트도 단일 건물로서는 큰 스케일임에도 당선안의 경우 낮은 단층 건물이 만들어내는 내·외부 공간의 구조와 형식을 상징적인 형태로 드러내고 있다고 느꼈다. 타워로서의 랜드마크가 아닌 광장으로서의 랜드마크에 더 가까운 개념이라고 볼 수 있을 것 같다.

정이삭. 당선안은 형태적 완결성을 갖는 한편 단층으로 낮게 계획되어 있어서 기본적으로 과시적인 랜드마크를 만들지 않겠다는 태도가 분명했다. 그 밖에도 여러 가지를 두루 잘 갖추고 있는 계획안이라서 심사 초기부터 당선이 될 거라고 짐작했었던 기억이 난다.

반면 2등 안의 경우 심사 초반에는 '덜 만들어졌다'고 생각했다. 그런데 그것이 어쩌면 우리가 일반적으로 경험했던 방식의 랜드마크 만들기나 풀이 방법이 아닌 다른 방식을 제안하는 것일 수 있겠다고 판단했다. 이 지역에 익숙한 방식으로, 이 정도 만큼의 새로움을 더하는 것이 앞서 이은경 위원이 말했던 새로운 담론이나 미래적 가치에 있어서도 더 도움이 되지 않을까 싶었다. 두 계획안의 접근 중 어느 쪽이 더 나은가를 논하는 것은 상당히 어려운 주제인 것 같다. 결국 결과는 심사 당일 위원들의 구성과 각자의 경험, 관심사에 따라서 약간 더 치우치는 쪽으로 결과가 났던 거라고 본다. 다만 2등 안이 조금 더 어려운 길이었을 거라고 생각한다. 당선안은 지금까지 우리가 봐왔던 형태적 완결성과 완성도를 가지고 있는 반면, 2등 안은 이 계획안이 완결된 것으로 볼 수 있는 건지 정확히 파악할 수는 없지만 뭔가 새로운 방향성은 분명히 가질 수 있을 거라고 기대했다.

이은경 위원의 사유서 상에 당선안에 대해서 "미래의 시간을 염두에 둔 환경에 대한 고려"가 제안되었다고 썼는데, 어떤 의미였는지 구체적으로 말해달라.

이은경. 구조와 시공 방식에 대한 언급이었다. 앞서 언급한 것처럼 방풍실을 없앨 수 있다면 네 개의 건물이 독립적으로 작동할 수 있고 콘크리트 구조가 아니기 때문에 벽체는 좀 더 자유로울 수 있을 거라고 생각했다. 지침에서는 증축에 대한 고려 사항이 있었지만, 도심지와 달리 대지를 확보하는 것이 비교적 용이한 지역이고 수평적으로 충분히 확장할 수 있기 때문에 수직적인 밀도를 높이는 것이 그렇게 중요하지 않다고 판단했다. 2등

당선안 외부 투시도. 옥대로 방면에서 바라본 모습

2등 안 외부 투시도

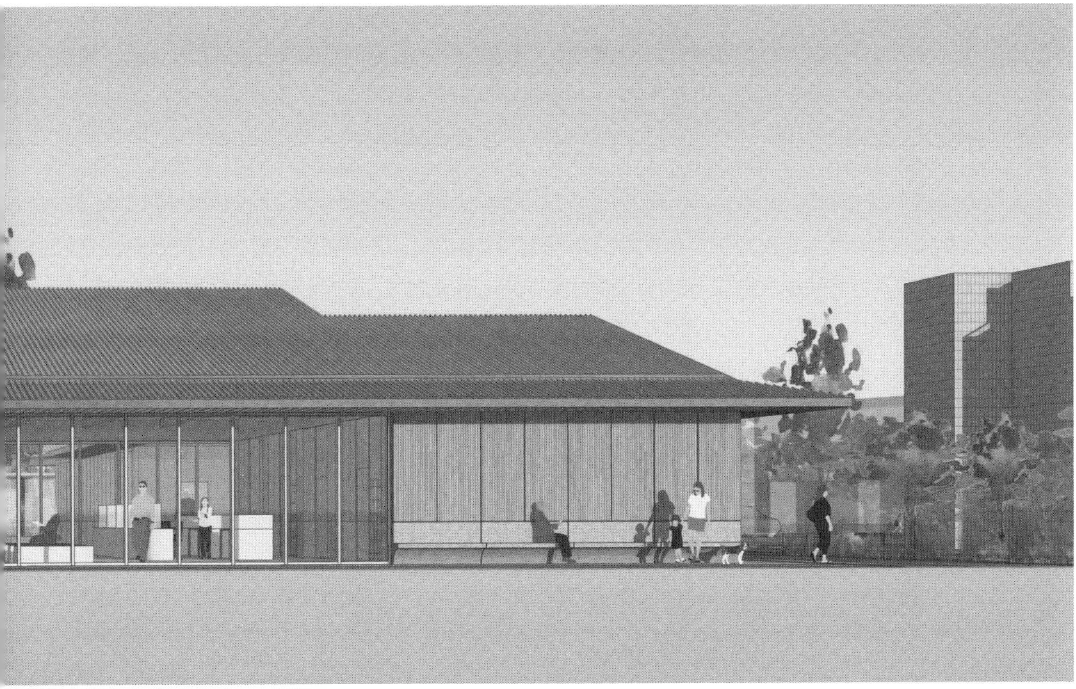

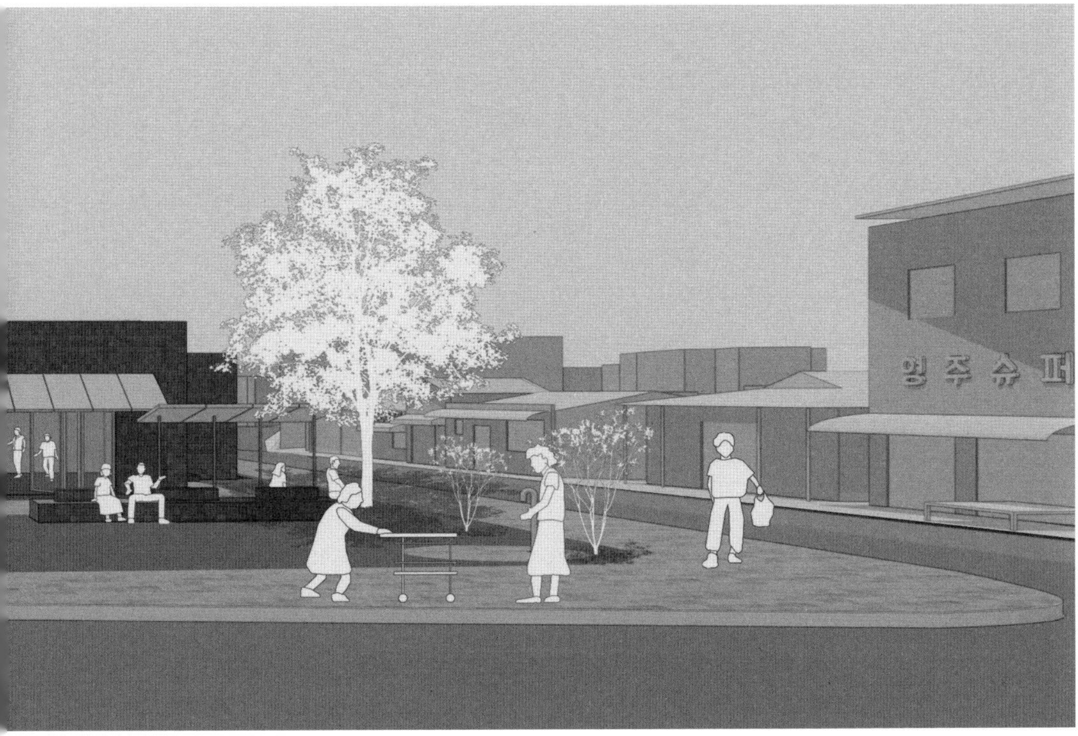
영주슈

안의 경우 어느 쪽으로든 확장이 가능하다는 장점을 가졌지만, 비관적으로 보면 언젠가 이 건물이 사라질 때 저 많은 콘크리트들을 다 어떻게 해야 하나 싶은 생각도 들었다. 그런 측면에서 당선안은 수직 증축을 고려하기보다 단층 건물을 수평적으로 배치하는 대담한 결정을 했다는 점이 돋보였다.

정이삭. 말씀하신 것처럼 유형학적으로는 2등 안이 더 증축에 유리한 것이 사실이지만 구조적으로만 봤을 때는 오히려 당선안이 증축에 더 용이할 수도 있다고 본다.

<u>최연웅 위원은 당선안에 대해서 '건축의 힘을 믿는 수작'이라고 적었다. 여기서 말한 '건축의 힘'에 대해 심사 과정에서 공감대가 있었는지 궁금하다.</u>

정이삭. 다 추측할 수는 없지만, 건축가들이 무의식적으로 추구하는 방향과 공감대가 있는 것 같다. 개인적으로 그것이 얼마나 옳은지에 대해서 상당히 의심을 많이 하는 편인데, 당선안은 그러한 가치가 다른 작업들보다 돋보였다.

이은경. 이런 지역에서는 항상 주차가 중요하기 때문에 주차 면적을 상당히 많이 할애하고, 그러고 나면 자연스럽게 결과는 2층 건물로 귀결되는 쉬운 경로들이 있다. 그런데 당선안은 이 지역에서 주로 이용하는 분들이 어르신들이고 점차 축소되면서 밀도가 낮아지는 장소이기 때문에 주어진 대지뿐 아니라 더 넓은 범위를 고려하지 않았을까 싶다. 그렇다고 할 때, 프로그램을 수평적으로 펼쳐내고 내외부 공간뿐 아니라 구조와 시공을 하나로 엮어내는 계획의 시작부터 지어지는 결과물의 완성도까지 건축가가 장악하고자 하는 의지와 집요함이 드러났고, 예산의 한계는 있겠지만 그것이 실현될 수 있으리라는 가능성에 대한 기대는 공감할 수 있었다.

정이삭. 물론 그런 종류의 태도는 다른 안들에서도 볼 수 있다. 2등 안도 굉장히 과감한 건축적인 주장을 하고 있는 계획이고, 이게 정말 당선을 기대하고 만든 건가 싶어서 그런 용기가 개인적으로는 충격적이었다. 여기에서 주장하고 있는 기본적인 생각들에는 대부분 동의하는데, 그걸 어떻게 계획안으로 끌고 들어와서 펼쳐내느냐는 정말 어려운 일이고 그런 점에서 한계가 있었던 것 같다. 결과적으로 저 계획안이 답이라고 생각하기는 어렵다.

p.222
당선 제안서,
탄소저감 및
시공 프로세스 제안

평가사유서 상에서 당선안이 가진 탁월성에 대해서는 별다른 이견이 보이지 않는데, 그럼에도 아쉬운 지점이 있었다면 무엇인가?

이은경. 1차 심사 첫 투표 결과를 보면 가장 많이 득표한 작품은 당선작과 4등 안이었다. 4등 안의 경우 지역에서의 어떤 형태를 차용해서 상징적인 수준으로 만들어내려고 했던 작업이었는데, 어쨌든 둘 다 형태를 강조하고 있었고 위원들도 심사 초기에 그러한 강렬함에 어느 정도 매력을 느꼈던 것 같다.

정이삭. 다만 4등 안의 경우 건축적 완결성이 다소 떨어진다고 판단했다. 평면의 조닝, 구성에서 조금 어색하거나 나이브해 보이는 측면이 있었고 경험적인 미숙함도 다소 나타났다. 지붕 위에 고추를 말리는 행위를 하나의 타이폴로지로 접근했는데, 그것이 농촌이 가진 하나의 커다란 집단적 풍경인 것은 맞지만 기념성을 부여할 만한 요소인가에 대한 이의들이 있었다.

이은경. 이 건물의 프로그램을 이러한 구조에 담아내는 데 있어서 내용과 형식이 일치하기보다는 약간 억지스러운 부분이 있었던 것 같다.

정이삭. 그리고 당선안은 개인적으로 스스로 주장하고자 하는 형태적 완결성을 위해서 굉장히 많은 것들을 희생하고 있다고 느꼈다. 가령 배치도 상에서 좌측 하단 차량 진출입부가 다소 협소해서 양방향 통행에 어려움이 있을 텐데, 정방형의 건물 형태를 지키기 위해서 희생된 것이라고 봤다. 물론 그 완결성은 고유한 가치가 있는 것이므로 그러한 선택이 잘못되었다고 이야기할 수는 없지만, 기능적인 부분들을 희생하지 않고 주장하는 바가 온전히 구현될 수 있다면 가장 좋을 거라고 생각한다. 그 밖에도 큰 길에서 접근하는 서측 주출입구의 형식도 과연 정말 좋은 방식일까, 휴게 정원의 경우 뚜렷한 목적을 갖고 가야만 하는 곳이 될 것 같은데 잘 작동할 수 있을까 하는 의구심들이 있었다. 주출입구 홀의 경우 대회의실 입구와 바로 이어져 있는데, 재미있는 요소가 될 수 있겠다는 생각도 드는 한편 회의실 측면에 입구가 위치한 것은 아쉬웠다. 그리고 휴게 정원으로 가는 길이 외부 공간을 통하고 있지 않고 내부에서 두 개의 문을 거쳐서 갈 수밖에 없는 상황이었다.

이은경. 2등 안은 매우 큰 하나의 홀에서 각 실들로 연결되어 있어서 비교적 운영·관리가 용이한 반면, 당선안은 양쪽에 방풍실을 가진 축소된 형태의 홀을 설치했고 민원실이나 다목적실의 출입구도 별도로 갖추어서 각 공간들로 바로 진입할 수 있는 조치를 하고 있기 때문에 4개의 건물이

당선안 투시도. 휴게 정원에서 북측의 다목적 프로그램실을 바라본 모습

2등 안 내부 투시도. 높은 천장고와 밝은 채광 조건을 가진 홀은 우연한 만남과 모임의 장소로서, 접이문의 개폐에 따라 인접한 이벤트 공간들과 연계되어 사용될 수 있다.

서로 독립적으로 기능하도록 의도된 것으로 보인다.

단순히 홀의 크기 문제라기보다는 진입했을 때 마주하는 공간이 없이 양 측면의 출입문과 진출의 선택지만 있다는 점이 아쉬운 것 같다. 다목적실과의 연계가 가능한 북측의 홀처럼 대회의실과 접한 면을 적극적으로 활용한다면 지역에서의 이벤트 같은 것이 있을 때 조금 더 좋은 역할을 할 수 있을 거라고 봤다. 단점은 있겠지만 일반적인 관공서처럼 아주 큰 홀은 아니어도 상관없지 않을까 생각했다. 국내 공공건물들이 에너지 절약 계획에 따라서 모든 출입구를 이중 방풍 구조로 만들도록 하고 있어서 어쩔 수 없는 부분도 있는데, 기계적으로 조금 더 나은 기술을 활용하면 굳이 방풍실이 아닌 단판으로 바뀔 수도 있음에도 공공건축에 도입 가능한 기술의 한계가 그 정도 수준이라는 것은 안타까운 점이기도 하다.

당선안에 대한 또 다른 한가지 아쉬움이 있다면, 가령 창고로 만들어진 공간의 경우 추후에는 기능이 달라질 수도 있을 텐데 군이 저렇게 막힌 구조로 계획하기보다는 바람개비 형태 평면 구조의 장점을 살려서 모든 볼륨들이 독자적으로 변화할 수 있도록 접근했으면 더 흥미로운 계획안이 되었을 거라고 생각했다.

p.221
당선 제안서, 진입로 투시도

정이삭. 처음에는 공용 홀이 없는 개별 건물로 계획했을 수도 있을 것 같다. 아마도 그럴 경우에는 모든 건물에 작은 공용 공간들이 흩어지게 되니까 예비군 면대장실과 같이 외부에서 바로 진입해도 어색하지 않은 곳들을 제외한 나머지 기능들에는 공용 홀이 필요할 것이고, 동시에 휴게 정원으로 가는 통로의 역할을 수행하리라는 판단이 있지 않았을까. 더불어서, 실제 눈높이에서의 경험과 조감도나 정면도를 통해서 보는 모습이 상당히 다를 거라는 생각도 들었다. 높은 곳에서 부감했을 때의 아름다운 형태미가 현지 주민들에게도 과연 감동적으로 전달이 될 수 있을까 싶었다. 휴게 정원 역시 진입했을 때 공간적 감동은 있겠지만 외부에서 볼 때는 그 존재를 충분히 인식하기는 어려울 것 같았다. 심사위원은 도면이라는 매체를 통해서 명쾌한 구조를 읽어내지만 실제 사용자는 홀과 공간 구성의 배치가 이렇게 된 이유에 대해서 충분히 이해하지 못할 가능성이 높다.

<u>최종 표결에서 유일하게 2등 안에 투표한 것은 다섯 명 가운데 정이삭 위원 한 명뿐이었다. 어떤 점을 주목했는지 말해달라.</u>

p.220
당선 제안서, 단면투시도-1

정이삭. 솔직히 말해 만약 2등 안이 당선되는 분위기였다면 불안한 점에 대해서 조금 더 언급을 텐데, 당시 상황을 보면 모두가 결과를 예상할 수

당선안 평면도

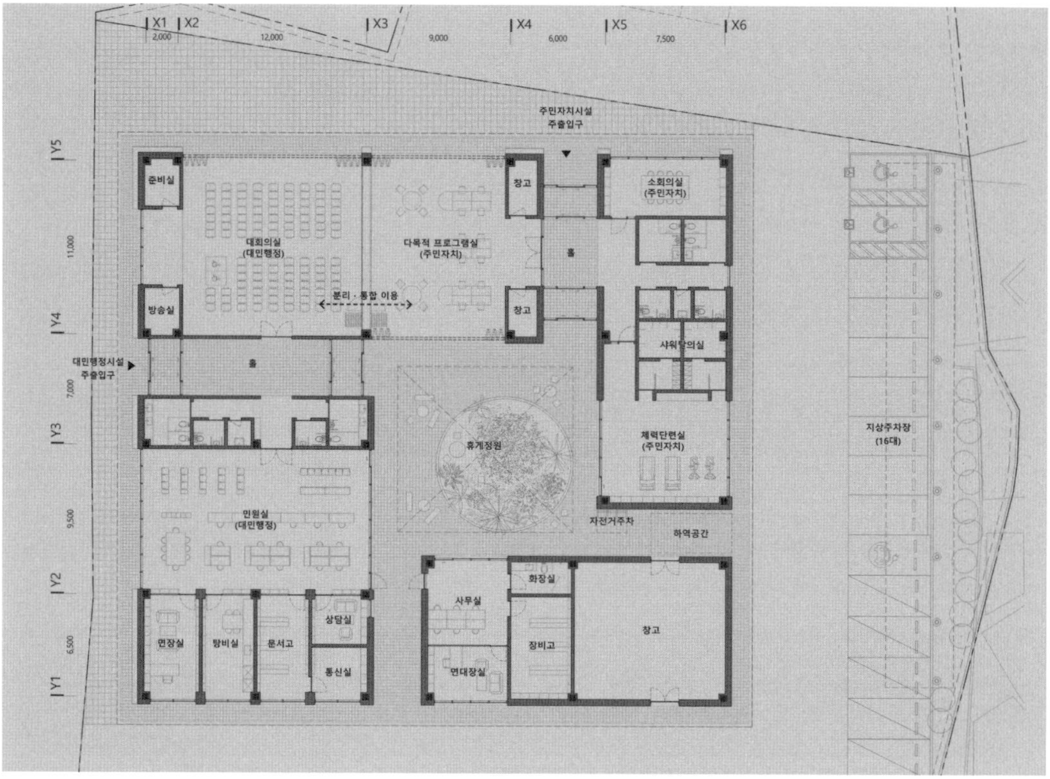

2등 안 평면도

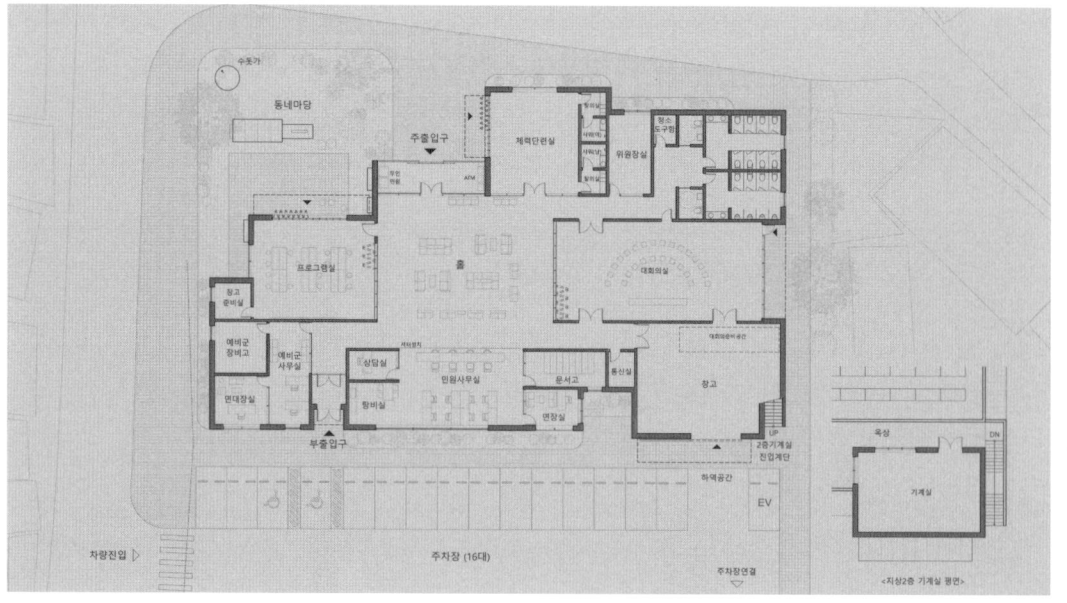

p.232
2등 제안서, 1층 평면도

있었고 만장일치로 결론을 내는 게 좋겠다는 생각도 있었지만, 이 안이 갖고 있는 가치와 가능성에 대해서 충분히 이야기할 필요가 있다고 느꼈다.

굉장히 사소한 부분일 수 있는데, 개인적으로는 실제로 사용되는 걸 고려하면 중정보다는 커다란 홀이 훨씬 더 현실적이라고 봤다. 당선안의 중정은 일본에서 볼 수 있는 다듬어진 정원처럼 느껴졌고, 처마에 앉아서 수풀을 바라보는 것 외의 어떤 이벤트를 상상할 수 있는 분위기는 아니었다. 영주는 서울보다 기온이 낮고, 단열 기준도 높게 산정되어 있어서 당선안이 제안한 중앙의 중정처럼 형태적으로 근사한 낭만은 없겠지만 실내화된 커뮤니티가 훨씬 잘 작동할 거라고 생각한 것이다. 그리고 저 실내 홀과 각 실들이 맺고 있는 관계성 역시 당선안의 중정이 각 건물 내 시설들과의 그것보다 훨씬 더 파워풀할 거라고 판단했다. 어떻게 보면 조금 덜 구획되어서 문제가 될 수도 있겠지만, 과거의 농촌 주택처럼 하나의 큰 집이 다양한 기능으로 쓰여질 수 있는 것과 같은 모습을 보여주고 있다고 느꼈고 현실적인 측면에서도 그럴 것이라 생각했다. 한편으로는 좁은 통로를 통해서 들어갔을 때 마주치는 대공간이 마치 솔리드한 건물들로 둘러싸인 광장처럼 느껴지기도 했다.

미래적인 가치로 봤을 때도 단산면이라는 시골 공동체에 건축가의 작업이라고 부를 수 있을 만한 첫 번째 건물이 생기는데, 비교적 일반적인 형태감이나 완결성을 가진 건물이 아닌 조금 더 다른 제스처였으면 좋겠다는 생각이 분명히 있었던 것 같다.

p.229
2등 제안서,
작고 낮은 건물들

p.230
2등 제안서,
단층 건물들의 모음

이은경. 심사 당시에도 비슷한 말씀을 하셨던 게 기억이 나는데, 그와 같은 의견들에 반대를 하는 것은 아니다. 두 작품은 완전히 정반대의 타이폴로지로 접근하고 있고, 확실히 2등 안은 '하다가 만 계획안' 같았다. 그게 장점이자 단점이 되는 건데, 자세히 들여다보면 현재 로컬의 상황들을 그대로 가져다 놓은 것처럼 보였다. 농촌에서 건물이 만들어지는 방식은 필요에 따라 덧붙이고 확장하는 과정인데, 2등 안의 제안은 사실 몇 가지 요소를 덧대거나 뜯어내도 상관이 없을 것 같은 유형의 건물 같아 보인다. 지역에서 건물이 지어지는 과정과 맥락을 잘 소화해서 그것을 제안한 거라고 해석했다. 과거에 오랫동안 해오던 것이 미래의 솔루션이 될 수 있다는 의미에서 흔한 말로 '오래된 미래'와 같은 개념으로 이해되었고 실내로 구성된 공간들도 잘 쓰일 수 있을 거라고 생각한다.

다만 아쉬운 것은 그러한 건축적 유형에 대한 완결적인 제안으로서 가능성을 제시하지 않았다는 점이다. 사실 기계실이 2층에 배치된다던지,

당선안 단면투시도

2등 안 북동측 입면도

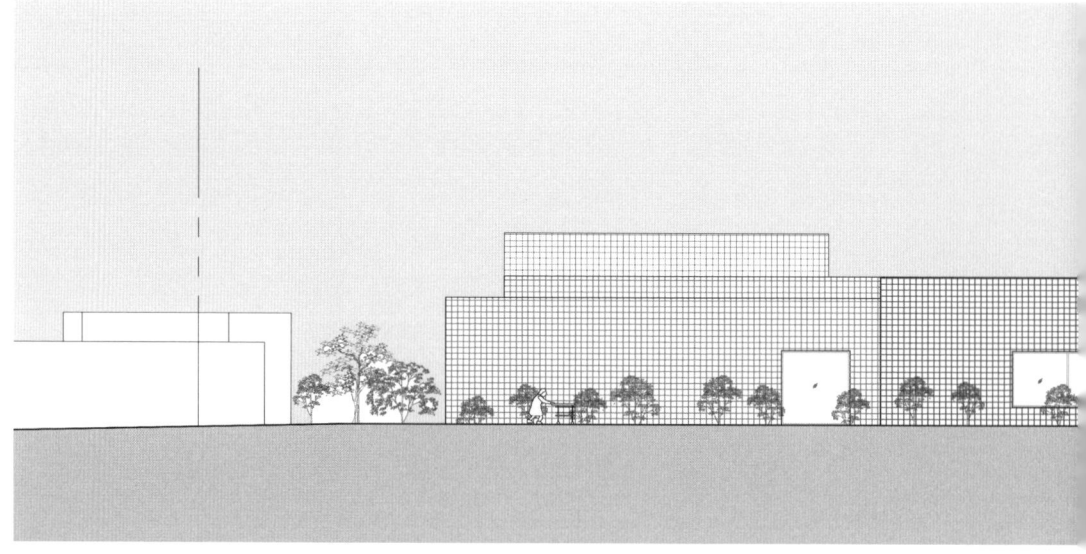

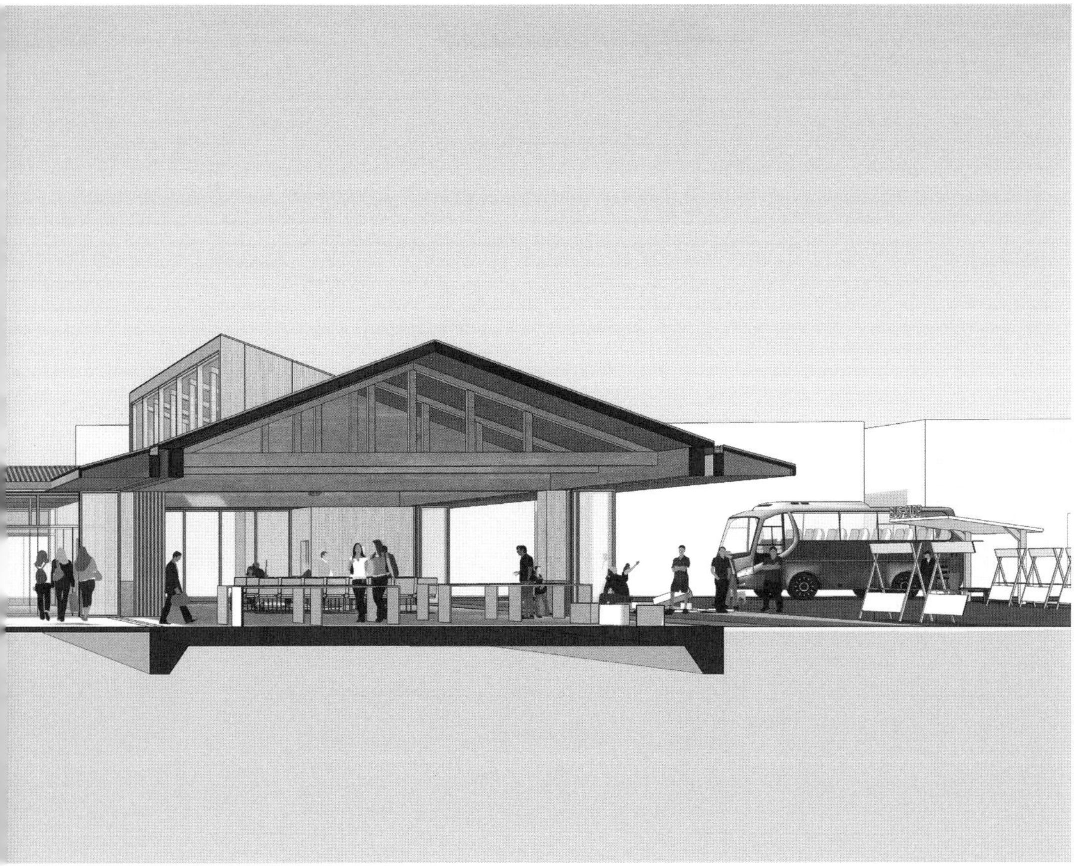

이러한 계획상의 다소 비완결적인 부분들도 있었고, 콘크리트나 조적과 같은 건설 방식을 선택했는데 제시하는 컨셉이나 지역의 상황에 최적화된 것은 아니라고 생각되었다. 반면 당선안은 지역에서의 건설을 통해 보편적인 수준의 퀄리티를 달성하는 것이 얼마나 어려운지에 대한 잘 알고 있는 것 같았고 그 해결안까지 제안하고 있는 부분이 굉장히 돋보였다. 철골과 프리패브 목재 트러스로 구성된 제안인데 비용에 대해서는 다소 회의적일 수 있지만 사실 그것은 공공건축의 시공이 앞으로 가야 할 방향이라고 생각한다.

<u>반대로 1차 심사의 세 차례 표결에서 이은경 위원은 모두 2등 안을 선택한 반면 정이삭 위원은 한차례도 2등 안에 투표하지 않았는데, 발표 평가 과정에서 판단의 변화가 있었나?</u>

정이삭.   솔직히 말하자면 발견하지 못했던 것이다. 심사 초기에 63개의 제출안을 검토할 때는 대표 이미지라고 할 수 있는 몇 장의 이미지로밖에 판단을 할 수 없기 때문에, 그때까지만 해도 미완된 작업이라고 생각했다. 그런데 짧은 시간에 2등 안을 파악했던 다른 위원들의 선택 덕분에 2차 심사 대상자로 선정이 됐고, 자세히 살펴보니 의도된 컨셉이라는 것이 느껴졌고 가치가 있는 작품이라는 생각이 들었다. 2등 안의 미완적 제스처가 의도된 거라면 현실적으로는 받아들여지기 어려울 수 있지만, 그것은 굉장히 전위적인 태도인 것으로 보였고 일종의 아트 피스처럼 받아들여졌다. 다른 분들도 그렇겠지만 개인적으로 형태적인 완결성과 아름다움이 중요하다고 생각하고, 그런 기본적인 요건들이 충족된 후에 그 이상의 가치를 살펴보게 되는데 2등 안은 그 기준에서는 부족하다고 생각했다.

이은경.   공모에서는 대개 수많은 제안들 속에서 자신을 드러내야 하기 때문에 매우 주장이 강한 형태로 만들어지기가 쉬운데, 처음 일곱 개 작품을 선정하는 표결 당시에는 그러한 당선안이나 4등 안과는 전혀 다른 접근을 보여주고 있는 것이 2등 안을 돋보이게 했던 것 같다. 당선안처럼 위원 모두에서 다섯 표를 받은 것보다 두세 표, 심지어 한 표를 받은 안들에 대해서 이야기를 하다보면 한 쪽에서 보지 못했던 장점도 드러나기 때문에 논의를 하는 과정이 중요하다고 생각한다. 처음에 다섯 표를 받았다는 것은 가장 좋은 안이라기보다는 보편적인 기준에서 어느 정도 공감대가 형성되어 있다는 정도의 의미라고 본다.

<u>이은경 위원은 2등 안에 대해 '외부 마당과 실내 마당의 관계와 활용성이 좋을 것'이라는 평가를 남겼다.</u>

이은경. 앞서 말했듯이 내부의 홀이 한국에서의 안마당으로서 역할을 할 것 같다. 당선안이 조금 더 큰 스케일의 마당과 채로 구성되어 있다면 2등 안은 방과 마당으로 이루어진, 조금 더 아늑하고 친밀한 스케일이다. 우리가 아파트의 거실이 어디로부터 왔는가를 이야기할 때 한옥의 대청보다는 마당이라고 하는데, 2등 안의 내부 홀은 일종의 거실이나 대청이라고 칭하는 게 더 적합하지 않을까 생각했다. 그런 측면에서 보면 당선안의 중정 역시 조경으로 꽉 채우기보다는 지역에서의 여러 행위들이 이루어지는 장소로서 비워두는 것이 차라리 낫지 않았나 싶다.

<u>정이삭 위원은 2등 안에 대해 '겸손하며 급진적인 계획안이 인상적'이라고 평가했는데, 언뜻 모순되어 보이는 두 형용사를 나란히 쓴 것이 인상적이었다.</u>

정이삭. 2등 안은 그렇지 않아 보이지만 굉장히 강한 주장을 하고 있는 제안이다. 전체를 조감하는 투시도를 한 컷도 사용하지 않고, 오직 각 부분에 대해 아이레벨에서 보여지는 파편들만 늘어놓음으로써 이미지의 조합을 통해 전체를 이야기하고 있는데 이런 방식을 선택하는 것은 매우 쉽지 않고 용감한 거라고 생각한다.

이은경. 그 보여지지 않은 부분들을 보여줬으면 어땠을까 싶다. 제안자가 표현하지 않은 건물의 상부를 심사위원들이 어떨 것인지 상상해서 그걸 기준으로 표결을 할 수는 없다.

그 지점에서 설득이 어려웠을 것이다. 다른 모든 아이디어들은 다 좋았다고 해도 위원들이 보지 못하는 부분들에 대해 설계자가 보여줘야 그에 대해서 어떤 가치를 논할 수 있기 때문이다.

이 계획안은 서로 높이가 다른 박스들을 연속적으로 덧붙이는 형식으로 되어 있는데, 그럴 경우 지붕은 굉장히 중요한 경관적인 요소 중 하나일 뿐 아니라 고추를 말리는 등 제2의 저장소로 활용된다. 규모가 크지 않은 단층 건물에서 상당히 넓은 면적을 차지하는 상부가 추후에 변경이 가능한 결정되지 않은 상태로 당선이 되는 건 바람직하지 않다고 생각하는데, 그에 대한 내용이 제안서 상에 아무리 봐도 충분히 표현되어 있지가 않았다. 관련해서 질문도 했었고 2층에 기계실 볼륨을 하나 만들긴 했지만 뚜렷한 생각을 읽어내기가 어려웠다.

당선안 등각투상도

정이삭. 최소한 지나치게 편집된 방식의 이미지들을 위원들에게
강요하기보다는, 보고자 하면 발견할 수 있는 조금 더 많은 이미지들을
제시했어야 주장하고 있는 이미지의 편집의 가능성을 검토할 수 있었을
거라고 생각한다. 단순히 조감도 한 장이 중요한 것이 아니라 우리가 봐야
하는 지점들은 분명히 더 많을 텐데, 제시된 것들 외의 장면들은 마치 없는
것처럼 대했다는 점이 오류 혹은 일종의 아집이었던 것 같다. 심사 당시에도
'이 지붕을 보려고 하는 생각과 답답함이 잘못된 건가'하는 생각이 들
정도로 정말 고민되었는데, 사실 지금도 확실히 판단을 내리기가 어렵다.

<u>그와 함께 '미시적인 시선에 근거'하고 있다는 평가도 남겼는데, 이 역시 스케일과
관련된 것인지?</u>

p.231
2등 제안서, 동네마당

정이삭. 계획안이 주는 분위기는 정말 사소한 몇 가지 치수나 비례로
만들어지는 거라고 생각한다. 결국 같은 규모의 건물을 제안하고 있음에도
왜 다르게 느껴지는지를 스스로 자문하게 된다. 가령 당선안은 상대적으로
더 거대해보이거나 다소 차갑게 느껴지고, 마치 팬시한 카페나 전시관처럼
저 장소에서 편안하게 머무르기보다는 절제된 행동을 해야 할 것 같다.
반면 2등 안은 다소 거칠게 만들어진 시골의 한옥 카페 같은 느낌인데,
결국 스케일의 문제라고 본다. 직접적으로는 메인 투시도 상에서 외부
동네마당 귀퉁이에 수돗가 같은 것을 만들어 놓았는데, 이런 점들이 그들이
이야기하고 싶었던 하나의 분위기 혹은 태도라고 생각했다. 완결되고 잘
짜여진 정원이나 뻥 뚫린 진입광장이 아니라 어딘가 덜 만들어진 작은
차양 아래에 편안하게 앉아 있을 수 있는 웰커밍 공간으로 느껴졌다. 덜
만들어진 것이 인간을 편안하게 해주는 건 당연한 일이라고 생각한다. 그런
것들은 어떤 대단한 무언가로 만들어지는 게 아니라 사소하고 디테일한
요소들로 가능해지는 것이고, 그와 같은 시선들이 결국 이러한 계획으로
나온 게 아닐까.

<u>본 설계경기는 규모에 비해서 상당히 많은 안들이 제출되었다. 이처럼 특정
프로젝트에 응모자의 쏠림이 심화되어서 많은 사회적 비용이 소모되고 있는데,
마지막으로 이에 대한 해결 방안으로 생각하는 게 있다면 말해달라.</u>

이은경. 모든 공공기관들이 서울시나 경기도 교육청의 경우와 같이 참가 등록
수를 실시간으로 확인할 수 있도록 하면 약간의 쏠림은 피할 수 있을
거라고 생각한다. 물론 그 정보를 공개한다고 해서 반드시 공정한

설계경기가 된다고 보장할 수 있는 건 아니고, 제출률이 저조한 경우들을 보면 그 숫자 자체가 크게 의미가 있을까 의문이 드는 것도 사실이다.

      SH나 LH같은 경우 참가등록 후에 제출 여부에 대한 확약서를 제출하도록 하고, 만약 등록 후에 제출하지 않으면 이후 몇 번의 설계경기에 참여할 수 없게끔 패널티를 부여한다. 이런 구속력을 활용하는 것이 지나치게 많은 허수가 발생되지 않도록 한다는 점에 있어서는 이점이 있지만 과연 그것이 최선의 방안일지, 다른 부작용이나 역효과는 없는지는 잘 모르겠다.

정이삭. 참가 등록 수에 따라 제출 수가 줄어드는 경우도 있기 때문에, 그 숫자를 공개하지 않은 상태에서 제출 건수를 집계해서 심사위원을 평가하는 하나의 지표로 활용할 수는 있을 것 같다. 응모가 많다는 것은 특정 위원의 성향에 따라 당선 가능성을 기대하는 거라기보다 경쟁이 치열하고 결국 낙선되더라도 정당한 평가에 대해 불만 없이 존중할 수 있다는 의미이기 때문이다. 그런 위원들에 대해서는 심사 횟수를 조금 더 늘려주고, 반대로 그렇지 않은 경우에는 조금 줄인다면 지금처럼 응모자가 쏠리는 영역을 조금이나마 넓힐 수 있을 거라고 생각한다.

competition 4
휴천1동 행정복지센터

1st
건축사사무소 오브[1]

2nd
수와선 건축사사무소[2]

commented by
김효영, 이기철

document
pp.238-265

[1] aubeoffice.com
[2] soowasun.com

공모개요

유형	일반 설계공모
위치	경북 영주시 휴천1동 703 외 4필지
지역지구	제2종 일반주거지역
규모	지상 3층 이내(지하층 금지)
연면적	998.10m²(±5% 범위 내 조정 가능)
대지면적	1,168.90m²
설계비	약 2억 원(204,036,000원)
공사비	약 33.5억 원(3,348,290,000원)

일정

공고	2023. 06. 20
심사	2023. 08. 16

심사위원

강정은	건축사사무소 에브리아키텍츠
김효영	김효영 건축사사무소
손경민	볼드아키텍츠 건축사사무소
이기철	아키텍케이 건축사사무소
이진욱	이진욱 건축사사무소

심사결과

당선	건축사사무소 오브
2등	수와선 건축사사무소
3등	와이앤디 건축사사무소
4등	구중정아키텍츠 건축사사무소+차하 건축사사무소
5등	화이트그라운드 건축사사무소

총평

다섯 안 모두 장점과 단점을 예민하게 가지고 있어 선정하기까지 매우 신중하게 상호 논의하고 진행하여야 했던 심사였습니다. 당선작으로 선정된 안은 내외부 공간의 연계가 비교적 현실적이고 1층 내부 공간의 여유도 확보된 것으로 동의되어 선정된 면이 크다고 보면서도, 공공건축에 다소 상투적일 수 있는 외부 공간의 사용이나 관련된 형태의 복잡성 등은 보완해야 할 점으로 지적된 바, 이후 진행에서 참고되길 바랍니다. 나머지 4개의 안도 모두 작은 대지에서 서로 약간씩 다른 관점들을 보여주면서, 지역의 공공시설이 가져야 하는 지금, 여기의 과제들에 대해 질문하게 하는 계기가 되었다고 봅니다.

당선 건축사사무소 오브

이진욱   1층의 내외부 연계성이나, 2층 어울림 공간과의 연계 등이 유효하다고 봄. 그밖에 다소 진부할 수 있는 내외부 관련 내용이 비교적 현실적이라 보였고 장점으로 보임. 단, 외부 형태에서 다소 정돈될 필요가 있다고 봄.

강정은   마주침 라운지와 민원실과의 void space의 소음 문제에 대한 해결이 필요. 2층 외부 공간의 협소함을 해결해야 할 것임. 3층 외부 공간의 활용도와 내부와의 관계의 고려 필요.(외부 공간을 사람들이 과연 고민하신 것만큼 활용될 것인지…)

김효영   1층에서 전면부를 후퇴한 처마공간과 2층의 어울림 마당에 면한 다양한 프로그램실의 배치가 긍정적임. 다소 복잡한 재료 및 조형이 정리되었으면 좋겠음.

손경민   저층부 개방 공간과 1층 코너부에서 2층으로의 직접 진출입, 2층 실내 공용부의 공적인 활용 가능성이 실용적으로 판단된다. 단, 실내와 단절된 외부 공간의 활용 면에서 보충적 대안이 필요해 보인다.

이기철   행정복지센터의 기본적 기능에 충실하면서도 다양한 상황에 대응할 수 있는 내·외부 공간의 구성이 인상적이다. 다만 1, 2층간의 소음 문제 해결과 좀더 정리된 입면계획이었으면 한다.

2등   수와선 건축사사무소

이진욱   건축적 내적 질서에 대한 관심과 이를 토대로 한 접근이 신선했으나, 그에 비해 내부 공간과 복도의 구성이 다소 질서에 일방적으로 지배된 듯한 아쉬움이 있음.

강정은   건축가의 로직과 공공공간(주민복지센터)으로서의 가치, 활용도는 고민해봐야 함.(주민들이 접근의 장벽은 없을지?…)1, 3층 외부 공간의 조직은 훌륭했음.(반면 2층은 왜 그런 외부가 되었는지 아쉬움.)

김효영   대지와 프로그램의 해석에 의해 명료한 질서를 세우고 합리적인 평면과 풍부한 단면을 만들어냄. 다만 부족한 공용부(화장실)와 입면계획의 섬세함이 아쉬움.

손경민   기능적이며 절제된 평면 배치가 훌륭하다. 3F 외부 공간의 가능성 또한 충분한 작동 가능성을 지녔지만, 협소한 실내 공용 공간, BF 등 추후 발생가능한 기능적 문제점, 실질적 구현 비례에 대해 불확실한 점이 단점으로 판단되었다.

이기철   전반적으로 좋은 비례감과 미적인 면이 두드러지는 안이다. 주변과 어우러지면서도 잘 정리된 입면으로 좋은 장면을 상상하게 한다. 다만 기본적인 프로그램과 대응하는 평면구성이 아쉽다.

김효영 단국대와 경기건축전문대학원에서 공부하고 여러 젊은 건축가의 아틀리에에서 다양한 경험을 쌓은 후 김효영 건축사사무소를 개소했다. 영주시, 서울시, 행정중심복합도시의 공공건축가로 활동하였다.

이기철 2008년 미국 유씨 버클리(U.C.Berkeley) 환경디자인 대학원 건축학 석사를 받았다. 이후 미국 뉴욕의 프레드릭 슈와르츠 건축사사무소(Frederic Schwartz Architects)와 한국의 공간 종합건축사사무소에서 실무를 익혔으며, 2012년 아키텍케이 건축사사무소를 개소하여 운영 중이다.

p.245
당선 제안서, 배치계획

p.258
2등 제안서, 배치계획

어떤 점이 심사의 주요한 기준과 방향이 될 거라고 생각했나?

이기철.   행정복지센터라는 가장 작은 단위의 공공시설이 가진 위상과 역할이 많이 다를 거라는 판단을 가지고 있었다. 대도시 같은 경우 문화센터라던지 여러 기능과 역할을 분산해서 수용할 수 있는 시설들을 곳곳에 가지고 있는 반면, 휴천1동은 영주 시내의 다른 지역들보다는 비교적 번화한 곳임에도 보건소나 경찰서 같은 시설들 외에는 공공서비스를 제공하는 시설들이 없었기 때문에 많은 부분들이 여기에서 해결될 수 있는 인프라로서 기능해야 하지 않을까 판단했다.

그리고 대지의 위치상 계획안을 풀어내기에 까다로운 조건들을 지니고 있었다. 코너에 자리하고 있고 메인 향은 북쪽 도로를 향할 수 밖에 없는데, 채광이 고려되어야 하는 시설들이 있었고 차량 진출입도 용이하지 않은 면이 있었다. 심사를 시작하기 전에 어떤 계획이 가능할지 나름대로 그려보았지만 쉽지 않은 땅이라는 생각을 했다.

김효영.   과거 영주시 공공건축가로 일했었다. 해당 부지에 대해서 아주 자세히는 아니지만, 오고가며 지나쳤던 기억도 있고 길이 가지고 있는 분위기와 대략적인 인상을 갖고 있는 상태였다. 사실 공모 요강이 다소 경직되어 있어 아쉽다는 생각이 있었다. 그리 여유롭지 않은 규모의 대지인데, 기획 용역 단계에서 주차를 최대한 확보하고 두 개의 진출입과 창고를 만들라는 명확한 지침을 규정하면 1층의 배치가 거의 확정되어 버리고 나머지 프로그램들도 그냥 전형적인 방식으로 쌓을 수 밖에 없게 되기 때문이다. 이 지역에 적합한 행정복지센터의 분위기나 역할이 다를 수 있을 텐데, 너무 일반적인 형태로 귀결되는 게 아닐까라는 생각이 들었다.

결국 이런 상황에서 어떤 차별점을 만들어낼 수 있는가라는 측면에서 심사를 진행하게 됐다. 아주 특이한 무언가를 하기는 어려운 상황에서 조금의 섬세한 지점들을 얼마나 잘 조율해서 좋은 계획안으로 통합할 수 있을까, 이 지점이 가장 중요했다.

대상지 위성지도

**결국 유연하지 않은 틀 안에서 심사가 진행된 것인가? 거기서 벗어난 제안이라도
설득력이 있다면 수용될 수도 있는 것인지?**

김효영. 지침이 매우 분명했기 때문에 그로부터 벗어나기는 쉽지 않다. 사실 규정된 진출입을 지키지 않은 안이 하나 있었는데, 지침 위반의 성격이 강하다 보니 심사위원들도 그걸 적극적으로 옹호하기는 어렵다. 심사 대상에 포함시킬 것인지 여부에 대한 논의가 있었고 법적으로 불가능한 조건은 아니었기 때문에 제외시키지는 않았지만 다른 안을 넘어서는 특별한 해결책을 제시하는 경우는 아니었다.

심사 총평은 다음과 같은 문장으로 시작한다.
**다섯 안 모두 장점과 단점을 예민하게 가지고 있어 당선작을 선정하기까지 매우
신중하게 상호 논의하고 진행하여야 했던 심사였습니다.**
**다소 상투적인 표현이나 다른 공모에 비해 특별히 까다로운 부분이 있었는지
궁금하다.**

김효영. 분명한 개념을 갖기 무척 어려운 공모였다. 앞에서 한 말과 이어지는 내용인데, 뭔가 과감한 방향을 제시하기 힘든 상황이었고, 그런 상황에서 좋은 안을 구별해내는 게 쉽지 않았다. 굉장히 과감한 제안도 있었는데 조금만 지나쳐도 과해 보이거나, 그렇지 않으면 반대로 너무 평범해 보이는 문제가 있었다.

이기철. 상당수의 안들은 당선안과 유사한 배치를 갖고 있었다. 조형적으로 특별한 제스처를 취하고 있어서 가치판단을 하기 어려운 몇 개의 안들을 제외하면, 어떤 기준으로 보면 해답에 가깝지만 다른 기준에서는 조금 부족해서 뚜렷하게 차별성이 두드러지는 안들이 드러나지는 않았다. 심사위원들은 그렇다면 어떤 출발점을 기준으로 평가를 해야 하는가에 대한 논의를 계속하게 되었던 것 같다. 최종적으로 당락이 결정된 순간들은 어떤 안들이 조금 더 공공적인 역할 수행을 보여주고 있는가에 초점이 맞춰졌던 것으로 기억한다.

'다른 기준에서는 조금 부족하다'는 판단은 구체적으로 어떤 의미인가?

이기철. 사실 명확한 판단기준을 설정해 두고 심사에 들어가는 경우는 거의 없다고 생각한다. 심사가 진행되면서 토론에 의해 그러한 기준들이 점차 다듬어지는데, 대부분의 안들이 기본적인 기능을 충족하려고 노력했던 것은 분명했다. 거기에 도시적 컨텍스트를 따르거나 건축이 가진 심미적인

당선안 등각투상도 및 내부 투시도

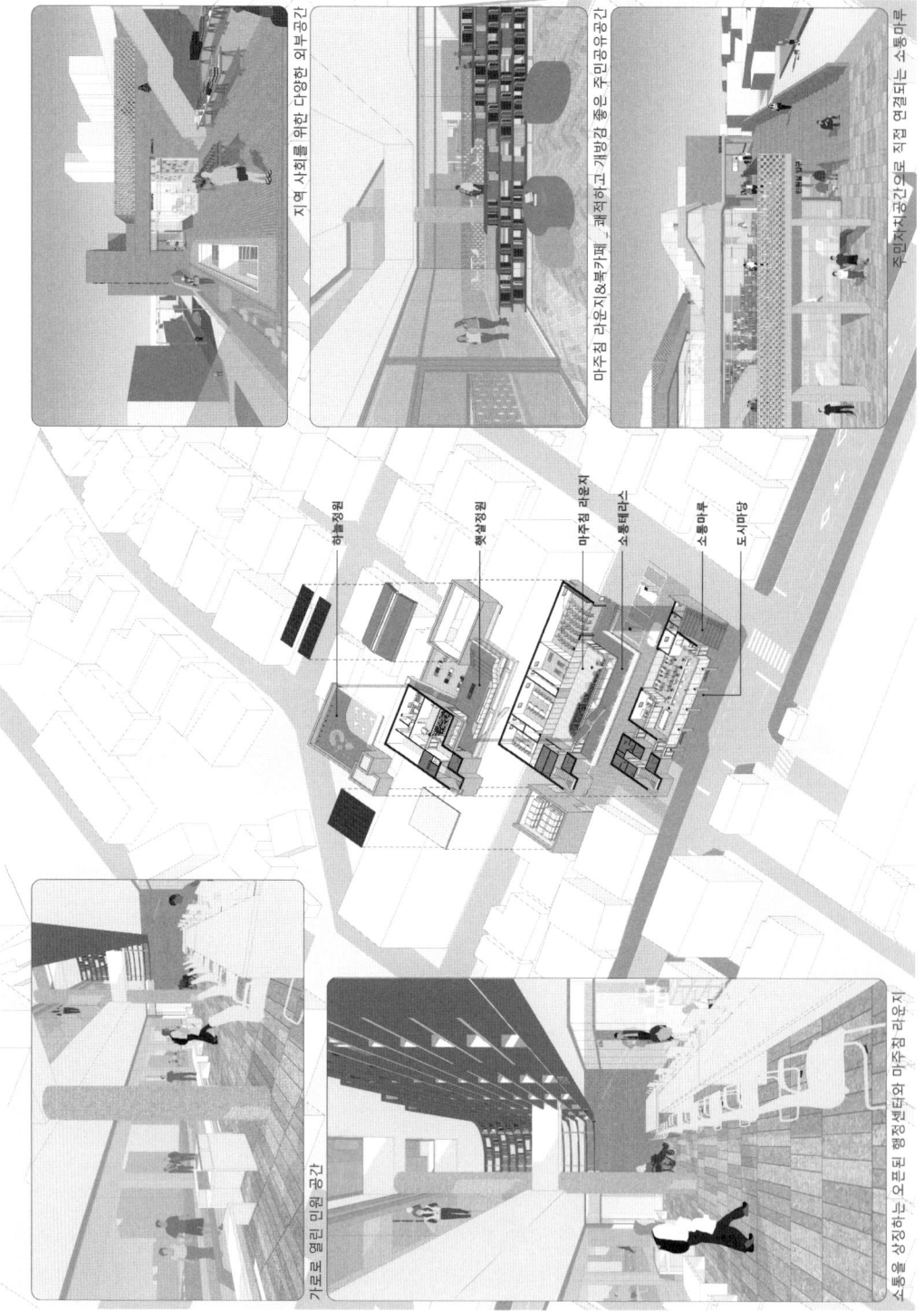

측면, 또는 내부적으로 좀 더 다양한 활동을 수용할 수 있는 방법들을 고민해서 외부 공간을 적극적으로 보여주는 경우들로 구분이 되었다. 어떤 가치가 이 지역에 더 필요한지에 대해 명확한 기준을 지침에서 제시하고 있지 않았기 때문에, 심사는 주로 그것을 발견하는 토론 과정으로 이루어졌다.

<u>이기철 위원은 사유서에서 당선안에 대해 '다양한 상황에 대응할 수 있는 내·외부 공간 구성이 인상적'이라고 평가했는데 어떤 이벤트나 행위들을 떠올리며 보았는지 궁금하다.</u>

p.251
당선 제안서, 단면도

이기철. 이런 소지역의 공공건물이라고 하면 일어날 행위들을 지침에서 제시하는 것만으로 판단해서는 안된다고 생각했다. 노년층이 많이 늘어나는 곳 중에 하나이기 때문에 점심을 대접한다던가 투표소로 쓰일 수도 있고, '부녀회에서 벼룩시장같은 걸 한다고 하면 어떤 형태의 건물이 맞을까' 같은 이런저런 상황들을 막연하게 떠올리면서 심사를 진행했다. 다른 시설과 인프라를 가진 지역이라면 상관없겠지만 예측되지 않은 일들도 이 건물에는 일어날 수 있다고 보는 게 맞다고 판단했다.

1층은 기본적으로 민원과 관련된 영역이라 비슷하게 구성되었고, 많은 안들이 공공성이라는 측면에 대한 고민을 2층과 3층의 외부 공간으로 풀어냈다. 당선안의 경우 특별한 약점이 없었기 때문에 유사한 방향의 안들과 경합을 하면서 무리없이 올라갔다.

반면 2등 안은 심사위원 모두 아주 예쁘게 다듬어진 디자인 감각을 가진 건물이라는 공감대가 있었다. 내부 기능이나 외부와의 관계를 떠나서 평면의 조직이 매우 잘 정리되고 좋아 보이는 공간들로 구성되어 있었기 때문에, 이 지역의 아주 매력적인 건물로 자리하게 될 거라는 의견들이 모아졌다. 지나고 생각해보니 2등 안은 매끈하게 잘 디자인되어서 바깥에서는 내부가 드러나지 않는 명품 가방같았고 그에 반해 당선안이 재미있었던 건, 마치 등산용 백팩같다는 느낌을 받았다. 필요할 때마다 뭔가를 빠르게 넣거나 뺄 수 있어서 다양하고 미처 예측하기 어려운 기능들을 모두 수용할 수 있는 형태의 건축이라고 생각했고, 그런 측면들이 매력적으로 느껴졌다.

<u>약점이 없다는 건 기능적으로 수용성이 높다는 의미인가?</u>

p.242
당선 제안서, 공간별 특화계획

이기철. 어떤 상황에서도 대응이 될 수 있도록 많은 고민을 했다고 봤다. 다만

당선안 내부 투시도. 쾌적한 개방감을 가진 마주침 라운지 및 북카페

2등 안 투시도. 하늘마당과 주민자체센터의 모습

그런 요소들을 많이 담다 보니 조형적으로 잘 이해가 되지 않는 부분들이 있었는데, 기능과 조형 두 가지의 균형의 문제라면 기능적으로 다양한 가능성들을 더 열어놓은 것이 이런 조건의 공공건물에는 조금 더 맞지 않을까라고 생각한다.

공통적으로 당선안의 입면 계획과 재료, 조형 등이 좀 더 정리되어야 한다고 썼는데, 어떤 부분에서 조정이 필요하다고 보았나?

p.256
2등 제안서, 대지분석 및 설계개념

이기철. 더 규모가 있는 건물이었다면 심사위원들도 영주시나 휴천동의 도시적 측면에 대해서 더 많은 고민을 했을 것 같다. 사실 2등 안은 가로에 대한 이야기를 하면서 이 건물이 어떤 풍경의 일부가 되었으면 좋겠다는 의견을 분명히 제시하고 있었는데, 반면 당선안에서는 그런 부분을 읽어내기가 쉽지 않았다. 나 스스로도 이 지역에서 적절한 입면이나 형태를 취해야 할지에 대해 생각을 구체화하지 못했으나 조금 더 조형적 완결성을 지니고 있는 방향으로 정리가 되었으면 하는 바람이 있었다.

김효영. 단순히 재료가 너무 많다거나 외부에서 어떻게 보이느냐의 문제라기보다는 뚜렷한 의도를 지니고 그것을 일관되게 드러내고 있는 것인지에 대한 의문이 있었고, 각각의 요소들이 좀 더 잘 묶였으면 좋겠다는 생각이 있었다. 결국 외관에 대한 판단은 평면과 단면, 또는 구법 등이 같이 묶여서 드러나는가, 그것들이 어떻게 통합되어서 보여지느냐의 문제이지 기능을 먼저 다 채우고 나서 사후에 덧붙여지는 것이라고는 결코 생각하지 않는다.

김효영 위원은 당선안의 '1층에서 전면부를 후퇴한 처마공간과 2층의 어울림 마당에 면한 다양한 프로그램실의 배치'를 긍정적으로 평가했다. 이 지점이 유사한 구성을 가진 다른 안들에 비해서 차별점을 갖는 부분이었나?

p.247
당선 제안서, 2층 평면도

김효영. 전용 면적 이외의 나머지 공간들의 배치가 가장 좋았다. 특히 2층의 '마주침 라운지'와 같은 대공간이 주민들이 이용해야 하는 실들과 대면해서 자리하고 있어서 어떤 프로그램이나 이벤트도 소화할 수 있을 것 같아 보였고, 일정 부분 외부 공간들과 만나고 있기 때문에 날씨에 따라 외부로 확장될 수 있다는 것도 장점으로 보았다.

총평에서는 당선안에 대해 '공공건축에 대해 다소 상투적일 수 있는' 부분들이 보완되어야 할 점으로 지적했다. 여기에서 말하는 상투성이란 무엇을 의미하며

당선안 조감도

3등 안 외부 투시도. 남간로 북측에서 바라본 모습

당선안 지상 2층 평면도

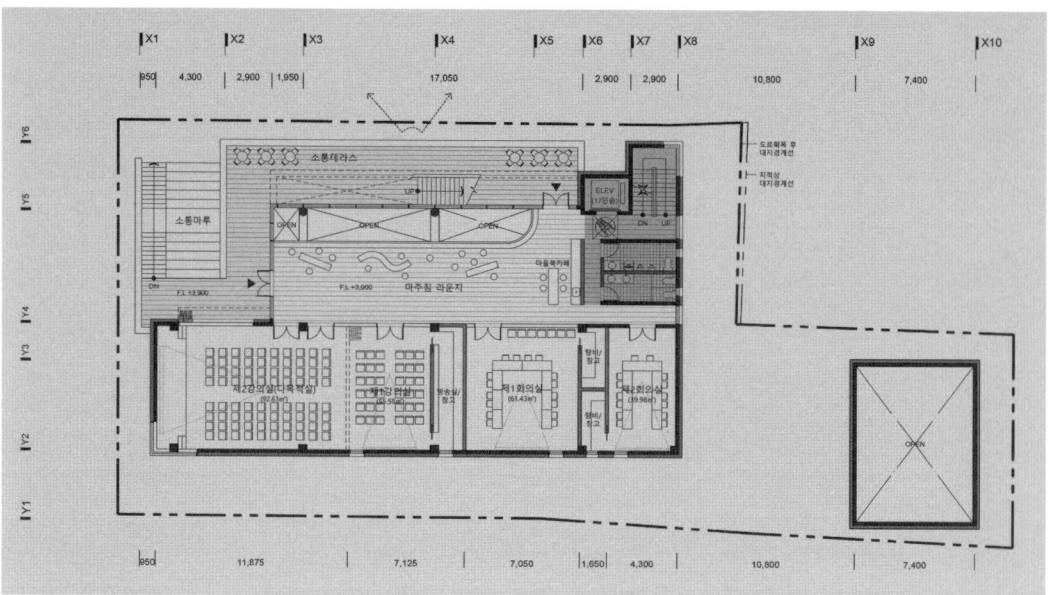

2등 안 지상 3층 평면도

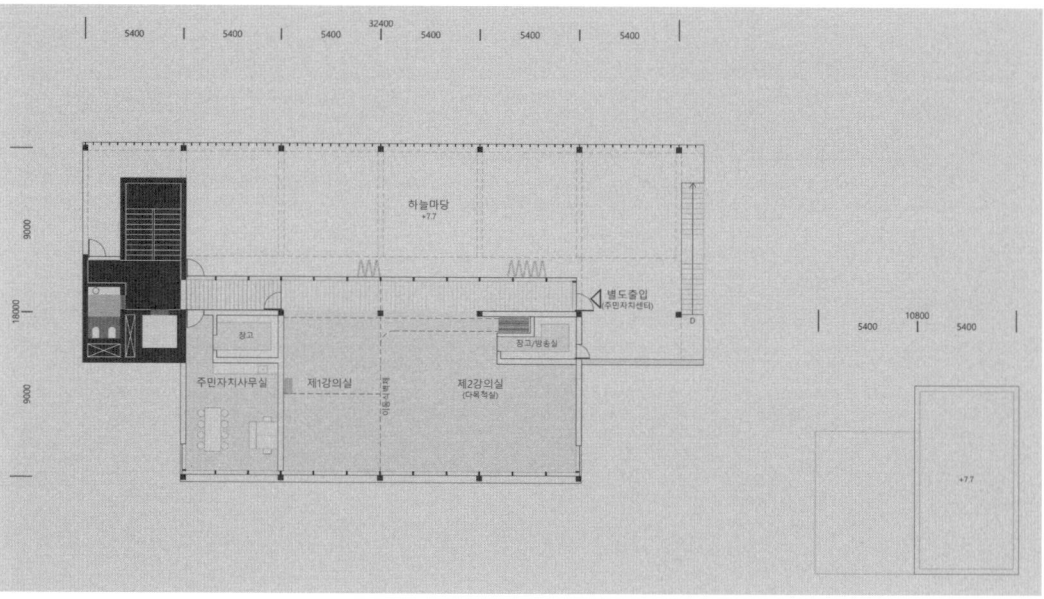

p.244
당선 제안서, 계획의 주안점

<u>그것을 왜 피해야 하는가?</u>

김효영.   가끔 심사위원으로서의 역할을 하지만 대부분은 동시에 플레이어이기도 하다. 공모에 참여하다 보면 당선이 되기 위해서 좋아보이는 부분들을 자꾸 넣어야 할 것 같다는 생각이 드는데, 말하자면 가령 평면, 단면 상 공용 공간의 풍족함이라던가 경관적인 면에서는 단일한 재료나 매스를 드러내기보다는 분절, 분할해야 하는 것 아닌가 하는 고민들을 굉장히 자주 마주하게 된다.

물론 좋은 것들이 많이 들어가는 건 좋지만 그것들이 다른 요소들과 통합되어서 잘 작동할 수 있느냐가 그보다 조금 더 중요하다고 보고, 분명한 의도가 있다면 한두 개 정도의 요소들이 뚜렷하게 드러나는 것도 좋지 않을까라고 생각한다. 그러나 대개는 우리가 흔히 좋다고 생각되는 여러 요소들을 모두 지니고 있지만 통합되어 있지 못한 안들이 당선되는 경우가 다수를 점하고 있지 않은가라는 문제의식을 갖고 있었다. 모든 것들을 다 담으려고 하기보다는 건축가의 의도가 무엇이든 그게 분명히 드러나서, 그에 대한 책임을 지고 끌어가는 힘이 있는 안들을 더 선호하는 편이다.

<u>'좋아보이는 부분' 또는 '흔히 좋다고 생각되는 요소'라는 것은 결국 심사위원 각자의 개별적이거나 고유한 관점이라기보다는 누구나 쉽게 수긍할 수 있는 가치들을 의미하는 것인가?</u>

김효영.   우리가 공공적이고 윤리적이라고 생각하는 요소들일 수도 있고, 한편으로는 어떤 거부감 없이 받아들일 수 있는 영역들이랄까. 그렇기 때문에 다수가 의견을 논하는 심사의 과정에서는 보통 약점이 없는 안들이 계속 위로 올라가는 경우들이 많고, 그러다 보면 강력한 장점이나 가능성은 있지만 호불호가 갈리는 안들은 아무래도 걸러지는 상황들이 아쉽다고 느껴지는 경우들이 있었다.

<u>이기철 위원은 2등 안에 대해 '기본적인 프로그램과 대응하지 못하는 평면 구성이 아쉽다'고 평가했고 김효영 위원 역시 공용부와 화장실이 부족했다는 언급을 남겼다. 반면 다른 위원들 가운데는 평면 구성이 합리적이고 기능적이라는 평가도 있었는데, 이처럼 엇갈린 평가가 나타난 까닭은 무엇이며, 평면상에서 어떤 용도들을 담아내기에 부족함이 있다고 보았나?</u>

p.261
2등 제안서, 2층 평면계획

이기철.   평면을 구성하는 모듈이나 공간 배치에 대해서는 쉽게 동의가 되었다.

당선안 단면 투시도

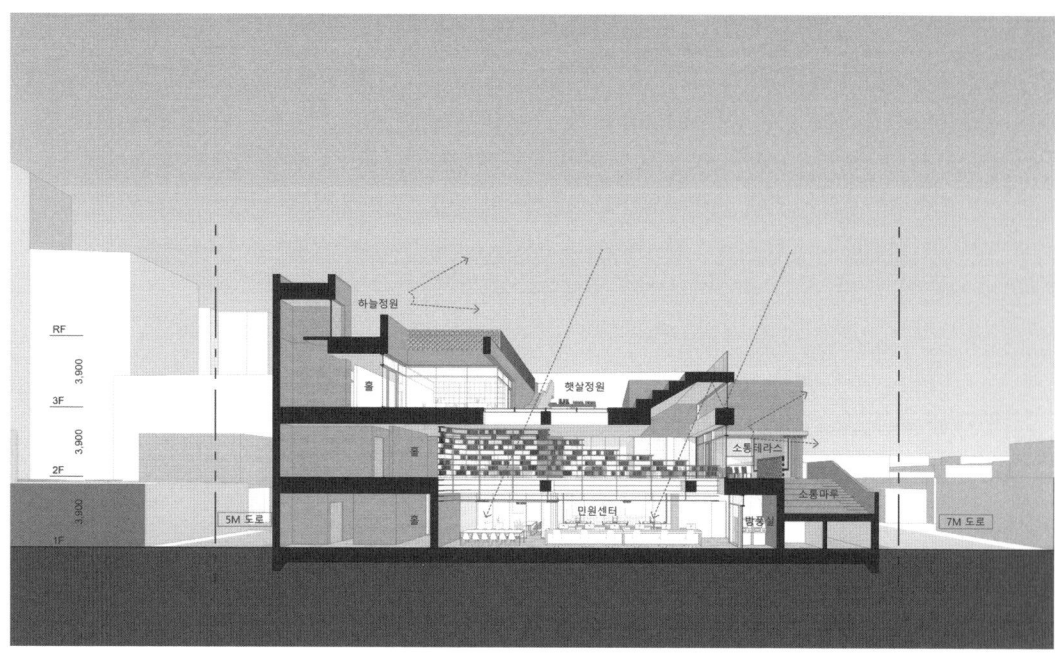

2등 안 단면 투시도

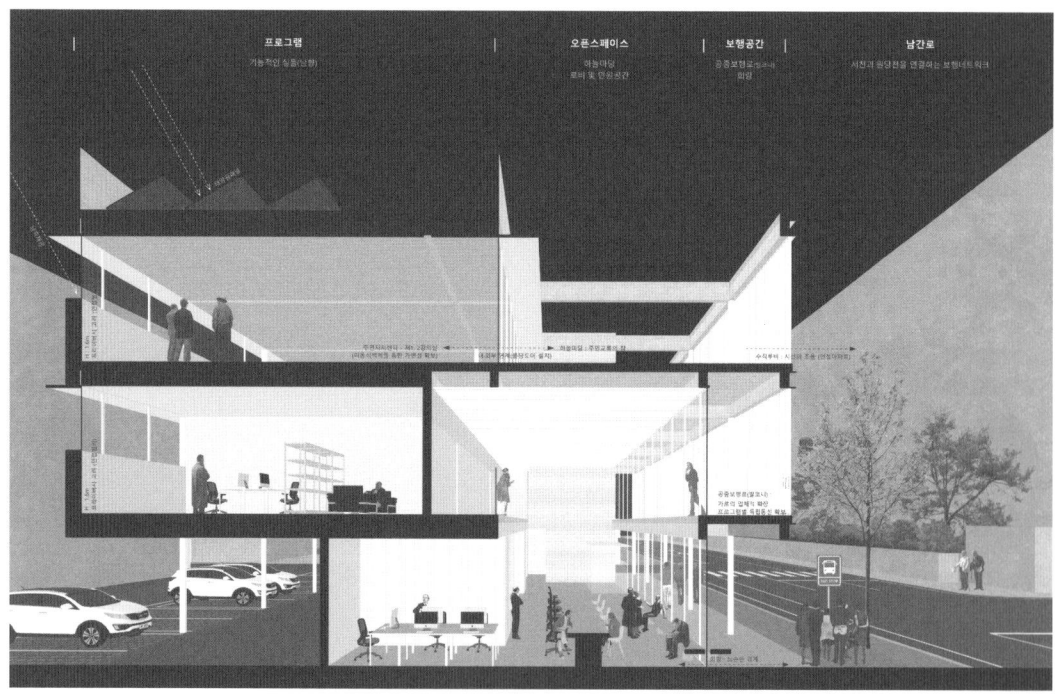

p.262
2등 제안서, 3층 평면계획

프로그램에 대한 고려를 벗어나면 매우 깔끔한 구성이고, 공간의 비율이나 투시도상의 느낌들은 굉장히 좋다고 생각했다. 그러나 쓰임에 대한 고려를 시작하면 고민되는 지점이 많았다. 가령 중대본부와 같은 부분들은 동사무소에서 예비군 소집 시 비가 오게 되면 꽤 많은 인원이 대기해야 하는 상황이 발생한다. 그런데 공중 통로나 중대본부 앞의 공간이 상당히 좁고, 개인이 산책을 즐기는 공간에 가까울 정도의 느낌이 들었다. 화장실의 구성도 그 정도의 인원을 수용하기에는 부족했다. 오히려 이런 공간은 갤러리나 사옥이었다면 정말 잘 쓰이겠다는 생각이 들었고, 다양한 행위가 일어날 수 있는 행정복지센터라고 하기에는 동의할 수 없는 부분들이 있었다.

3층의 경우에도 넓은 하늘마당이 조성되어 있었고 강의실 2개가 있어서 합쳐지면 큰 강당이 되어서 행사를 수용할 수 있을 것으로 보인다. 문제는 여기까지 접근하기 위해서 엘리베이터나 좁은 외부 계단을 통해야만 하는 건데, 수직 동선이 제한적이고 이런 장소가 외부에서 읽혀지지 않을 것 같았다. 오히려 이런 기능들을 2층에 배치하고 중대본부처럼 특정 시기 외에는 많이 쓰이지 않는 실들을 3층에 두는 게 더 좋지 않았을까.

김효영. 사실 1등과 2등 모두 각 층의 전용 및 공용 면적의 배치는 비슷한데 2층과 3층의 프로그램이 서로 반대로 되어 있었다. 1등 안은 2층에 주민들이 사용할 수 있는 공간들을 주로 배치한 반면 2등 안은 3층에 마당과 함께 구성했는데, 2층에 큰 보이드를 만들어서 민원실이 층고가 높은, 기분 좋은 공간을 만드는 것을 더 중요하게 생각했던 것 같다. 그러다 보니 2층에 가용한 면적이 줄어들어 주민 공간을 3층으로 올리고 직원들이 이용하는 회의실 등을 2층에 배치해놓은 것이라고 이해했다.

다만 화장실이나 공용 공간의 협소함은 실제로 사용하는데 좀 어려워 보이는 부분이 있었는데, 한편으로 5.4m라는 모듈에 대한 고집으로 느껴졌다. 어느 정도 줄이거나 늘려서 조정할 수도 있었을 텐데 저 형식을 유지하려고 하는 건축가의 의지가 보였고, 어차피 당선 이후에 수정되는 경우들이 많이 있기 때문에 이렇게 잘 만들고자 하는 좋은 욕심과 가능성 있는 안들을 조금 더 지지하고 싶은 생각이 있었다.

한편 2등 안의 입면 계획에 대해 이기철 위원은 '좋은 비례감으로 주변과 어우러지면서도 잘 정리되었다'고 평가한 반면 김효영 위원은 섬세함이 아쉬웠다고 썼다.

p.257
2등 제안서,
남간로 북측에서 바라본 풍경

p.259
2등 제안서, 단면투시도

김효영. 공모 단계에서 어느 정도로 디테일하게 제시되어야 하는지는 의문이지만, 그럼에도 전면 도로에 대해 공중 가로 같은 것을 만들면서까지 이중외피를 제안했다면 저 입면이 갖는 가치가 무엇인지에 대해 조금 더 설득이 필요했다고 본다. 제안서상으로는 단순히 반투명한 외피를 가지고 있다는 정도의 내용만 담겨 있었다. 사실 공공시설에서 흔히 사용하는 각파이프 루버 형태로 귀결되면 투시도상의 이미지처럼 근사하지는 않을 수도 있는데, 그것과 어떤 점에서 다른 것인지 이야기해줬으면 좋겠다고 생각했다.
 사실 2등 안이 좋았던 건 단순해서였다. 그렇게 큰 건물이 아니고, 주변에도 특별히 높은 건물이 있다거나 일관된 경관이 없는 상황에서 너무 복잡해지지 않고 명확한 제스처를 가진 심플함이 있어도 좋겠다는 생각이 들었다. 욕심을 가진 건축가라면 나중에 입면을 조금 더 디벨롭해서 가로변에 좋은 풍경을 제안해 줄 수 있지 않을까 기대했다.

<u>끝으로 이번 공모의 기획과 관련되어 아쉽다고 느낀 점들이 있다면 말해달라.</u>
김효영. 기획 용역을 보면 아마도 직원분들의 의견이 많이 반영이 된 것 같았다. 물론 그것도 중요하지만 예를 들어 주차 대수를 최대로 키울 경우 주민들에게도 편리할 수는 있겠지만, 한편으로는 다소 직원편의적인 시각에서 결정된 것은 아닐까라는 의문이 있었다. 만약 그 지점이 조금 완화되었다면 훨씬 더 다양한 배치나 건축적인 가능성이 열릴 수 있었을 텐데, 지침상에 강력하게 고착되어 있다 보니 그러한 기회들이 사라진 것 같아 아쉬웠다. 기획 단계에서 사용자의 목소리가 담기지 않는 것도 문제지만 어느 한쪽이 강하게 작용하는 것 또한 위험할 수 있겠다는 생각을 했다.

competition 5
문경시 아동청소년 어울림센터

1st
수조 건축사사무소[1] + 스와 건축[2]

2nd
건축사사무소 이안서우[3]

commented by
유종수, 최연웅

document
pp.266–279

1 sujoh.co.kr
2 sswa.kr
3 eanseowoo.org

공모개요

유형	일반 설계공모
위치	경북 문경시 모전동 77-8, 77-12
규모	지상 4개 층 내외(설비실 등 지하 1층 배치 가능)
연면적	1,300m²(총 연면적 ±3%m², 세부시설 면적 ±5%m² 이내 조정 가능)
대지면적	517.80m²
설계비	약 2.6억 원(259,300,000원)
공사비	약 52.1억 원(5,213,000,000원)

일정

공고	2023. 06. 21
심사	2023. 09. 01

심사위원

강주형	생각나무파트너스 건축사사무소
남기봉	남기봉 건축사사무소
박남규	주식회사 토포스 건축사사무소
유종수	코어 건축사사무소
조운근	건축사사무소 봄봄
최연웅	아파랏체 건축사사무소
나은중	네임리스 건축사사무소

심사결과

당선	수조 건축사사무소+스와 건축
2등	건축사사무소 이안서우
3등	시와 건축사사무소
4등	와프 건축사사무소
5등	오유알 건축사사무소

당선	수조 건축사사무소+스와

나은중 대지의 주변 상황을 고려한 조금은 내성적이며 내향적인 공간성이 인상적이다. 특히 외부를 담담하게 구성하고 내부의 보이드를 통해 내부 구심점을 형성한 평면의 구성은 탁월하다. 추후 1층 진입 공간의 풍요로움이 보완될 수 있다면 더욱 좋아질 것이라 생각된다.

남기봉 청소년 문화의 집과의 외부 공간의 연계, 동선의 연계가 뛰어남. 코어의 위치의 장점이 있음. 중간 테라스를 통해 중정 같은 공간으로 보임. 다만 청소년 문화의 집 주차장인 모전천 쪽 배면으로 입면을 열어두는 것을 제안함.

강주형 중복도의 단점을 보완하기 위해 열린 공간들과 가로에 직접 면하지 않도록 해주는 켜에 반외부 공간을 조성한 아이디어가 우수합니다. 직선과 곡선의 적절한 조화 및 막히고 열리는 조형 이미지가 세련됩니다.

조운근 절제되고 완성도 높은 입면 및 내부 지향적인 평면 계획이 탁월한 계획안이라고 생각됩니다. 청소년 문화의 집과 연계를 고려한 1층 평면 계획 또한 우수한 계획이라 생각됩니다. 2층 돌봄 시설의 독립적 운영을 고려한 별도의 외부동선 계획이 추가된다면 더 좋은 계획안이 되리라 개인적으로 생각됩니다.

박남규 좁은 대지에 기능적으로 복잡하고 비교적 밀도가 높은 시설들로 둘러싸이고 두 방향만 열린 공간의 특성을 가지고 있습니다. 건축가는 외부 지향적인 조형 원리나 공간 구조를 가져가기보다는 프로그램의 성격과 어울리는 내부 지향적인 공간 구조를 가져간 것이 좋은 제안이라고 생각됩니다. 추가적으로 설계 시 재료에 대한 다양한 검토를 해보셨으면 좋겠습니다.

최연웅 주변의 환경을 고려하여 내부 지향적인, 자신들만의 아지트 및 공간을 만드는 방법이 흥미로웠습니다. 외부의 켜를 만드는 방법과 내부의 중정을 만드는 방법이 합리적이며, 공간적으로 뛰어났습니다. 북서측의 입면은 도시에서 중요한 의미를 가지는 것으로, 설계 진행 시 고려 바랍니다.

유종수 내부 지향적 공간 구성을 하고 있는 안이다. 협소한 대지에 내부 공간의 풍요로움을 만들기 위해서 단면의 변화와 테라스 공간 등을 계획하여 밝은 공간을 만들려고 하였다.

2등	이안서우

유종수 열악한 주변의 상황을 파악하여 섬세함이 돋보이는 작업이다. 가로경관 뿐만 아니라 내부 공간의 풍요로움과 정교함이 돋보이는 안이다. 모전 오거리 조망과 전면 가로변의 뷰를 확보하고 다른 두 면을 최소 창문을 두는 전략도 돋보인다.

최연웅 코어 배치를 통해서 가변적이고 개방적인 공간을 만드는 방법이 합당하였습니다. 사선의 대지를 두개의 매스로 분리하고 재료, 구조적으로 통합하는 방법이 뛰어났습니다. 1층 전면 공간을 통해 진입 공간이 더 풍요롭고 좋았습니다.

박남규 상업지역이라는 대지의 특성을 고려해 볼륨을 최대한 채워 활용한 것이 좋은 접근이라고 생각됩니다. 특히 내부 평면 계획은 많은 고민의 흔적이 느껴집니다. 대지 전체를 적극적으로 채워 볼륨을 확보한 점은 좋으나 내부 공용 공간이 외부와의 관계를 조금 더 고려했으면 좋을 것이라고 판단됩니다.

조운근 안정적인 평면 계획과 절제되고 완성도 높은 평면 계획이 탁월한 계획안입니다.

강주형 코어의 위치와 구성의 독특함 덕분에 협소한 건물 면적임에도 두 군데의 클러스터 공간을

	확보한 점이 우수합니다. 남북측의 도시 요소(카센터, 모텔)와 동서측의 도시 요소(전면 도로, 모전천 조망)에 대응하는 디자인 전략이 돋보입니다.
남기봉	청소년 문화의 집과의 연계가 부족해 보임. 보차분리가 없는 전면 도로에서의 입구마당이 장점임. 청소년 문화의 집 주차장 쪽 배면의 입면이 돋보임.
나은중	개방적인 평면의 완성도와 대지분석을 통한 입면의 전략이 상당히 뛰어난 안이다. 또한 1층의 진입 공간의 풍요로움과 평면의 구성력은 당선작과 우열을 가리기 힘든 완성도를 보인다. 또한 한계가 있는 대지에서 코어의 구성 역시 완성도가 높은 작품이라고 생각된다.

유종수	건축가 유종수는 경희대 건축전문대학원을 졸업하고 매스스터디스에서 실무를 익혔고, 2013년 서울에서 건축가 김빈과 (주)코어건축사사무소(CoRe architects)의 공동대표이다.
최연웅	고려대학교 건축공학과와 슈투트가르트 건축대학 석사과정을 졸업하고 불프 아키텍튼에서 다양한 공모전과 실무를 경험했다. 2014년 아파랏.체 건축사사무소에 합류했다.

사유서 상에서 공통적으로 열악한 주변 환경을 지적하고 있는데, 이와 관련해 심사의 주된 기준이 된 부분이 있었는지 궁금하다.

유종수. 모텔 같은 시설들과 인접하고 있어 주변 여건이 청소년을 위한 공공 건물로서 입지 조건이 썩 좋지 않았다. 다행히 북서측 방면에 청소년 문화의 집 주차장이 있어서 맞은 편 모전천까지 시야가 트일 수 있겠다는 생각은 들었다. 땅만 봤을 때는 주변의 안 좋은 여건들을 최대한 고려해서 재료나 형태의 면에서 너무 과하지 않고 아늑한 소도시의 공공건축이 됐으면 좋겠다는 바람이 있었다.

최연웅. 먼저 심사 방법의 일반론에 대한 이야기로 시작하고 싶다. 최근 특정 공모에 응모자가 몰리면서 30~50개 정도의 작품이 제출되는데, 이렇게 많은 안들을 짧은 시간 내에 평가하는 건 쉽지 않은 일이다. 심사위원이 어떤 이미지를 갖고 그에 부합하는 제출안들을 선정하는 것도 하나의 방법이겠지만 그보다 개인적으로 선호하는 것은 처음 단계에서 네거티브로 선별하는 방식이다. 가장 기본적인 건축 각론에 맞에 저층부와 1층 컨디션이 잘 해결되지 못한 제출안 절반 정도를 제외하는 것이다. 그리고 나서 그 선택이 과연 맞았을지, 제외한 것들 가운데 놓친 것은 없는지에 대해서 다시 생각을 정리한 뒤에 다음 단계로 넘어가는데 이런 방식으로 진행하는 것이 참가자들에 대한 예의라고 생각한다. 본 공모의 경우 그 다음 단계에서 중요한 지점은 먼저 앞면과 뒷면, 즉 두 개의 파사드가 있고 그것을 얼마나 적극적으로 잘 이용하느냐에 있다고 봤다.

유종수. 조금 다른 의견인데 물론 각론을 보는 것은 중요하지만, 개인적으로 눈에 잘 들어오지 않는 안들은 일단 제외시키는 편이다. 강렬한 인상을 주는 것을 선호하기 때문에 처음 눈에 들어온 안을 끝까지 선호하는 경우가 많았다.

'강렬'하고 '눈에 들어온다'는 건 어떤 의미인지?

유종수. 일단 기본적인 드로잉부터 시작해서 투시도 등 이미지에서 짜임새나 컨셉트가 있는 안들은 자세히 들여다보면 괜찮은 부분이 확실히 발견된다.

당선안 외부 투시도

당선안 내부 투시도. 지상 2층 다함께 돌봄센터 동적공간

심사 과정은 사실 감각과 논리를 오가며 진행되는데, 각론에 해당하는 요소가 좋더라도 건물이 가지는 어떤 인상을 주지 못하면 쉽게 손이 가지 않는다. 스스로가 심사위원 이전에 공모에 참여하고 건축을 하는 입장이기 때문에 정해진 유행대로 만들기보다는 다른 시도를 하는 안들에 조금 더 강렬한 인상을 받게 되는 것 같다.

네거티브 방식의 심사를 고려하게 된 계기가 있나?

최연웅. 체감하기에 2~3년 전 공모에서는 참가자 가운데 허수가 있었다. 절반 정도는 레이아웃만 보고 제외해도 되는 수준이었다고 느꼈는데 최근에는 50팀이 응모를 해도 작품의 질과 밀도가 꽤 높아서 더 조심스러워지게 되는 것 같다. 그래서 될 수 있으면 조금 더 자세히 보려고 하는데 그 방법 가운데 하나가 네거티브로 걸러내는 방식이라고 생각했다. 지나치게 개인적인 관점에 매몰되지 않으려는 이유도 있지만, 그 이후로는 당연히 끌리는 것들이 눈에 들어오게 된다.

독일에서 유학하던 때 모의 심사를 경험해 볼 기회가 있었는데, 실제로는 규모에 따라 다르지만 이틀 정도 심사를 진행한다. 첫날 오전에는 먼저 이 설계안에서 도시적, 공간적으로 무엇인 중요한가에 대해 심사위원 간에 합의를 본다. 그런데 한국은 위원 간에 서로 영향을 줄 수 있다는 이유로 표결 전에 그런 종류의 합의를 보지 않는 경우가 많다.

유종수. 단순히 표결을 하고 마는 게 아니라 위원들간에 서로 피터지게 싸울 수도 있고, 그래야지 의미가 있다고 보는데 보통은 각자 코멘트를 남기고 끝나게 된다. 자칫 어떤 심사위원이 특정 안을 지나치게 디펜스하는 것처럼 오해를 받을 수는 있겠지만, 개인적으로 밀고 싶은 안이 있을 경우에는 확실하게 지지해야 한다는 생각을 갖고 있다.

일부 국제공모같이 짜임새 있게 구성된 특수한 경우를 제외하면 대부분의 공모는 지침상 목적이나 취지가 명확하게 마련되어 있지도 않기 때문에, 공모의 방향성에 대한 위원들간 논의와 합의가 보다 적극적으로 이루어져야 한다고 본다. 그리고 사실 모든 공공건축이 창의적일 필요도 없고, 주변과 잘 어울리고 쓰임새만 있다면 충분하다고 생각한다.

독일의 경우 오전의 위원들 간 합의 이후 어떤 과정으로 진행되나?

최연웅. 정확히는 통일된 합의에 이른다기보다는 이슈가 될만한 항목들을 정리하는 것에 가깝다. 오후에는 보통 20팀 정도가 응모하는데 앞서

2등 안 외부 투시도. 모전 오거리 천변에서 바라본 모습

2등 안 투시도. 주진입로 입구마당

말했던 네거티브 방식으로 절반 정도를 제외시키고 첫날의 일정이 마무리된다. 둘째 날부터는 서로 싸우기 시작한다. 여기서 재미있다고 생각했던 포인트는 심사위원의 구성이었다. 건축가뿐만 아니라 기술, 기계 등 다른 전문 집단들도 함께 참여를 하는데 건축가는 두 표를 행사하고 다른 분야의 전문가들은 한 표 씩을 갖는다. 건축가의 의견이 더 중요하다는 것이다. 이러한 표결을 거쳐 순위를 결정한다.

유종수. 한국에서도 제안서상 각 전문 분야별로 페이지를 구성해서 제출하도록 되어 있지만 거의 형식적으로 이루어지는 경우가 많은데, 독일은 그런 시스템들이 정확히 프로그램에 부합하게 계획되고 평가되나?

최연웅. 독일의 경우는 스페이스 프로그램도 매우 엄격하고, 그걸 단점으로 보기도 하는데, 사전 계획이 꼼꼼하게 되어 있다 보니 실별 면적의 허용 오차 범위가 3%로 설정되어 있다. 그렇기 때문에 기술 분야 위원들도 거의 정해진 면적에 따라 평가를 하는 것이 장점이자 단점이라고 할 수 있다. 당선안의 입장에서는 이후 단계 설계과정이 훨씬 수월하게 진행될 수 있을 것이다.

네거티브 방식 이후의 심사에 주안점은 무엇이었나?

최연웅. 먼저 이전 단계에서 고려했던 점들은 완전히 지우고 각론이 아닌 구조와 공간, 입면, 재료 등이 통일성 있게 이루어져 있는지에 대한 건축적인 관점에서 평가를 시작한다. 이 공모의 경우 앞서 말했던 앞뒷면에 있는 두 파사드의 활용이 중요했고, 그 다음으로 코어의 위치가 매우 중요하다고 생각한다. 코어를 통해서 계획안의 의도가 많이 정리되는데, 1등 안과 2등 안을 비교해 보면 각각의 코어가 어떤 쪽의 면을 상대적으로 더 중요하게 생각하는지를 보여주는 제스처로 이해되었다.

유종수 위원은 당선안에 대해 단면의 변화와 테라스 공간, 밝고 풍요로운 내부 공간 등에 대한 평가를 남겼다. 도면상에서 어떤 지점을 유의 깊게 보았는지 말해달라.

p.271
당선 패널, 단면도 1

p.273
당선 패널,
지상 3층 하늘로 향한
외부테라스

유종수. 사실 처음 모든 제출안들을 봤을 때 1등 안이 당선작이 될 거라고는 생각하지 않았다. 개인적인 기준에서 등수 안에는 들었지만 그래도 당선작은 다른 안이 되는 게 낫지 않을까 했었는데, 심사를 진행하다 보니 제일 무난하면서 편안한 안이 선정되었던 것 같다. '단면도1'을 보면 그렇게 크지 않은 규모의 중정인데 계단형 테라스를 만들어서 채광이 잘 되도록 했고, 동측 면에는 테라스와 하나의 켜를 덧대면서 입면을 차분하게

대상지 위성지도

정리했다. 5층 규모 건물에 복도와 실 외에 저렇게 크고 작은 반옥외 공간들이 있는 게 아이들한테 좋을 수 있겠다는 생각이 들었다.

최연웅 위원은 사유서상에 외부의 켜와 내부의 중정을 만드는 방법이 합리적이라고 적었다.

최연웅.   당선안은 좁고 답답한 컨디션을 가진 사이트에 어떻게 하면 아이들을 위한 좋은 공간을 만들까, 라는 문제에 대해 결국 쉽지만 명확하고 효과 있는 해답을 내놓은 것 같다. 켜를 만들고 그 사이로 빛을 들여와서 밖에서 경험하지 못했던 풍요로운 공간들을 만든 것이다. 가령, 앞서 언급된 중정도 깊이가 꽤 깊기 때문에 쉽게 접근하면 빛이 거의 들어오지 않아서 좋지 않은 공간이 될 가능성이 높은데, 단을 만들어서 이를 잘 해결했다고 보았다. 입면에서도 그런 의도가 나타나는데, 전면의 창문을 층별로 구획할 수도 있는데 약간 작위적일 수도 있지만 조금 더 큰 프레임으로 구성했다. 이렇게 평소에 생활하는 집이나 일상적인 공간들에서 느끼지 못했던 스케일을 경험해볼 수 있게 해주는 것이 공공건축이 갖는 큰 장점 중 하나라고 생각한다. 다만, 조금 다른 차원의 이야기이지만, 한국에서 반옥외 공간들이 많이 설계되는데 대부분의 경우 방수를 잘 해결하지 못해서 매년 관련된 문제들이 발생하고 있다. 이 계획안 역시 지어지는 과정에서 해당 문제가 잘 해결되어야 할 것 같다.

쉬운 해답이라는 건 아이디어의 수준을 의미하는 것인가?

최연웅.   여러 아이디어 중에서도 심사위원 입장에서 예상가능한 부분도 있는 반면, '이런 것도 가능했나' 싶을 정도로 생각지도 못한 제안들도 있다. 당선안은 그런 경우는 아니었지만, 이 사이트에 잘 작동하는 계획안이었다.

유종수.   지금 다시 살펴보니 아이들이 사용하기에 굉장히 좋을 것 같다는 생각이 든다. 소도시의 상황이 보통 오래되고 낙후되어서 좋지 못한 경우들이 많다. 테라스만 있으면 바깥의 풍경들이 걸러지지 않았을 텐데 1등 안처럼 아늑하게 감싸주면 아지트 같은 분위기도 있을 것 같고. 다만 이 프로젝트뿐 아니라 다른 공모 심사에서도 마찬가지인데, 처음 보는 순간 어떤 레퍼런스가 떠올라서 당선작으로 선정하는 데 대해서 약간의 고민은 있었다.

당선안 지상 2층 평면도

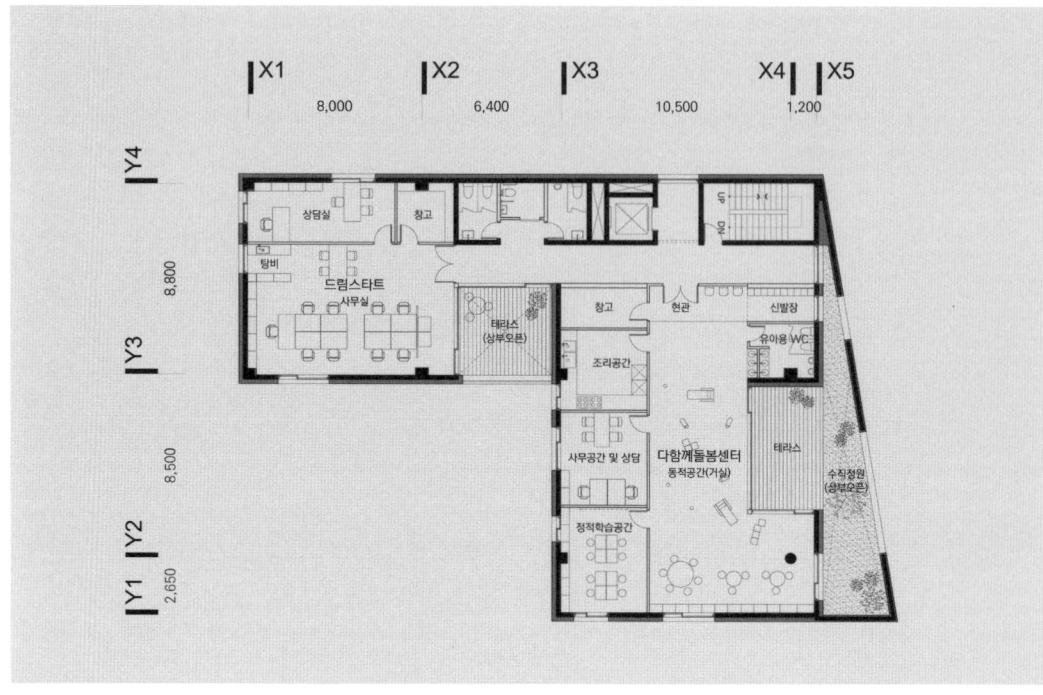

2등 안 지상 2층 평면도

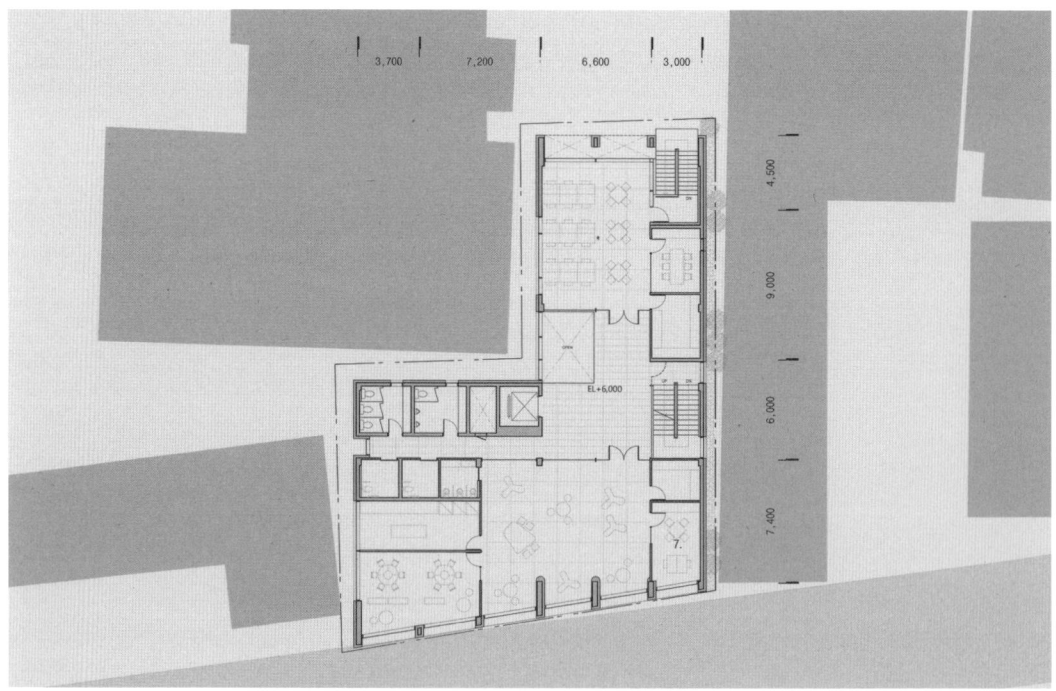

104

'북서측 입면이 도시에서 중요한 의미를 가지므로 설계 진행시 고려하길 바란다'(최연웅)는 당부도 있었는데, 왜 해당 입면이 중요하다고 생각했는지 궁금하다. 당선안의 경우 이 지점을 충분히 반영하고 있지 않다고 보았나?

최연웅. 하천에 면하고 있는 쪽이 보다 도시적인 성격을 갖고 있다고 생각했다. 당선안도 물론 고민은 있었겠지만 투시도에서는 북서측 입면을 볼 수 없었다. 파사드의 가치는 멀리서 그것을 바라볼 때 생기는 것인데, 주 진입부 방면의 경우 전면 도로폭 정도의 거리를 확보할 수 있는 반면 천변에서 바라보는 간격은 그보다 더 넓기 때문에 그만큼 중요하다고 판단했다. 마치 큰 광장에 면한 건물의 입면처럼 도시적인 구성으로 인해 불가피하게 드러나는 것을 파사드라고 했을 때 이 건물에서는 양쪽 두개의 입면이 그에 해당하고, 2등 안의 경우 그 지점을 의도적으로 표현하고 있는 것이 흥미로웠다.

당선안에 대한 타 위원들의 평가 가운데는 '내부 지향적 구성'이라는 내용이 있었는데, 그런 점이 이 시설에 유효한 전략이었을까?

유종수. 사실 청소년 시설이라고 하면 학교처럼 아이들을 위한 공간은 어떠해야 하는지, 떠오르는 전형적인 유형들이 있는데 그것이 반드시 좋은 건축을 만들어내는지는 잘 모르겠다. 개인적으로는 이런 종류의 시설에 대한 선입견이 별로 없어서 기능적인 부분들이 잘 해결되어 있다면 새로운 제안들도 충분히 가능할 거라고 생각했고, 2등 안도 그런 안들 가운데 하나였다.

최연웅. 심사를 하는 입장에서 쉽게 상상이 가능한 유형으로 귀결되는 것은, 더 깊게 생각하지 않게 한다는 부분에서 단점이 있다고 본다. 앞서 이야기했었던 비슷한 레퍼런스를 연상케 하는 것을 경계하는 것과 유사한 문제라고 생각한다.

2등 안이 좋은 평가를 받았던 것은 비교적 새로운 유형을 제안했기 때문이었나?

최연웅. 구조인 것 같다. 설계에서 쉽지 않은 점이 구조를 해결하면서 공간을 만드는 것이다. 어느 순간 구조가 공간에 치이거나 힘을 발휘하지 못하게 되고 결국에는 구조와 공간이 따로 놀게 되는 현상들이 많이 발생한다. 2등 안의 평면도를 보면 잘 알 수 있는데 위, 아래 두 입면의 구조가 서로 조응될 수 있도록 했고, 스팬이 넓은 장방향의 구조는 2층 평면도 하단의 기둥들처럼 스팬 방향으로 길게 계획함으로써 극복하고 있다. 즉, 두 개의

당선안 입단면도

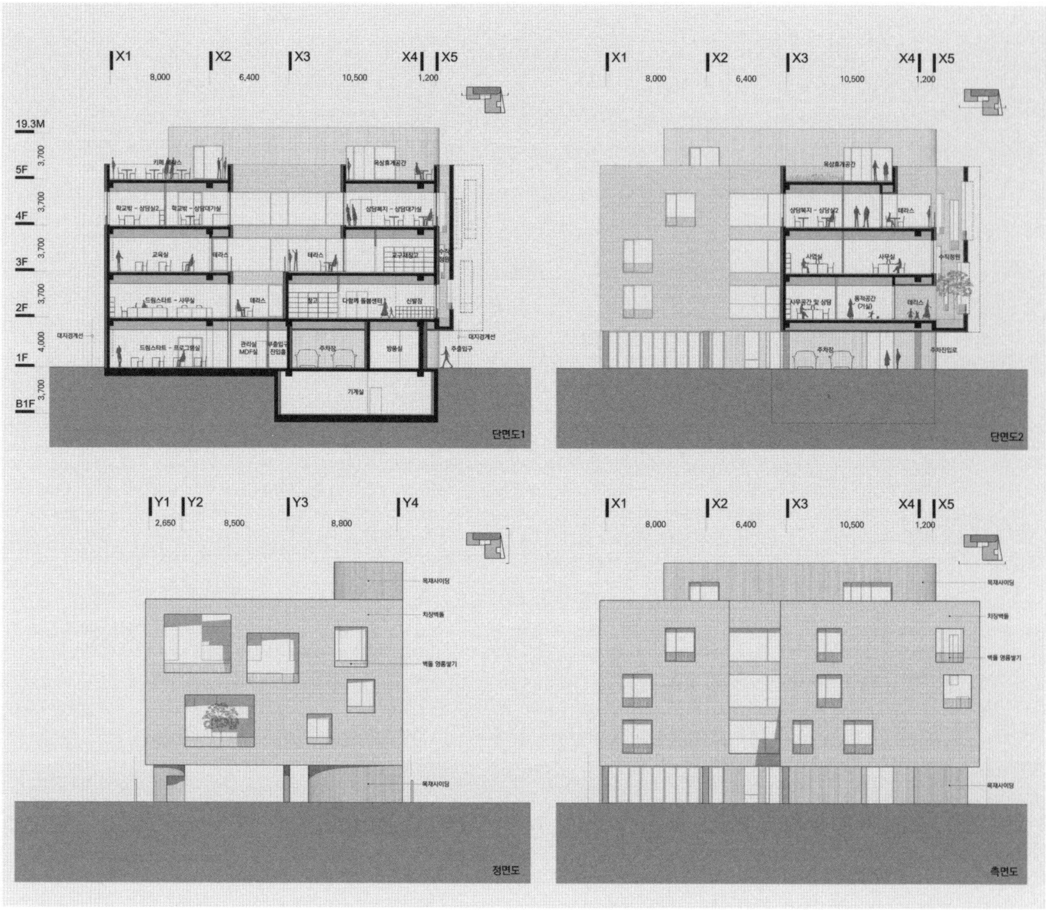

2등 안 입단면도

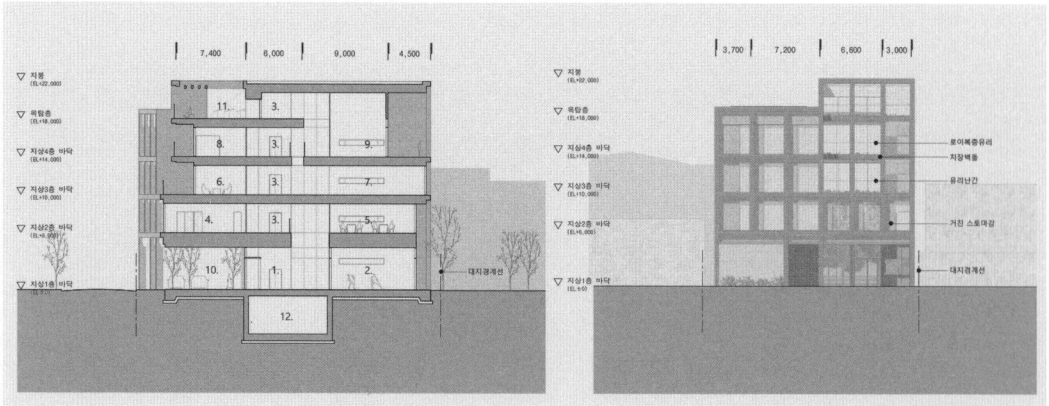

입면이 같은 구조를 공유하고 있고 같은 정도의 가치를 지니고 있음을
나타내고 있는 것이다. 이 정도의 스트럭처를 짧은 공모 기간 동안
만들어내는 것은 어려운 일이다.

결국은 질서가 중요하다고 생각한다. 특히 공공건축물과 같이 일정한
규모 이상일 경우에 자연스럽게 반복과 질서가 생기는데, 그것을 어떻게
변형하느냐가 건축에 있어서 가장 중요한 점 가운데 하나이다. 좋은 건물을
만든다는 건 그 공간과 구조, 재료, 형태가 어떤 질서를 통해서 이루어지고
있는지를 경험하고 느끼는 것이기 때문이다.

**이러한 구조 형태를 유지하기 위해 프로그램과 관련된 부분이 희생되거나 단점으로
지적된 점은 없었나?**

최연웅. 개인적으로는 약점이라고 생각하지 않았지만, 다른 위원분들의 경우
전면이 다 유리이다 보니 이 프로그램과 과연 잘 맞는지에 대한 의문을
제기하기도 했는데 너무 오피스처럼 보이지 않느냐는 정도의 의미로
이해가 되었다. 최종 표결은 청소년 시설은 어떤 공간으로 만들어져야
하는가라는 지점에서 갈렸던 것 같은데, 개인적으로는 두 가지 방향 모두
가능성이 있다고 생각했다.

유종수. 많은 부분 공감한다. 청소년 시설이라고 해서 오피스 같은
건물이어서는 안된다고 생각하지는 않고, 일반적인 생각과는 달리 오히려
당사자들은 더 좋아할 수도 있다. 그밖에 2등 안이 다른 작품들에 비해
좋았던 점은 서비스되는 영역을 크게 두 곳으로 명확하게 설정함으로써
평면이 잘 정리되었다는 것이었다. 특히 섬세하다고 봤던 부분은 북서측
입면의 경우 차양을 만들어주기 위해서 셋백을 시키면서도 구조의
프레임은 그대로 유지했다는 점이다. 만약 이 안이 당선되었다면 이러한
구조 자체는 끝까지 유지가 될 수 있을 것 같다는 생각이 들었다. 그
밖에도 진입부와 반대편에 외부 공간을 조금 더 확보해주었다는 것도 잘
계획된 부분이라고 봤다. 한가지 조금 아쉬웠던 점은 필요한 면적을
확보하기 위해서였는지는 모르겠지만 보행자가 많은 주진입면으로 건물이
너무 바짝 붙어있다는 것이었다.

최연웅. 평면 계획을 보면 코어를 기준으로 외부 여건이 좋은 양쪽으로
서비스되는 영역을 구획하려는 의도가 읽힌다. 창이 필요 없는 공간들은
중심에 배치하고 계단실에는 조금 더 큰 창문을 내었다. 이렇게 명확한
의도를 갖고 계획하더라도 어느 순간 안 좋은 공간을 만들어낼 수도

		있는데 이 계획은 발주처나 운영부서와 원활하게 협의가 되면 잘 작동할 수 있을 것 같다는 생각이 들었다.

p.277
2등 패널, 주진입로 입구마당

p.277
2등 패널, 지상 2층 보육센터

p.277
2등 패널,
지상 4층 교육실 외부테라스

유종수. 2등 안의 또 다른 특징은 앞서 말했듯이 두 입면을 유리로 계획했다는 점이다. 건물을 안팎의 시야가 양면으로 트여지도록 의도한 것이다. 보통은 고민 없이 관습적으로 솔리드한 벽체로 구성했을 것 같은데, 평면상 내부 벽체에서 유리벽과 아닌 것을 구분하고 있는 것을 보면 이 응모자가 그런 부분들까지 고려를 했다는 것을 알 수 있다. 이런 공간들을 상상해 보면 개방적으로 열려 있는 느낌이 매우 좋을 것 같았다.

'코어 배치를 통한 가변적이고 개방적인 공간을 만드는 방법이 합당하다'(최연웅)는 평가도 있었다. 여기서 말하는 가변성을 볼 수 있는 부분은 어디였나?

최연웅. 비교하자면 당선안은 자연스럽게 복도가 생기고 그 끝에 도착지가 있는 형식으로 되어있다. 반면 2등 안의 경우는 방들로 구성된 평면인데, 복도의 면적을 어느 정도 상쇄하면서 해결하는 방법이 흥미로웠다. 이런 계획이 발주처의 입장에서는 받아들이기 어려울 수 있겠지만 구현될 수 있다면 괜찮은 설계라고 생각했다.

p.277
2등 패널, 기준층 중심홀

유종수. 당선안을 포함한 많은 안들이 복도와 실로 구성된 계획을 한 것과 달리 2등 안은 작지만 각 층마다 엘리베이터 홀과 같은 공간을 두고 있다. 이 곳이 사실 사람들이 가장 많이 붐빌 수 있는 위치인데, 지나가면서 잠시 모일 수도 있을 것 같고 이러한 공용 공간들이 쓰임새 있게 계획되었다고 느꼈다.

끝으로 두 제출안의 패널 구성과 관련하여 평가할 만한 부분이 있다면 말해달라.

최연웅. 톤앤매너가 중요하다고 생각한다. 레이아웃이 예쁘다 아니다를 떠나서 의도를 잘 드러내느냐의 문제인데 당선안은 기본적인 톤은 차분하면서도 자연이 함께 있는 공간들을 많이 연출한 반면 2등 안은 파스텔톤으로 구성했는데 그 안에 굉장히 파인한 제스처들이 잘 드러나는 패널 구성이었던 것 같다.

유종수. 각 패널에서 만들고 있는 이미지만 봐도 어떤 것을 중요하게 생각하는지 알 수 있었다. 당선안은 외부 투시도 컷이 딱 한 컷밖에 없었다. 나머지는 모두 내부에 아늑한 공간들을 보여주는 이미지들이었고 반면 2등 안은 주변과의 관계들에 대해서 많은 설명을 하고 있는 것으로 보인다. 이런 점들이 곧 건물 자체가 갖고 있는 차이와 다르지 않았다고 생각한다.

competition 6

시립화성 실버드림센터

1st

서로 아키텍츠¹ + 탈 건축²

2nd

건축사사무소 적재³

commented by

이소진, 조경찬

document

pp. 280 – 315

1 seoroarchitects.com
2 taal–architects.com
3 jucj–architects.com

공모개요

유형	일반 설계공모
위치	경기 화성시 향남읍 하길리 1513
지역지구	제2종 일반주거지역, 택지개발지구
연면적	5,400m²(±10% 범위 내 세부시설 조정 가능)
대지면적	4,218m²
설계비	약 10.3억 원(1,030,000,000원)
공사비	약 207.5억 원(20,754,000,000원)

일정

공고	2023. 08. 18
심사	2023. 11. 08

심사위원

김수영	숨비 건축사사무소
나승현	소오플랜 건축사사무소
이소진	건축사사무소 리옹
조경찬	터미널 7 아키텍츠 건축사사무소
임근풍	에이아이엠 건축사사무소

심사결과

당선	서로 아키텍츠+탈 건축
2등	건축사사무소 적재
3등	금성종합건축사사무소
4등	건축사사무소 오삼일비
5등	레오 건축사사무소+보리 건축사사무소

당선	서로 아키텍츠		
이소진	'시설이 아닌 집'을 계획하고자 하는 의도에 잘 맞는 계획안을 제시하였다. 요양 시설에 대한 이해도가 매우 높게 평가되었으며, 인지가 쉬운 명확한 공간 체계를 기반으로 한 유니트 및 침실 계획이 독보적이었다. 요철이 있는 평면 계획으로 4인실의 4인 모두가 창가를 소유할 수 있도록 하였으며, 거실에 부엌 시설을 접목하여 오감을 자극할 수 있도록 함으로써 "가정집"의 분위기를 강조하였다. 반면, 상부층에 비해 1층 계획의 완성도가 다소 아쉬움.		
김수영	요양시설에 대한 풍부한 이해와 고려를 통해 전형적인 유닛 방식에 대한 재해석을 하였다. 요양 공간과 공용 공간 사이에 하나의 겹을 넣어 단조로울 수 있는 구성에 또 다른 차별을 시도하였다. 유닛의 구성은 4인으로 하였다. 모든 베드가 조금씩 다른 뷰와 공간을 만들어낸 것은 탁월한 시도였다. 요양 영역을 여유롭게 하고, 상대적으로 daycare영역을 줄인 것은 적절하였다.		
나승현	도시풍경에서 인지되는 온화한 인상을 가진 계획안은 내부 마을길로 명명된, 내려다보는 적정 공간감과 명쾌함이 우선하여 구성에 있어 부차적인 군더더기를 찾기 힘든 계획입니다. 침실의 외기 조건을 우선하면서도 2층과 3층의 유닛별 거실이 배회 동선에 면하는 방식에 있어서도 개방적, 폐쇄적 변용 가능성을 모두 담아 입소자 유형 차이에 대한 이해가 매우 높고 이를 공간 언어로 해석하여 제시하고 있습니다. 주출입 부분에 마련된 외부 공간이 의도한 쓰임에 한계가 있다면, 북서측에서 남측 코너에 연장된 산책 공간이 편안히 쓰일 수 있도록 세심한 배려가 있기를 바라고, 보행자 동행이 전제된 공원 측으로의 산책이 가능한 분들이 많아지길 기대합니다. 추구하는 공공서비스,		

			특히 요양시설 특수성에 기인한 보호자들의 방문에 턱없이 부족하게 요구되었던 지하 주차 영역은 초기에 사업 부서와 협의, 과업 내용 변경이 필히 이루어지길 바랍니다.
		조경찬	세심하고 탁월한 유니트 계획으로, 실을 공유함과 동시에 개인 코너를 갖는 4인실을 구성하였고 중정을 면한 마을 길에서 지상층 주출입구를 내려다보면서 다양한 공용 공간을 배회할 수 있는 점이 훌륭하다. 지상 1층에서 주야간 보호시설의 출입구 위치와 로비 공간을 정리하여 요양시설의 새로운 유형으로 미래의 비전을 제시하는 건축물로 준공되어 '아흔 개의 봄'을 맞이하기를 기대한다.
		임근풍	세심하게 계획된 단위 유니트과 중정을 통해 밝은 빛이 들어오는 공용 공간의 느슨한 관계 설정 및 구성이 매우 뛰어난 계획안이다. 다만 시설의 중심에 위치한 중정과 그 전면에 구성된 차량 진출입구 구성은 개선이 필요해 보인다. 건축가의 의도에 부합하는 세심한 시설이 되길 기대한다.
		2등	건축사사무소 적재
		이소진	접근 방식이 독보적이며 건축적으로 매우 매력적인 안이다. 차량 진출입, 서비스 동선 등이 매우 합리적이며, 훌륭한 호텔을 연상시키는 프로젝트이다. 상부 십자 평면의 사방으로 cul de sac 이 형성되고, 네 개의 복도 끝에 여유 공간을 확보하기는 했으나, 배회 공간으로 적합한지, 그리고 단기간이 아닌 장기간 체류에 적합한지는 의문임.
		김수영	배치와 기능적 구성이 매우 탁월하였다. 명쾌하게 대지를 나누고 각각의 영역에 부여된 성격은 합리적이었다. 자칫 단조로울 수 있는 복도형이었지만 중간중간 오픈된 영역을 넣으므로 공간적인 쾌적함을 유지할 수 있었다. 1층의 구성은 아이디어가

돋보이는 영역이다. 측면에 드롭오프존을 넓게 둔 것은 참가자의 숙련된 건축적 경험이 드러나 보였다.

나승현   공간에 새겨진 집단 기억이 개별적으로 매우 강하게 각인될, 요양원 건축의 또 하나의 본보기로 보아야 할 것입니다. 땅의 특성에 따라 네 개의 면은 모두 다르게 다양한 도시, 자연 풍경을 마주하고 있음을 놓치지 않고, 입소자나 보호자들 모두 자율 의지로, 본인들만의 호흡으로 편안하게 이동·점유할 수 있도록 제시하고 있습니다. 특히 요양원에서 간과되서는 곤란한, 추가적인 노동력이나 관리 인원의 증원을 전제로 하고 있지 않은 안으로 보입니다. 구성원별 행위뿐 아니라 설비시스템 또한 건축 질서 내에 온전히 편입되어 있습니다. 기능적 해결은 명료하지만 전형적이지 않고, 내·외부 공간의 여유로움과 명료함은 총체적 해법으로 읽히는, 탁월한 계획입니다. 유닛 유형에 대한 해법이 다양할 수 있음을 화두로 던지는 안이었기에, 다른 곳에서 또 새롭게 변주된 모습으로 실현될 기회가 있길 바랍니다.

조경찬   대상지와 주변 컨텍스트에 대한 명쾌한 해석으로 외부 영역을 구분하고 과감한 건축적 대응으로 공원, 자연의 연결과 서비스, 차량 접근을 합리적으로 해결했다. 중앙집중적 십자 형태가 태생적으로 가지고 있는 판옵티콘적 성격을 N/S의 관리적 측면의 효율로 가져오고 반복적인 중앙복도 형식의 단점을 보완하기 위해 각 방향의 건물 폭을 세심하게 조정하고 공동거실의 구성을 다양하게 하는 노력이 훌륭하다. 다만 유니트 계획에서 개별 실에 새로운 유형을 제시하지 못한 점이 아쉽다.

임근풍   요양원의 일반적인 클러스터와 배회 동선 유형을 탈피한 과감한 계획안이다. 단순하고 합리적인 건축구성에 환자들을 위한 편의시설과 안락함을 담으려 한 노력이 돋보였다. 건축물과 지형, 주변 시설에 대응하는 방식을 매우 단순하게 명쾌하고 풀어냈으며 특히 환자들의 차량접근 동선을 가장 우수하고 넉넉하게 제안했다. 다만 단순하고 합리적인 구성 속에 장시간 입소해 있는 환자들의 생활행태에 대한 세심한 배려가 의문으로 남았다.

이소진　건축과 도시설계를 겸하고 있는 이소진은 연세대학교 건축공학과를 졸업하고 파리의 UPA7(Paris-Tolbiac)에서 건축사 과정을 밟았다. 파리 렌조 피아노 빌딩 워크숍에서의 첫 실무경험 후 스승이자 프랑스의 대표 건축/도시 계획가인 Yves Lion과 1997년부터 10년간 다양한 규모의 건축 및 도시설계 프로젝트들을 진행했다. 2003년 이후 Yves Lion 의 파트너 소장으로 활동했으며, 2007년에 아뜰리에 리옹 서울(Ateliers Lion Seoul)을 설립하였고, 현재는 ㈜건축사사무소 리옹(Leeon Architects)의 대표로 활동 중이다.

조경찬　고려대학교에서 사회학을, 한국예술종합학교에서 건축을 공부하며 건축과 사회에 대한 이해를 넓히고, 컬럼비아 대학교 건축대학원에서 건축석사를 받았다. 라파엘 비뇰리 건축사무소에서 건축 수련을 받은 뒤 2015년 뉴욕에서 터미널 7 아키텍츠를 세웠다. 세종대로 역사문화공간(서울도시건축전시관) 설계를 시작으로 서울에서 활발히 활동하고 있다. 현재 터미널7아키텍츠 건축사사무소를 운영하고 있으며 한국예술종합학교 건축과의 겸임교수로 학생들을 가르치고 있다.

당선안 지상 2층 평면도

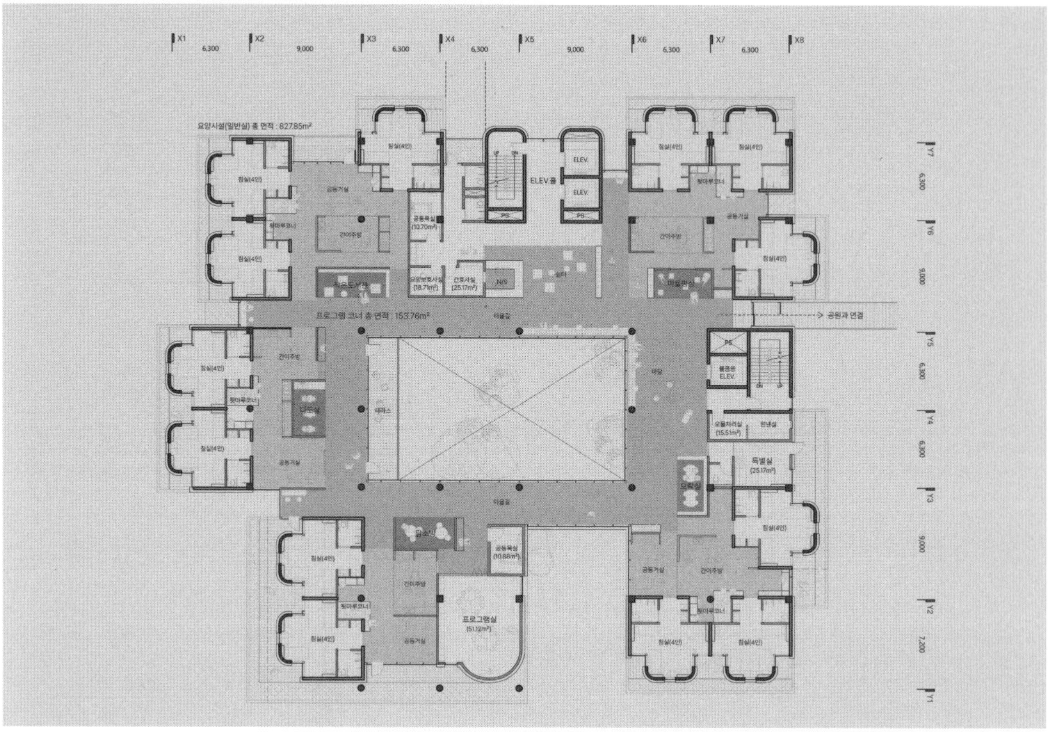

2등 안 지상 2층 평면도

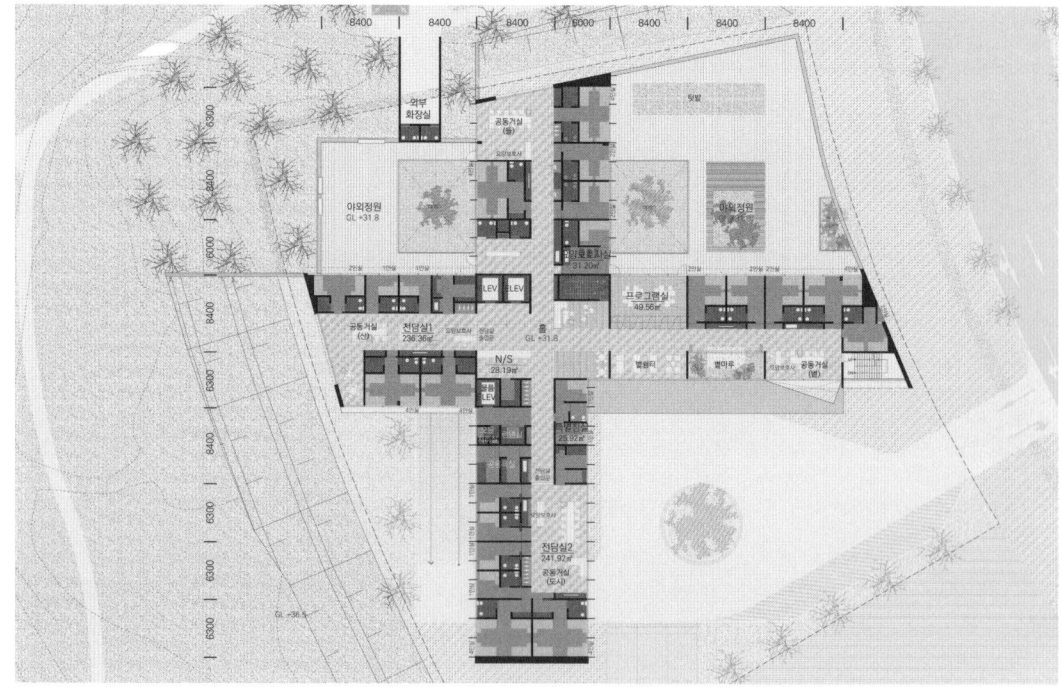

평가사유서를 보면 시설의 성격상 심사에 임하는 마음가짐이 조금 더 무거웠던 것으로 보인다.

이소진.   이런 시설이 비교적 익숙한 분도 있고 생소한 분들도 있었을 거라고 생각한다. 개인적으로는 얼마 전에 이런 장소를 찾아야 했던 경험이 있었어서 요양 시설에서 무엇이 가장 중요할까에 대한 고민이 있었고, 당선자도 생의 마지막 시간에 대해서 많은 고민을 했던 경험이 있었다는 걸 나중에 알게 되었다. 결국 그 자리에 있었던 분들의 가족이나 자신의 미래와 관련된 공간이기 때문에 단순히 멋있고 좋은 건축에 앞서서, 한 사람의 생을 마무리하는 장소로서 어떤 환경이 되어야 하는가에 대해 상당히 진지하고 힘든 고민을 하게 되었던 것 같다.

조경찬.   요양 시설에 대한 개인적 경험이 없는 입장에서 심사 준비를 위해 열심히 지침서를 읽고는 왔는데, 논리적으로만 판단할 수 없는 프로젝트라는 것을 심사가 진행되면서 깨닫게 되었다. 단순하게 생각하면 실내 레이아웃이고 바꿀 수 있는 거지만, 이 공모에서는 그런 식으로 접근할 수 없었던 것 같다. 어떤 참가자분은 개인적인 경험으로 발표를 시작하는 경우도 있었는데, 당선안의 경우는 적절하게 객관화된 언어로 내용을 풀어낸 것 같다.

심사와 표결 진행 과정에서 위원들의 투표 대상과 의견이 몇 차례 바뀌는 경우들이 있었던 것으로 보인다.

p.289
당선제안서, 지상 1층 평면도

p.290
당선제안서, 지상 2층 평면도

p.291
당선제안서, 지상 3층 평면도

이소진.   심사가 예상했던 것과는 매우 다르게 진행되었던 것으로 기억한다. 사실 처음에는 1등 안에 대해서는 크게 관심을 두지 않았고 오히려 3등 안이 당선될 만한 계획이라고 생각했는데, 의외로 최종 표결에는 3등 안이 아닌 1등 안이 올라왔다. 두 안 모두 "집 같은 요양시설"을 만드는 것이라는 비슷한 개념과 목표를 갖고 있었기 때문에 1등 안을 선택했지만 만약 3등 안이 최종에 올라왔다면 다른 선택을 했을 것 같다.

조경찬.   이 공모전에서 중요한 지점은 두 가지였다. 하나는 프로그램, 즉 요양원의 유니트를 어떻게 만드냐에 대한 것이었고 다른 하나는 건물이 이

당선안 지상 1층 평면도

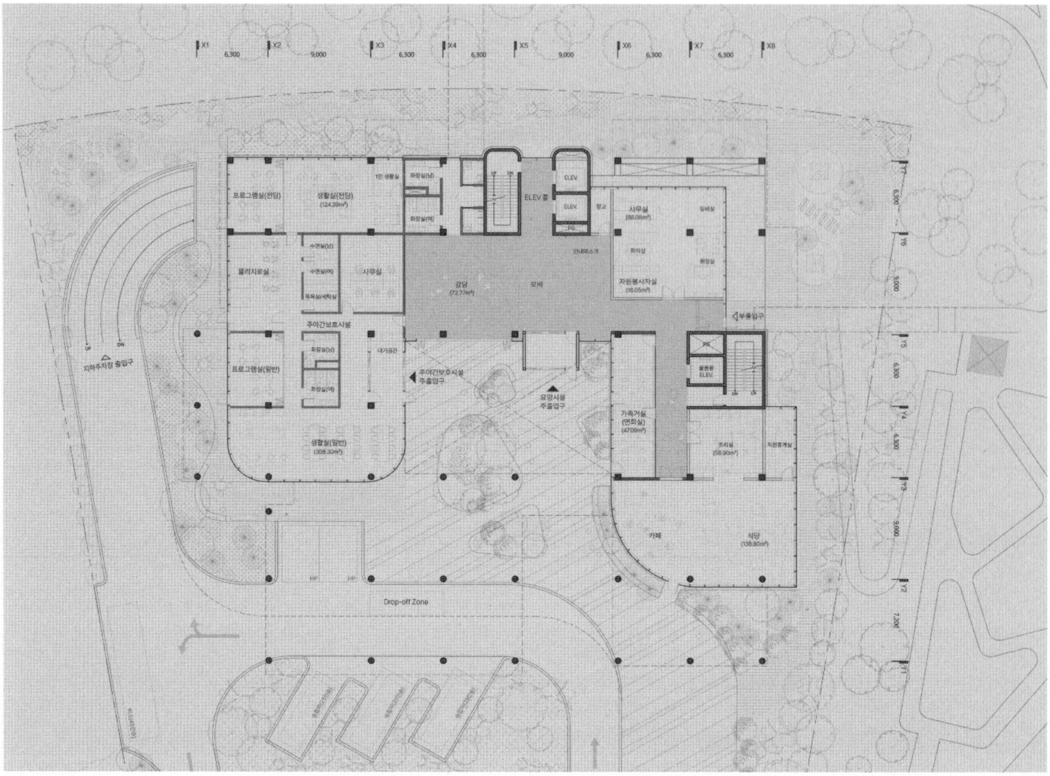

2등 안 지상 1층 평면도

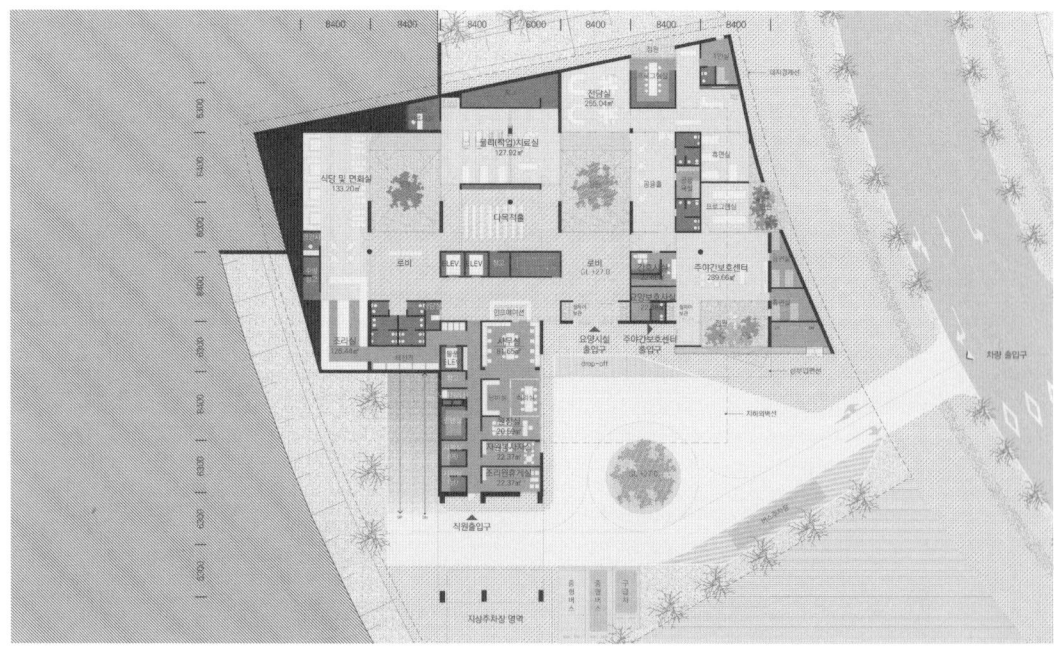

대지에 적합하게 설계가 되는 것이었다. 1등과 2등의 차이는 둘 중 어디에 조금 더 포커스를 했는가에 있었던 것 같다. 개인적으로는 어떻게 대지를 분석하고 주변의 도로와 공원을 연결하는지를 우위에 두고 판단했고, 그래서 심사 초기에는 2등 안을 조금 더 지지했다. 그런데 논의를 하는 과정에서 유니트가 요양시설의 사용자들의 삶에 있어서 굉장히 중요하다는 점을 이해하게 되면서 생각이 많이 바뀌게 됐다. 입상하지는 못했지만 1인실로 제안한 계획도 있었는데, 그런 제안들을 평가하는 과정에서 심사위원들도 유니트가 중요하다는 것을 지속적으로 학습할 수 있었던 것 같다.

3등도 굉장히 좋은 안이었고, 마지막 3개를 남겨놓고는 약간 멘붕에 빠졌다. 각자의 장점이 있고 어느 안이 당선되더라도 손색이 없는 상황이었는데, 결국 대지를 명확하고 영리하게 분석한 것보다는 그 안에 프로그램의 유니트를 섬세하게 계획한 것이 더 중요하지 않은가라는 데에 전반적으로 동의할 수 있었던 것 같다.

오기 전에 지침서를 다시 한 번 봤는데, 배회 공간이나 유니트 계획을 크게 강조하고 있지는 않았다. 심사가 끝났을 때는 그 부분이 굉장히 중요하다고 생각했는데, 진행되는 과정에서 위원들이 어느 지점에 대해서 토의하고 집중했느냐의 문제였던 것 같다. 심사 전에 자료를 보고 결정한 대로 투표를 한 것이 아니라는 건데, 이렇게 함께 고민하고 논의하는 과정에서 생각과 관점이 바뀌는 것이 좋은 심사고, 심사를 하는 이유라고 생각한다.

<u>당선안이 3등 안에 비해 갖고 있었던 장점은 무엇인가? 조경찬 위원의 경우 요양시설의 새로운 유형과 미래의 비전을 제시하고 있다고 평가했다.</u>

이소진.　　지금도 당선안이 3등 안에 비해 어떤 점에서 뚜렷한 우위가 있었다고는 생각하지 않는다. 당선안의 경우 완성도에 있어서도 1층에 표현되어 있는 방풍실이 2층에서는 나타나지 않는 등 아쉬운 점이 었었고, 그래서 3등 안을 좀 더 주목해서 보았던 것 같다. 사소한 부분일 수도 있지만 굉장히 많은 안들이 엄청난 시간을 투자해서 제출한 상황이기 때문에 이렇게 작은 실수 하나로 계획안 전체에 대한 의심이 시작될 수도 있고, 매우 큰 단점이 될 수밖에 없다. 이런 점에 있어서 당선안은 굉장히 독특한 케이스라고 볼 수 있다.

그런데 2차 심사에서 발표 과정이 매우 중요하게 작용했다고 생각했다.

대상지 위성 지도

평면을 보면 세 개의 방 가운데 부엌 같은 게 하나 배치되어 있어서 외기에 면해있지 않아서 자연채광도 잘 되지 않는 위치에 주방을 배치한 것을 단점으로 생각해서 질문을 했다. 그 답변에 매우 설득력이 있었는데, 이런 시설에서 생활할 때 집과 가장 다른 점이 먹는 것에 대한 자유가 완전히 박탈된다는 것이다. 주는 것만 먹고 하라는 대로 해야 하다 보니 자기 의지가 많이 사라지게 되는데, 그 부분을 살리기 위한 시도였고 다른 안에는 없었던 프로그램이었던 걸로 기억한다. 이 질문에 대한 답변을 통해서 이 안이 부족한 점들도 있지만 집과 같은 공간을 만들기 위해서 세심한 배려를 하고 있다는 것을 알게 되었다.

조경찬. 4인실의 유니트와 공용, 배회 공간에 대한 의견이었다. 특히 당선안의 2층 평면도가 다른 안들보다 좋다고 보았다. 유니트 설계에서 시작해서 2, 3층 평면을 만든 후에 1층으로 내려가는 과정에서 해결하지 못한 점들이 분명히 있긴 하지만, 2층 평면만 놓고 보면 유니트는 동일한데 그 앞의 주방을 비롯한 공간들이 서로 다르게 계획된 점이 매력적인 부분이었다. 중정의 크기나 폐쇄적인 부분도 단점이 될 수 있겠지만 저기에 앉아 1층의 사람들이 오고 가는 걸 보며 시간을 보낼 수 있다는 건 괜찮을 수 있겠다고 생각했다.

<u>임근풍 위원은 당선안에 대해 차량 진출입이 개선되어야 한다고 언급했는데, 1층에서 어떤 점이 해결되지 않았다고 본 것인가?</u>

조경찬. 드롭오프존에서 주출입구까지 가는 길에 중정이 뚫려 있어서 비를 맞게 되는 경우도 있겠다는 논의가 있었는데, 그 밖에도 1층 계획에 대한 전반적인 아쉬움을 지적하는 내용이었다고 생각한다. 1층 차량동선이 2등 안에 비해 부족한 점은 있지만 다른 응모안들에 비해서는 주차 등 여러 문제들이 잘 해결되어 있는 상황이었다.

이소진. 필로티 하부에서 하차한 뒤에 처마가 없는 중정을 거쳐 들어가는 과정이 충분히 웰커밍한 분위기는 아니었다고 생각하고, 이런 점에서 1층 계획이 완벽하게 해결되지 않았다고 본다. 더욱이 그런 부분들을 2층 평면도에서는 드러내지 않고 있다. 시설의 특성상 진출입 영역이 상당히 중요한데 이 정도의 큰 결점을 갖고 있음에도 당선된 것은 그만큼 상부층 레이아웃이 뛰어났고, 큰 인상을 남겼기 때문이었고, 한편으로는 굉장히 운이 좋았던 거라고 생각한다.

당선안 외부 투시도

2등 안 외부 투시도

시립화성실버센터

당선안 내부 투시도. 중정과 면한 공용 공간 마을길

2등 안 내부 투시도. 공원의 사람들을 바라보며 외부 활동공간과 연계되는 장소

물론 이후 설계를 진행하면서 대개의 단점들은 해소될 수 있으리라 본다. 공모안을 제출할 때는 제시된 면적 등을 충실히 지키려다 보니 어려워지는 점들이 있는데, 기본적인 개념은 바뀌지 않아야겠지만 운영하실 분들과 논의를 하는 과정에서 어느 정도 수정이 될 것으로 예상한다.

<u>김수영 위원은 당선안에 대해 '전형적인 유닛 방식과 다르다'고 평가했는데, 여기에서 말한 전형적인 것은 어떤 경우를 상정하고 있는 것인지 궁금하다.</u>

p.305
2등 제안서, 지상 2층 평면도

조경찬.　　2등 안의 4인실을 전형적인 사례로 볼 수 있을 것 같다. 4개의 침상이 배치되었을 때, 각각이 코너를 점유하고 있지만 2개의 침상은 창문에 면하지 못하게 되는 상황이 발생한다.

이소진.　　개인적으로는 외기와의 접촉면에 대한 절실함을 1등 안과 3등 안이 서로 다르게 풀고 있다는 점이 흥미로웠다. 당선안은 4인실로 해결한 반면 3등 안은 4인실의 단점을 고려해서 2인실로 접근했는데, 다만 서로 모르는 이용자들이 과연 2인실을 더 좋아할까에 대한 의구심은 있었다.

조경찬.　　4인실이 더 나을 수도 있지만 대개는 원해서 다인실을 선택하는 경우는 잘 없는 것 같다. 다만 운영과 관리 인력에 대해 고려할 때 3등 안처럼 반드시 2인실이어야 한다고 규정하는 것이 다소 무리가 있을 거라는 생각이 있었다.

<u>요양 영역을 여유롭게 한 반면 상대적으로 데이케어 영역을 줄였다는 점도 당선안의 특징인 것 같다.</u>

p.289
당선 제안서, 지상 1층 평면도

조경찬.　　주야간 보호시설이라고 표기된 1층에 대한 내용인데, 결국 당선안은 상층부에 면적을 좀 더 할애한 대신 1층의 면적은 조금 부족한 상황이었다. 그래서 가령 강당도 상당한 자리를 차지하는 프로그램인데 별도로 배치하지 않고 로비 공간을 겸용으로 제안하고 있는 것으로 보인다.

이소진.　　이런 것들을 보면 좋은 안들이 너무 많이 제출되기 때문에 단지 실력만으로 될 수 있는 상황도 아니고 마치 올림픽 경기처럼 운을 비롯한 여러 변수들이 복합적으로 더해져야 하는 것 같다.

<u>2등 안에 대한 평가에서 반복적으로 언급된 "건축적 매력"이라는 것은 구체적으로 어떤 의미인지 궁금하다.</u>

이소진.　　매력적으로 느낀 것은 접근방식이 예상하지 않았던 방식이었고 다른 제출안들과 매우 달랐기 때문이었다. 직관적인 십자 형태로 구성한 동시에 구석구석 건축적 감각이 살아있다고 느껴서 많은 위원들이 좋게 평가했을 거라 본다. 개인적으로도 1차 심사부터 2차 심사 대상으로 지켜봤지만

당선안 투시도. 중정에서 바라본 모습

2등 안 투시도. 데이케어센터와 물리치료실뿐 아니라 식당, 면회실에서도 외기를 직접 접할 수 있도록 분산 배치 계획된 두 개의 중정

결론적으로 사유서에 '좋은 호텔 같다'고 썼던 것으로 기억한다. 호텔에 머무르는 시간이 처음에는 편안하지만 오래 지내기에는 좋지 않을 수 있다고 생각하는데, 그런 점에서 집 같은 요양시설을 제안한 당선안과 명확하게 구분이 되었던 것 같다.

p.301
2등 제안서, 배치 및 외부 공간 계획

p.302
2등 제안서, 외부투시도

조경찬. 제안서 4페이지의 다이어그램을 보면 대지를 네 개의 영역으로 나누고 있다. 저런 식의 조닝은 누구나 할 수 있겠지만 그렇다고 건물에 의해서 영역이 구분되도록 십자로 배치하는 것은 쉽지 않은 일이다. 건물 끝 부분이 남쪽을 제외하면 나머지 세 곳은 대지 형상에 따라 사선으로 만들어지는데 그에 대응해서 각각의 두께를 적절하게 조정하고 있다. 그리고 전면 도로가 커브를 만들면서 90도로 휘고 있는데, 제안서 2페이지나 5페이지 상단의 투시도를 보면 건물의 모습을 드러내는 방식이 그러한 상황과 잘 맞아떨어진다고 생각했다. 이런 점들이 건축가로서 건축가의 작업에 대해 매력을 느끼게 되는 지점이었던 것 같다.

p.299
2등 제안서, 투시도

p.308
2등 제안서, 공간계획-1

이소진. 1층의 배치나 진입부의 투시도를 보면 오픈되어 있는 드롭오프존과 길게 늘어진 파사드를 비롯한 요소들이 좋은 호텔에 들어가는 것 같은 느낌을 준다. 사실 대지는 휘어진 사다리꼴의 형태인데 건물을 봤을 때는 전혀 그 형상이 느껴지지 않았다.

대지의 경계가 눈에 보이는 것은 아니지만 설계를 할 때 의식하게 될 수밖에 없는데, 이 계획안은 그로부터 굉장히 자유로운 느낌을 받았고 그런 점에서는 같은 건축가로서 부럽다는 생각도 들었다. 지루해지기 쉬운 십자 형태의 건물임에도 불구하고 각 날개 부분의 폭을 다르게 하면서 그렇게 느껴지지 않도록 하고 공간이 무척 자유롭게 보이는 부분도 신기했다.

다만 배회 공간과 관련해서 아쉬운 점이 있었다. 대부분 밖에 나갈 수 없고 층간 이동도 어렵기 때문에 하나의 층이 활동 영역의 전부인데 순환형 동선이 아니기 때문에 같은 지점을 왕복해야 하는 상황이 하나의 단점이었다.

결국 2등 안은 당선안이 가진 1층 계획상의 단점들을 상대적으로 잘 해결한 안인 것처럼 보인다.

p.304
2등 제안서, 지상 1층 평면도

조경찬. 드롭오프존의 경우도 이 정도로 넓게 설정한 제출안은 없었는데 저렇게 되면 기능하기에 너무 좋을 거라고 봤다. 당선안의 경우 부족한 면적에 1층에서 소화해야 하는 프로그램들을 배치하다 보니 기능적인 부분들을 해결하기에 급급해 보이는 반면 2등 안의 1층 평면도를 보면 팬데믹을 대비해서 면회실을 외부에서 접근할 수 있도록 해달라는 요청이 반영되지 않은 것 외에는 구석구석 좋은 공간들이 많이 있다는 것을 알 수 있다. 만약 이 공모의 프로그램이 이런 요양시설이 아닌 정서적인 고려가 개입되는 정도가 적은 분야였다면 결과가 달랐을 수 있다고 생각한다.

이소진. 1층 평면 구성에 있어서도 공간의 위계나 강약이 자세히 보이지 않더라도 충분히 느껴지고, 전반적으로 어떤 흠 같은 것이 없어 보인다. 그러나 결국 집에 더 이상 머무를 수 없는 분들이 가게 되는 시설이기 때문에 집과는 다르지만 그러면서도 너무 달라서는 안되는 부분이 중요했고, 그런 관점에서 당선안이 새로운 유닛 유형을 제안한 것이 결정적이었던 것 같다. 물론 일반적으로는 이렇게 장점 하나만으로 당선이 되는 경우는 그렇게 많지 않다.

<u>마지막 질문인데 이 공모의 경우 결과 발표 이후로도 심사위원 표결을 실명으로 공개하지 않았다. 화성시는 심사 중 위원들 간 표결이 공개될 경우 서로 영향을 주는 것을 피해야 하고, 현장에서 공개되지 않은 내용이기 때문에 이후로도 그래야 한다는 입장인데 이에 동의하는지 궁금하다.</u>

조경찬. 다른 심사에서 위원장을 맡았는데 초기 투표 과정에서는 각 위원들의 표결 내용을 가리고 보여달라고 요청한 적이 있었다. 이후 토론 과정에서 조금 더 선입견 없이 이야기할 수 있을 것 같다는 생각이었는데, 최종적으로 당선안을 선정하는 과정에서는 본인이 어떤 안을 더 지지하는지 드러낼 수 밖에 없다. 초기 투표 과정에서는 각자의 소신대로 하는 거라고 해도 다른 안들의 괜찮은 점을 내가 보지 못할 가능성이 있고 다른 위원들이 그런 점들을 발견해 줄 수 있다고 보기 때문에 개인적으로는 1, 2차 투표에서 누가 어떤 안에 표를 주었는지가 큰 의미를 갖지는 않는다고 생각한다.

이소진. 대부분의 경우 표결 내용이 위원들이나 응모자들에게 그렇게까지 유의미한 정보는 아니라고 생각하지만 구성된 위원들의 연배나 관계에 따라서는 약간의 영향이 있을 수는 있다. 이 공모의 심사를 진행하면서 다시 한번 느꼈던 점은 이 밖에도 공모 심사에는 정말 다양한 변수들이 존재한다는 것이다. 대지와 프로그램의 성격부터 심사위원 구성, 제출안들 간의 상대적인 평가 등에 따라서 예측할 수 없는 방향으로 흘러가기 때문에, 심사자가 아닌 응모자의 입장에서 볼 때에도 공모에 있어 정답이라는 게 있기 어렵다는 이야기를 하고 싶다.

competition 7
의성성냥공장 리모델링

1st
건축사사무소 아키텍톤[1]

3rd
이손건축 건축사사무소[2]

commented by
김정임, 신민재

document
pp.316-336

1 architekton.kr
2 isonarch.com

공모개요

유형	제안 공모
위치	경북 의성군 의성읍 도동리 769-2 외 13개 필지
지역지구	제2종 일반주거지역, 택지개발지구
연면적	2,567m²(±3% 조정 가능)
대지면적	15,037m²
설계비	6억 원(600,000,000원)
공사비	약 96.9억 원(9,691,850,000원)

일정

공고	2023. 08. 31
심사	2023. 10. 24

심사위원

김정임	서로 아키텍츠
박상호	더 건축사사무소
배준현	동양대학교 도시문화콘텐츠학과
신민재	에이앤엘 스튜디오
이광표	서원대학교 교양대학
이훈길	종합건축사사무소 천산건축
정웅식	온 건축사사무소

심사결과

당선	건축사사무소 아키텍톤
2등	건축사사무소 오막+브라이트 건축사사무소
3등	이손건축 건축사사무소
4등	에이오에이 아키텍츠 건축사사무소
5등	아이디어5 건축사사무소+아나로그아키펜 건축사사무소

당선	건축사사무소 아키텍톤

김정임: 성냥공장의 기계를 기존 위치에서 원형 그대로 보존하여 그 아우라를 살려야 한다는 전략에 동의한다. 나머지 건축적 요소의 보존을 현장 상황에 따라 대응해야 한다고 판단되며 기존 실적을 감안할 때 훌륭하게 수행할 수 있다고 생각됨. 소멸 전시 공간-경사로가 양방향으로(관람자가 마주치는 것) 사용되는 게 극적 긴장감이 약화될 것 같다. 보완책 필요.

박상호: 성냥공장의 본질을 기계 중심으로 제시했으며 어떻게 남기고 지울지의 고민한 흔적이 느껴지는 설계안이다. 내외부 공간의 활용 방안 제시가 현실적인 대안으로 잘 해결되었다. 기존 벽체 중 일부 보존되어야 할 것들에 대한 논의가 필요하다.

배준현: 보존에 대한 현실적 이해도가 높음.

신민재: 기존 공장 건물의 존치(위치) 범위와 신규 건축 공간의 추가의 계획에서 균형과 참신성이 우수함. 분절되어 있던 공장의 개별 건물들을 연결하는 공간 구성이 전시, 체험, 이벤트, 내부, 외부 공간 활용에 유리한 제안임. 포플러 식재 및 진입, 주차, 외부동선, 마당(외부) 공간 구성이 전체 대상의 활용과 확장 가능성에 유리함. 기존 공장 건물의 벽체와 구조를 제거한 부분에 대해서 향후 현장 조사와 철거 과정의 면밀함을 통해 존치, 보존, 전시할 수 있는 가능성을 찾기 바람.

이훈길: 성냥공장 기계들을 고려한 공간 계획이 돋보임. 소멸정원과 생성마당의 명확한 구분을 통한 활용 방안 제시. 과거와 현재를 연결해주는 리모델링 방안 제시. 공간의 내부화를 통하여 소멸정원을 극대화시키고 공간의 외부화를 통하여 기존 건물의 기억을 남김.

정웅식: 역사의 시간 속에서 성냥 산업의 근대화 상징인 기계들이 공장의 번창과 함께 무질서 속에서 건축물 군과 함께 구축된 파편화된 공간들을 지붕이라는 하나의 질서 체계로 통합하고자 한 부분이 서사적 이야기를 가지고 있다. 기존 기계들의 살아 있는 이야기를 최대한 보존하고자 한 부분이 차별점이다. 근대화 시절 공장 건축의 단편인 지붕 틀의 구조를 몽타주적 이미지들로 기계들과 하나로 끊임없이 공간적으로 연결하려는 제안이 인상적이다.

3등	이손건축 건축사사무소

김정임: '최소한의 제스처'라는 전략은 합리적이라고 동의함. 다만 직선형의 주동선이 순환형 동선에 비해 상대적으로 확장성이 떨어진다고 판단됨.

박상호: 최소한의 제스처인 65m 진입복도를 기존 질서를 해치지 않고 설계한 점이 우수하다. 다양한 전시 및 공간 활용에 대한 대응이 미흡함.

배준현: 주민친화적 공간 계획이 우수함.

신민재: 최소한의 건축적 계획으로 공장 부분과 신규 진입로 접근 동선 및 외부 공간 연계가 효과적이고 공장 내외부 전시 및 다양한 활용, 대상지 내외의 관계 설정이 우수합니다.

이훈길: 스트림홀을 통한 전체 공간의 연결 방식이 돋보임. 프로그램들의 기능적인 배치. 새로운 진입 동선의 가능성 제시.

정웅식: 시간성 축적을 통하여 구축된 기존 성냥공장의 건축물에 새로운 시간을 얻은 스트림홀을 관입시켜 하나로 통합하는 동선 및 공간을 구축함으로 작지만 큰 변화를 얻고자 한 전략적 제안이다. 가장 약한 재료인 흙벽의 보존과 방법 그리고 기억화하는 작업에 내외부 공간의 경계를 두지 않고 하나로 통합된 부분이 인상적이다.

김정임   연세대학교 건축공학과와 동대학원을 졸업하였으며 건축가 김인철, 서혜림, 유걸의 사무소에서 20여 년간 다양한 실무를 경험하고 2012년 서로 아키텍츠를 설립, 마스터플랜과 건축설계, 인테리어 디자인, 오피스플래닝 등 다양한 스케일의 작업을 해오고 있다. 현대사회를 구성하는 요소들 간의 상호작용과 관계성을 고찰하고 다양한 사용`풍경을 담는 총체적 환경(Holistic Environment)을 만드는 것에 흥미가 있다.

신민재   한양대학교 건축학과와 동 대학원을 졸업했다. 작은 아틀리에, 대규모 사무소에서 일하며 건축과 도시에 대한 폭넓은 경험을 쌓았다. 대표작으로 운중동 POP하우스, 경산 동이재, 오픈앨리, 2014 설화문화전, 양평시옷집 등이 있다. 현재 한양대학교 겸임교수와 서울시 공공건축가로 활동 중이다. 문화체육관광부가 선정한 '2016 젊은건축가상'을 수상했다.

오래된 성냥공장을 리모델링한다는 특수한 조건의 공모라 심사의 기준을 잡기가 간단치 않았을 것 같다.

김정임. 당시에는 성냥을 생산하는 프로세스에 대한 지식이 거의 없었는데, 생각보다 상당히 여러 단계를 거친다는 것이 흥미로웠다. 심사 전 제공된 자료에서 가장 가치 있다고 언급된 부분 중 하나는 과거에는 많이 쓰였지만 이 시대에는 잘 사용되지 않는 성냥이라는 물건에 대한 다소 서정적인 해석이었다. 성냥이 가진 그러한 이야기와 정서들이 담겨 있는 안이었으면 좋겠다는 생각이 있었다.

자료만 봤을 때는 결국 남길 것과 철거하고 새롭게 하는 부분에 대한 판단이 가장 중요하다고 생각했다. 그런데 막상 현장에 가보니 기존 건물이 공사 과정에서 살짝만 손을 대도 쉽게 와해하여 버릴 정도의 구조물로 보였다. 보존 상태도 굉장히 안 좋았기 때문에 건축물을 남겨야 한다는 생각은 조금 덜어내고 출발해야겠다는 생각이 들었다. 뒤에서 얘기하겠지만 제출안마다 보존의 범위를 조금씩 다르게 설정했고 심사위원들 간에도 약간의 이견이 있었다.

신민재. 문화재의 경우 어느 시점을 기준으로 복원 또는 보존할 것인가에 대해 각각의 입장과 논의가 이루어지지만, 이 건물은 문화재나 사적은 아니었다. 다만 이 지역의 산업이나 근대사와 깊은 연관을 갖고 있기 때문에 보존하자는 방향이 잡힌 것인데, 그러한 취지와 결정에 대해서는 공감하고 존중하지만 그래서 현장에 남아있는 건물들이 보존의 대상이 되어야 하는가에 대해서는 다르게 판단했다.

물론 많이 남기는 쪽이 답일 수도 있지만 그렇다고 무조건 그게 좋은 방향이라고 할 수도 없고, 보존하지 않은 것이 합당하다면 그게 반드시 나쁜 안도 아니기 때문에 제출하시는 분들 역시 과연 어떤 기준으로 어디까지를 보존의 범위로 설정할지 많이 달라질 것 같았고, 이 점이 이 공모의 특징이자 어려움이었다.

김정임. 주관하는 담당 팀장님의 차로 함께 현장으로 이동을 하면서 의성에 대한 여러 이야기를 묻고 들을 수 있는 기회가 있었다. 면적은 서울보다

3등 안 제안서 도입부에 수록된 현황 사진

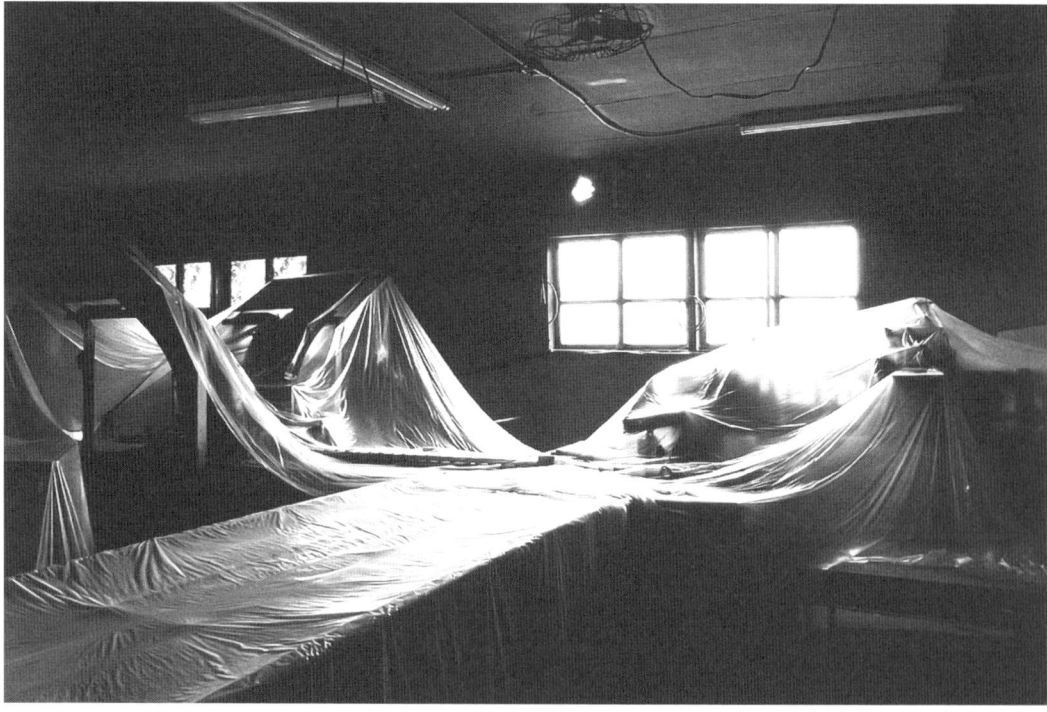

큰데 인구는 10만이 안되고, 재정자립도는 10% 정도 밖에 안된다고 하더라. 주로 농업 위주의 지역사회가 가진 문제들이 있는데, 이 건물이 엄청난 관광객을 끌어모으지는 않겠지만 그럼에도 외부인들이 찾아올만한 시설로 자리매김해서 활기를 줄 수 있는 역할을 하는 것이 발주처의 큰 바람이라는 것을 알 수 있었다. 다만 이런 산업 시설을 재생하는 프로젝트들이 최근에 굉장히 많은데, 잘못하면 옛날 것을 흉내 내서 만든 테마파크처럼 될 소지가 있어서 그렇게 되지 않는 방향으로 잘 균형을 맞추는 것이 중요할 것 같았다.

당선안에 대한 평가사유서에는 '기존 실적을 감안할 때 훌륭하게 수행될 수 있겠다'는 언급이 남아있다. 프로젝트의 난이도를 고려했을 때, 심사에서 그런 부분이 얼마나 비중을 차지했을지 궁금하다.

김정임.   그 부분을 정량적인 점수로 평가해서 합산하지는 않았다. 실적 자료를 보지 못했던 1차 서류 심사에서는 관련된 선입견이 없는 상태로 가장 좋다고 판단한 제출안이 있었는데, 2차 발표 심사에서 생각이 조금 바뀌게 되었다. 당선자는 이와 유사한 성격의 프로젝트를 실제로 훌륭하게 수행해 왔고, 사무소의 주된 방향을 그렇게 잡고 있었으며 발표 가운데 내부에 별도의 연구소가 있다는 언급도 있었다. 물론 그분이 잘 하실 수 있겠다는 믿음도 꽤 많은 작용을 했지만, 기본적으로 계획안을 보고 선정했고 만약 다른 안이 훨씬 더 좋았다면 결과는 달랐을 거라고 본다.

신민재.   결국 제안서 내용에 대한 신뢰도의 문제인데, 발표가 중요했던 이유가 제안공모라는 한정된 표현 범위 안에서 그려진 아이디어에 대해 얼마나 구체적으로 알고 있고 설명할 수 있는지를 묻고 확인할 수 있기 때문이다.

김정임.   사실 당선안을 처음 봤을 때, 아마도 프레젠테이션 기법 상의 컬러 사용 때문인지 다른 안들에 비해서 다소 멋을 부렸다는 느낌이 있었고 현실적인 조건들을 충분히 감안한 것인지 의문이 있었다. 그런데 발표를 통해서 첫 인상과 달리 이분이 전반적인 상황에 대해서 잘 파악을 하고 있다는 생각을 하게 됐다. 기존의 산업유산이나 문화재를 새롭게 활용하는 이런 종류의 프로젝트를 많이 다루어본 경험이 있었고, 태도 면에서도 진정성과 신뢰감을 느낄 수 있었다.

당선안의 경우 기계 중심의 보존을 강조하고 있는데, 이런 표현들이 1차 심사에서는 다소 불리하게 작용될 수 있었던 것인가?

대상지 위성 지도

p.321
당선제안서,
산업 활동을 기억하는
기계들이 이어주는 공간

김정임. 제안서 상에도 쓰여있는데, 사전 기획 단계에서 작성된 보고서 자료가 있었다. 거기에서도 이 기계들에 관한 정보와 그 가치에 대해서 무척 자세하게 논하고 있고, 건축이 아닌 기계가 문화재로 등록 예정이라는 내용도 있었다. 그렇기 때문에 각각의 건물들이 개별적인 가치가 있다기보다는 기계의 생산 공정과 연계된 집합적 질서가 중요하다고 봤고, 실제로 현장에서도 그런 점들을 수긍할 수 있었다. 기계의 위치를 변경한 안들도 있었는데 당선안의 경우 원래의 위치에 보존하는 것이 중요하다는 걸 강조했다. 사실 개별 건물은 부서지거나 다시 지을 수도 있지만 기계와 장비들이 프로세스별로 놓여있고 그에 따라서 기능적으로 배치된 건물들이 이루는 집합적 풍경이 더 가치 있다는 생각에 동의가 됐다.

신민재. 그렇다고 건물이 무가치하다는 건 아니었다. 당시의 시대적 상황에 따른 구법과 재료들이 있었을 텐데, 그에 대한 부분이 일부 나눠져 있다면 우선순위를 따졌을 때 건물 전체를 다 존치해야 할 필요는 없지 않을까 생각했다. 심사를 시작하기 전에 저희보다 공장에 대한 이해도가 높은 학예사분께서 오셔서 논의를 했었는데 성냥을 생산하는데 많은 공정이 필요하고 그 순서가 중요하다는 데는 의견이 모아졌다. 그러나 기계들이 중요하다고 해서 전시물처럼 잘 보일 수 있도록 재배치하는 건 좋은 방법이 아니라고 느꼈다.

김정임. 실제 가서 보면 건물은 마치 우사처럼 보였다. 축사에서 사용하는 시멘트 벽돌 같은 흙벽돌 위에 미장이 되어 있고, 비나 외기로부터 기계를 보호하기 위해 저렴한 비용으로 얼기설기 만든 건물이었는데 그에 반해서 기계는 상당한 존재감을 갖고 있었다.

<u>신민재 위원은 '존치 범위와 추가 계획의 균형과 참신성이 우수하다'고 평가했는데, 특히 어떤 지점을 참신하다고 생각했는지?</u>

p.321
당선제안서,
보존 기계들+
경계의 확장과 결합

신민재. 기존 건물을 존치하고 손을 대서 조정하는 범위는 제출안들마다 모두 조금씩 달랐다. 가령 어떤 안들은 중요도에 따라서 다섯 개 동 가운데 두 개를 없애고 세 개를 남긴다던가 하는 경우도 있었는데, 당선안을 긍정적으로 봤던 부분은 분산되어 있는 기존 건물의 외관은 유지를 하면서도 박물관이라는 프로그램과 동선을 위해서 안쪽에 있는 벽면의 일부는 제거했다는 점이었다. 실제로 구현되었을 때 공장의 모습과는 굉장히 다를 텐데, 전체적으로 분산된 배치를 유지하면서도 이들을 하나로 연결하는 절충이 좋았다.

당선안 내부 투시도

3등 안 내부 투시도

<u>공간의 구성과 다양한 활용에 유리하다는 언급도 남겼는데, 다른 안들에 비교 했을 때 어떤 경우에 더 유리하다고 본 것인가?</u>

신민재. 열주로 둘러싸인 소멸 정원이라는 기존에 없었던 공간을 만들었는데, 이 부분이 박물관으로서 좋은 기능을 할 수 있을 거라고 봤다. 다만 선큰 형식으로 제안된 소멸 박물관에 대해서는 이견이 있어서 발표 심사에서 그 필요성과 의미에 대해 다소 공격적인 질문을 했던 게 기억이 난다. 당시 답변은 제안 사항으로서 이 정원이 활용될 수 있는 프로그램을 표현하고 싶었다는 것이었는데, 그렇다면 다른 방법으로 쓰이거나 유연하게 대응할 수 있으리라는 생각이 들었다.

김정임. 동선의 유연함이 3등 안과 비교했을 때 가장 큰 장점 중 하나였다. 예를 들어 3등 안의 경우 각각의 전시실을 거쳐야만 이동이 가능한 일반적인 전시 동선인 반면, 당선안은 외부 공유공간에서 보행 동선이 순환하고 있기 때문에 선택적으로 전시를 보고 상황에 따라 다목적실만 개방한다던가 여러 가지 대응이 가능할 거라고 봤다.

신민재. 전시에 집중하는 공간구성도 장점이 될 수 있지만, 이 경우에는 공장을 보러오는 동시에 다른 체험들도 함께 있어야 활용도가 높지 않을까라는 생각이었다.

<u>다른 위원들도 벽체의 보존을 어디까지 해야하는 가에 대한 여러 의견을 남겼다. 신민재 위원의 경우 평가사유서에 당선안이 벽체를 많이 허물고 있으니 조금 더 보존할 수 있는 가능성을 찾기를 바란다고 적었다.</u>

신민재. 개인적인 경험상 실측 조사를 했더라도 해체를 진행하면서 건드렸을 때의 상황이 달라지는 경우들이 있었다. 조사와 계획했던 시점과 현장의 상황이 다를 수 있으니 그 과정에서 충분한 주의가 필요하다는 취지였다.

<u>정웅식 위원의 경우 지붕에 대한 언급을 주었는데, 당선안이 다른 것들에 비해 지붕의 요소를 좀 더 적극적으로 강조했다고 보았나?</u>

김정임. 3등 안의 경우 벽체를 어떻게 보강할 것인지 대한 디테일도 제안서에 포함되어 있었다. 제안서를 보면 20mm의 시멘트 미장으로 되어있는데, 결국 단열 때문에 석고보드를 활용할 수 밖에 없을 것이고 현실적으로 어떤 벽은 사실 털어내고 새로운 구조체를 세워야 할 것 같았다.

그에 반해 당선안은 벽체가 많이 허물어질 수 밖에 없는 상황에서 지붕과 그 트러스에 대한 보완을 강조했다. 현장에서 봐도 목재와 철재

당선안 외부 투시도

3등 안 단면도

당선안 등각투시도

p.334
3등 제안서, 구조 및 재료 계획

트러스가 혼재하고 있었는데 벽과 지붕 모두를 존치하기 어렵다고 하면 이미 너무 많이 훼손되어 있는 벽체에 대해서는 좀 더 자유롭게 대응하되, 사실 임의적으로 놓여지면서 형성되는 앵글과 집합적 느낌이 중요한 거니까 트러스를 잘 보완하면 기존의 미감을 살릴 수 있겠다라는 점에 동의할 수 있었다.

당선안 평면도를 보면 전면에 뮤지엄샵과 카페가 있는 쪽으로 유리벽으로 두르면서 기존 벽체의 일부가 실내로 들어와서 내벽이 되는데, 이렇게 하면 단열과 방수를 비롯한 여러 지점들에서 자유로워질 수 있기 때문에 오히려 이용자들이 경험하는 공간 속에서 조금 허물어져 있는 기존 벽을 그대로 살릴 수 있는 방법이 될 수 있을 것 같았다. 이런 부분들을 굉장히 영리하게 처리했다고 생각했다.

3등 안의 경우 '최소한의 제스처'라는 제안에 대한 긍정적인 평가들이 많았다.

김정임. 대개 건축가들이 선호하는 방법인데, 평면상에 '스트림 홀'이라고 표현한 하나의 심플한 건축적 요소를 통해서 주어져 있는 모든 문제를 해결하고자 했던 시도였다. 그래서 처음에는 상당히 좋은 인상을 주었는데, 심사가 진행되면서 더 자세히 뜯어보니 기능적인 부분과 공사상의 우려들이 조금씩 드러났다. 만약 제시된 '스트림 홀'을 통해 모든 문제들이 해소되었다면 가장 뛰어난 안이었을 거라고 생각했다.

p.330
3등 제안서, 배치개념

신민재. 당선 아니면 2등을 줘도 되겠다는 생각으로 투표를 했던 기억이 난다. 다만 발표심사 때 전시장 가운데 뮤지엄 마당과 샵, 카페가 이 건물뿐 아니라 주변 맥락에 있어서도 중요하다고 생각해서 그쪽으로 향하는 접근에 대한 설명을 요청드렸는데, 스트림 홀에 대한 고민은 굉장히 타이트하고 짜임새 있었던 것에 비해 마당에 대해서는 좀 더 자세한 생각을 들을 수 없어서 아쉬웠다. 항상 개방되어 있는 상설 전시나 뮤지엄 마당 부분에 대해 스트림홀 정도의 개입이 있었다면 더 좋게 평가했을 것 같다.

p.332
3등 제안서, 공간계획 - 2, 3

p.331
3등 제안서, 평면계획

김정임. 실제로 가보면 저 마당이 그렇게 크지 않은 적당한 스케일이어서 저 안에 뮤지엄샵이나 카페가 저 정도 규모로 지어지면 너무 와글와글한 분위기일 것 같다는 느낌을 받았다. 그 밖에도 문제라고 느꼈던 것이, 상설 전시실 간에 이동하는 동선이 평면상에 표현은 되어 있지만 실내가 아니라서 비가 올 경우를 생각하면 우산은 보통 주출입구에 보관하기 때문에 비를 맞고 이동해야 하는 구조였다. 그리고 만약 한쪽 전시실을 개방하지 않게 될 경우 이러한 순환 동선 체계는 자유도가 없기 때문에 실제 사용에 있어서 불리한 점이 있을 거라고 판단했다.

3등 안 제안서의 구성이 조금 신선했던 것은 도입부를 긴 텍스트와 현장 상황으로 구성했던 점이었다.

p.329
3등 제안서, 오늘의 성냥공장

김정임. 제공받은 보고서 상에 여기에서 일했던 분들의 인터뷰도 있었고 그분들에 대한 기억이 이 지역사회에 중요한 가치일 수 있다는 생각이 있었는데, 현장에서 실제로 일했던 사람들의 생활이 잘 담겨있는 사진들이 있어서 상당히 강렬한 인상을 받았다.

신민재 위원은 3등 안의 대상지 내외 관계 설정에 대해서도 높게 평가했다.

p.332
3등 제안서, 공간계획 – 프로그램 조닝

신민재. 스트림 홀이 대지 내부의 관계를 매우 효과적으로 정리해줬다고 생각한다. 기존 대상지를 보면 공장과 나대지, 기존 창고를 철거한 부분 등이 어지럽게 산재되어 있어서 어디서 어디까지가 해당 영역인지를 인지하기가 쉽지 않았다. 그런데 스트림 홀을 기준으로 아래쪽 주차장으로부터 접근하는 영역과 위쪽 전시 및 외부 영역을 구분하고 거기에 기능적인 요소들을 매달아주니까 마치 소문자 d자 형태로 구성이 명쾌하게 잡히는 점이 인상적이었다. 남북 방향으로 땅의 높이도 차이가 있었는데 낮은 쪽에서 돌아 올라오면서 외부 공간을 거쳐 실내와 공장으로 진입하는 설정도 좋다고 생각했다.

p.323
당선 제안서, 과거를 기록한 소멸정원과 현재의 활동을 지원하는 생성마당

p.324
당선 제안서, 몽타주적 공간과 도큐멘타의 경험 – A, B

p.332
3등 제안서, 공간계획 – 4

김정임. 당선과 3등 안이 대비되었던 점 중 하나는 대지 레벨이 낮은 아래쪽에서 건물을 바라봤을 때 기존 건물 외벽의 노출 여부였다. 3등 안은 기존 건물들이 입면으로 노출되는데, 점점 자세히 볼수록 현실적으로 결국엔 그 벽을 다시 건드리게 될 것 같았고 많은 비용을 들여서 진행될 프로젝트인데 잘못될 경우 마치 이곳이 테마파크처럼 보일 수도 있겠다는 생각이 들었다.

반면 당선안은 새로운 유리벽으로 이쪽 면을 감싸고 있기 때문에 주진입에서 봤을 때 하나의 깔끔한 틀 위로 옛 지붕들이 보이는 형식이라 건물이 너무 쇠락해 보이지 않고 기존 벽체와 대비되면서 레이어를 형성하는 것이 실제 공사 이후를 고려하면 더 좋은 전략이라고 보았다. 진입 동선도 나무를 보고 돌아가는 길게 늘어지는 시퀀스를 만들었는데, 나무 뒤의 얇은 틈으로 보이는 향교의 풍경과 돌아서면 나타나는 옛 벽을 따라서 들어가는 느낌이 굉장히 좋을 것 같아서 설계를 잘하시는 분이라고 생각했다.

끝으로 공모 운영과 관련하여 아쉬운 점이나 평가할 만한 지점이 있었는지도 궁금하다.

김정임. 아주 좋은 사례였다고 보는데, 발주처가 이 프로젝트에 대해서 얼마나 진심으로 잘하고자 하고 열정이 있는지 느껴졌기 때문에 더 진지하고 열심히 심사를 하게 됐다. 심사 진행되는 시간 외에도 담당 학예팀장님을 통해서 들었던 많은 이야기들이 심사 과정에 좋은 영향을 주었다는 생각이 든다.

신민재. 공모 지침도 구체적인 치수나 필요 면적을 요구하기보다는 장소와 기계가 가진 의미를 전달하고 응모자의 관점에서 중요하다고 생각하는 바에 따라 제안하도록 유도했다는 점에서 매우 좋았다. 다만 공장에 대한 연구자료가 너무 방대해서, 이 부분들이 계획하는 입장에서 많은 도움이 되었겠지만 전체를 다 검토하는데 너무 많은 시간이 소요되고 이 내용들을 모두 감안하여 심사를 해야 한다는 것이 조금 어렵게 느껴졌다.
가능하다면 건축 계획과 공모에 해당되는 부분만 정리해서 심사 전에 숙지할 수 있도록 기획이 되면 좋겠다고 생각했다.

DOCUMENT

competition 1

영주수도사업소

1st 건축사사무소 쎄엔 + 건축사사무소 디오

3rd 에이오에이 아키텍츠 건축사사무소

interview pp.13-28

공모개요

유형	일반 설계공모
위치	경북 영주시 고현동 388-3번지 일원 (영주 가흥정수장 내)
지역지구	자연녹지지역, 수도공급설비
규모	지상 3층
연면적	2,100m² (±3% 범위 내 오차허용)
대지면적	5,135.12m²
설계비	약 3.8억 원 (378,100,000원)
공사비	약 69.3억 원 (6,930,000,000원)

공모일정

공고	2023. 03. 03
심사	2023. 04. 27

심사위원

이상대	스페이스연건축사사무소
정응식	온건축사사무소
조준배	유진도시건축연구소
최교식	오우재건축사사무소
이승환	아이디알건축사사무소

심사결과

당선	건축사사무소 쎄엔+건축사사무소 디오
2등	하우 건축사사무소
3등	에이오에이 아키텍츠 건축사사무소
4등	제이오에이 건축사사무소
5등	코드 아키텍츠+널긋 건축사사무소

architects
건축사사무소 쎄엔 + 건축사사무소 디오

prize
당선

contents
조감도, 내부투시도, 건축개요, 대지현황분석, 개념 및 설계의도, 배치계획, 평면계획, 입단면계획, 조경, 구조, 설비, 에너지 절약계획, 법규 및 공사비 내역

건축개요
Project Summary

■ 건축개요

항 목		설계내용	비고
건축개요	건물명	영주 수도사업소	
	대지위치	경상북도 영주시 고현동 388-3번지 일원	
	지역/지구	자연녹지지역, 수도공급설비 가축사육제한구역, 절도보호지구	
	도로현황	남측 8M도로 44.38M 접함	
	용 도	제1종 근린생활시설 (정수장)	
	대지면적	5,135.12㎡	
	연 면 적 (용적률 산정용)	2,150.09㎡	
	건축면적	1,022.17㎡	
	건 폐 율	19.91 %	법정 20% 이하
	용 적 률	41.87 %	법정 100% 이하
	구 조	철근콘크리트조	
	층 수	지상 3층	
	최고높이	14.8 M	
	주요외장재	친환경 점토벽돌, 쉘리콘페인트	
조경면적	영주시 건축조례 제10조(대지안의 조경)에 의거 자연녹지지역 조경설치 대상에서 제외 2,707.45㎡ 설치		
	전면 마당에 군집 식재, 중목 부분은 대지 내 사재목을 여식하여 원주로 이식. 북측 부분은 군집 식재, 중목 부분은 건축물 외측으로 이식		
주차개요	옥외 주차장 조건 (별표2) 부설주차장의 설치대상 시설물 종류 및 설치기준에 의 해 제1종 근린생활시설 : 1대/150㎡ 2,150.09㎡ / 150 = 14.33 대 (법정) 법정 : 14대, 설치 : 41대 (장애인주차 2면, 전기자동차 3면 포함)		법정 1대/150㎡
오수처리시설	제1종근린생활시설 - 공공정시설 경우의 오수발생량 : 15ℓ/㎡ 2,150.09㎡ × 15ℓ = 32,251ℓ 대지 내 오수 인입구에 연결		
주요설비개요	냉난방 : GHP + 디퓨저 적용 24인용 엘리베이터 (장애인 겸용) 스프링클러 설비 설치		
기 타			

■ 시설 면적표

층 별	구 분	용 도	세부시설	면적(㎡)	비 고
1층	관리공간		민원실	26.00	
			소회의실	32.24	
			직원사무실	168.21	
			물품창고 및 자재배치	41.56	
			고지서 출력실	21.80	
			서 고	108.80	
			검침원 사무실	74.80	
			소 계	473.41	
	공용공간		복도, 계단, 물품창고 등	308.02	
		1 층 합계		**781.43**	
2층	운영공간		모니터링실	195.42	
			상수도 계약실	97.97	
			서버실	92.53	
			회의실	27.75	
			소장실	49.92	
			숙직/샤워실	22174	
			소 계	463.59	
	관리공간				
	부대공간				
	공용공간		복도, 계단, 물품창고 등	22174	
		2 층 합계		**684.33**	
3층	관리공간		체력단련실	146.93	
	부대공간		건강관리실	99.04	
			식당	99.64	
			휴게실	51.65	
			숙직/샤워실	49.92	
			소계	397.3	
	공용공간		복도, 계단, 물품창고 등	237.11	
		3 층 합계		**684.33**	
		전용공간 합계		1,383.222	64.34%
		공용공간 합계		766.87	35.66%
		바닥면적 합계		**2,150.09**	**100 %**

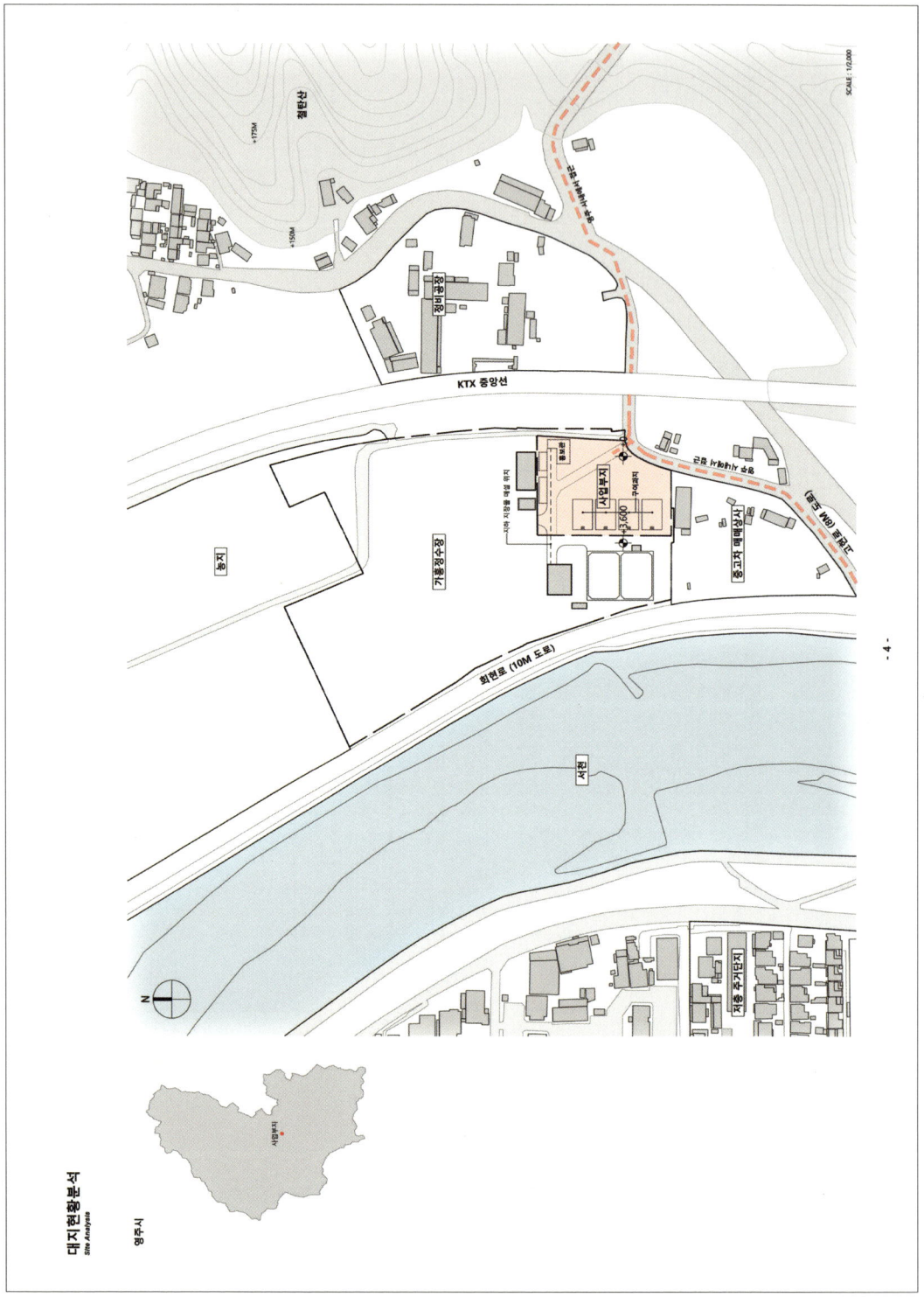

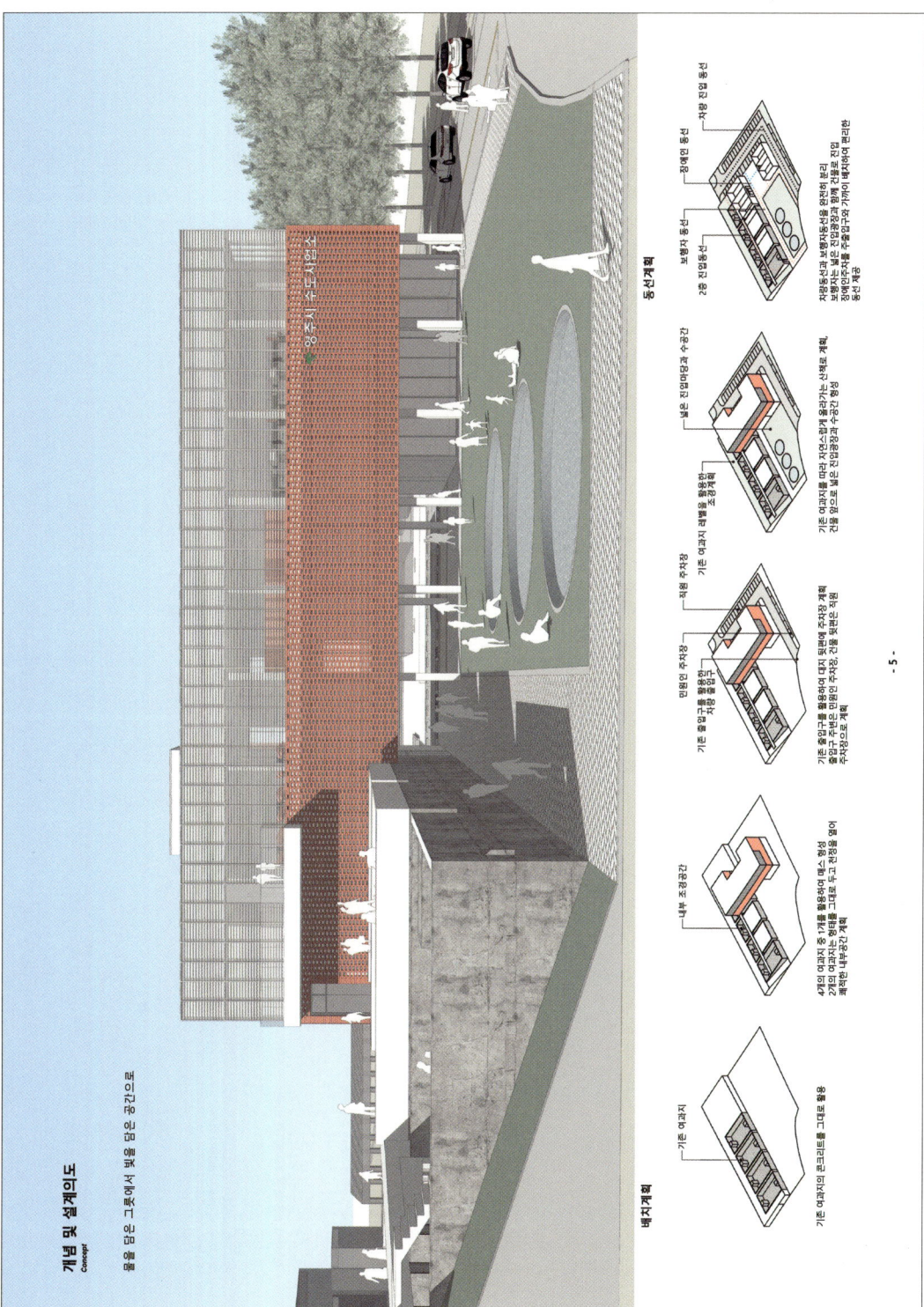

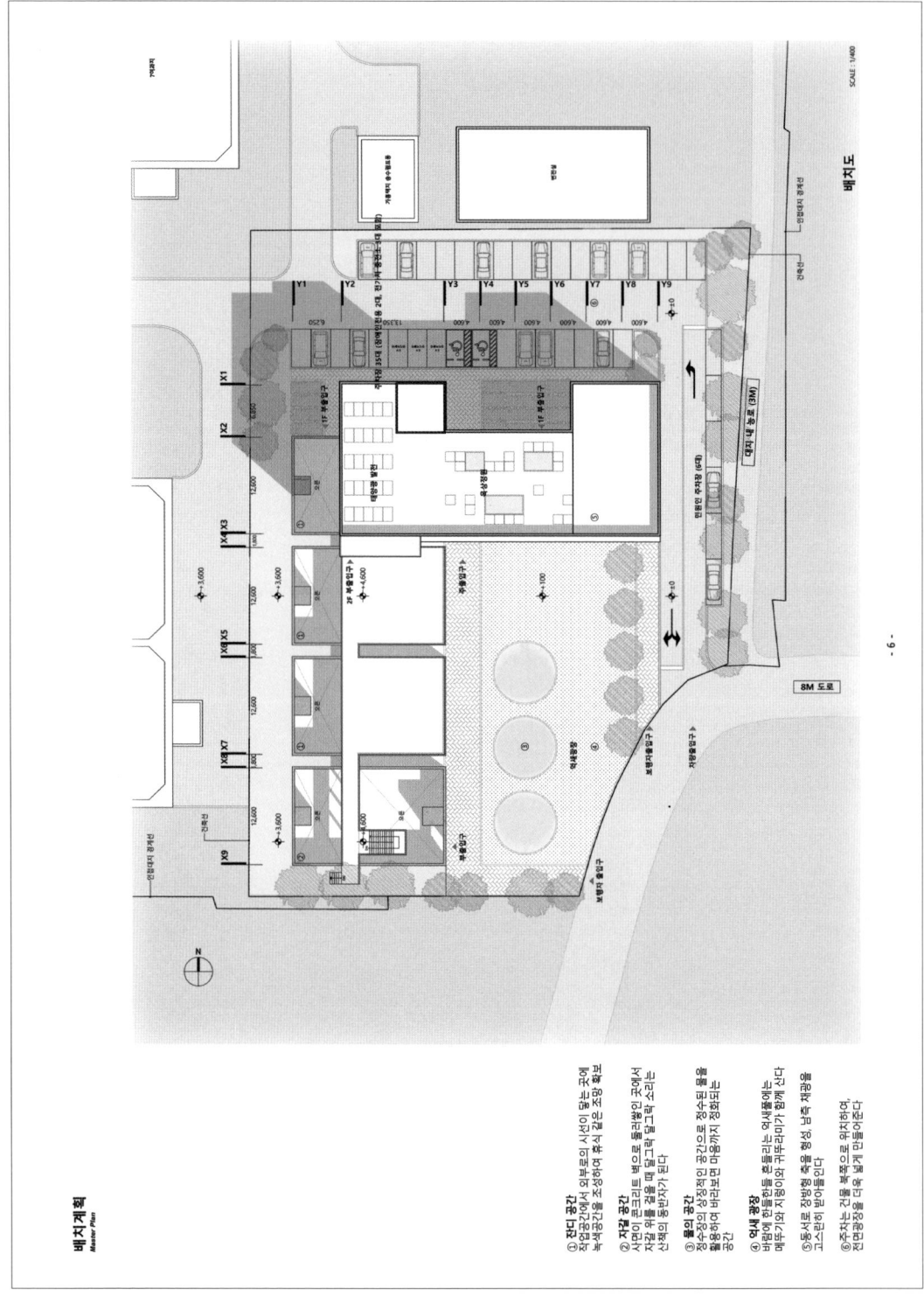

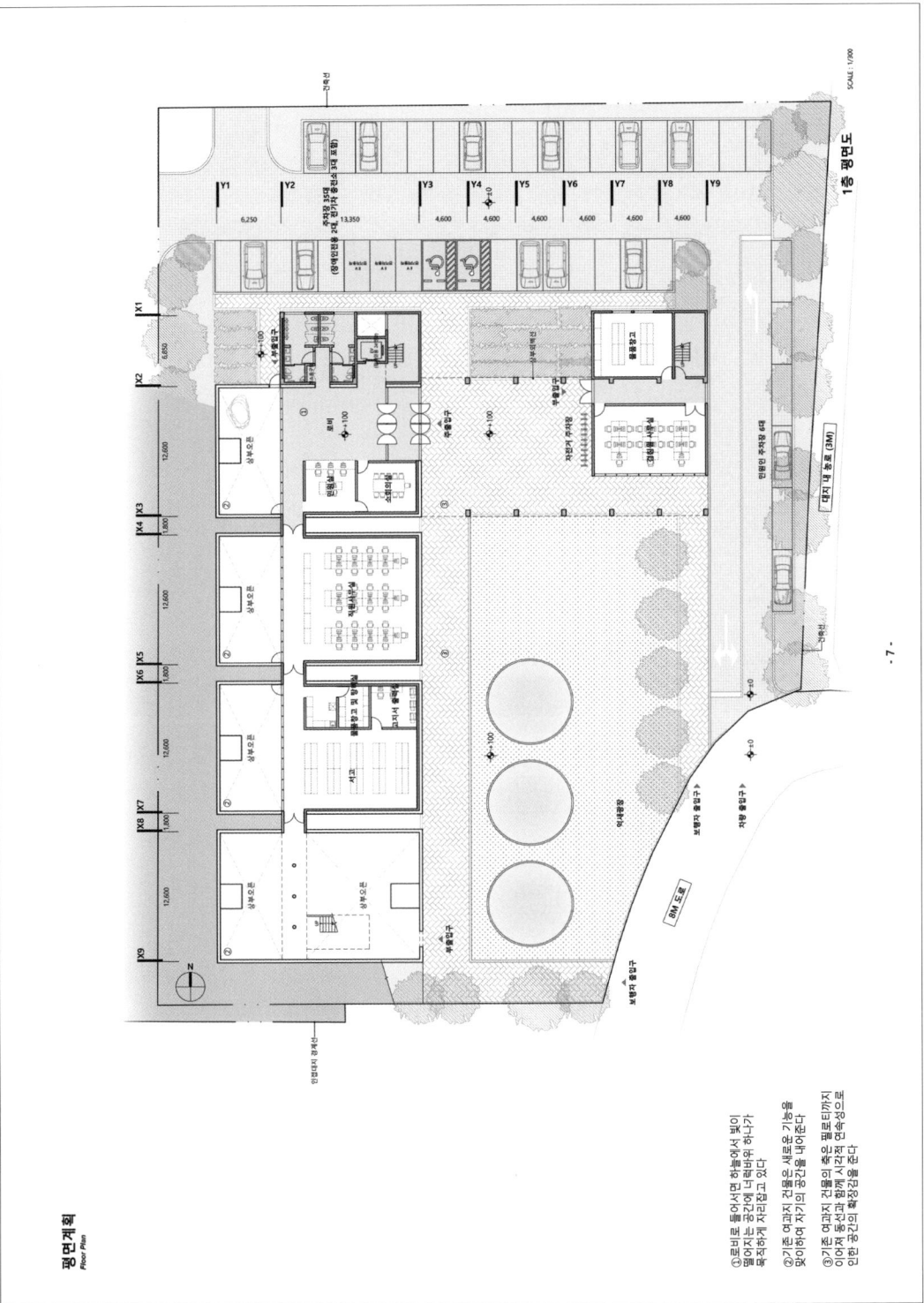

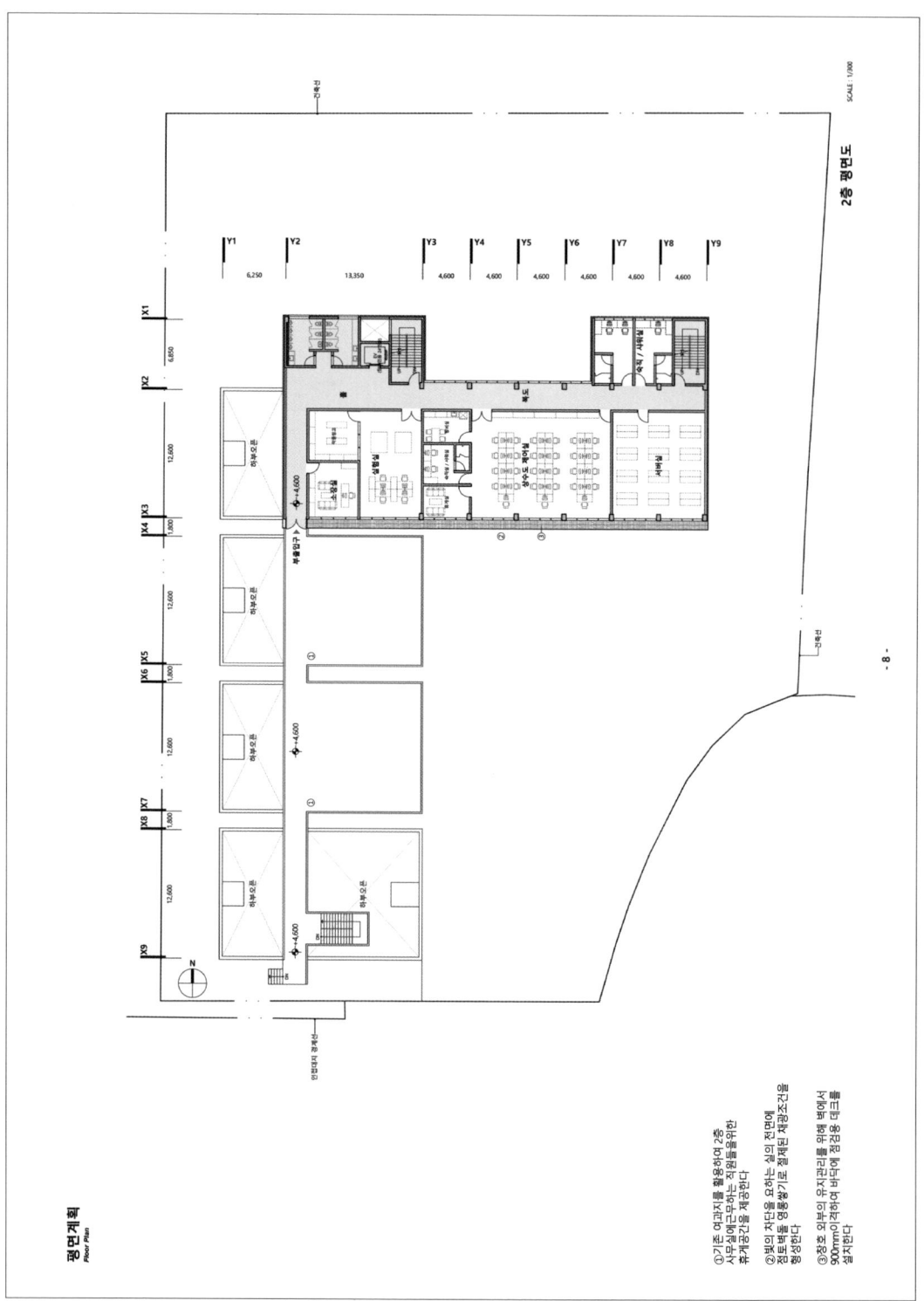

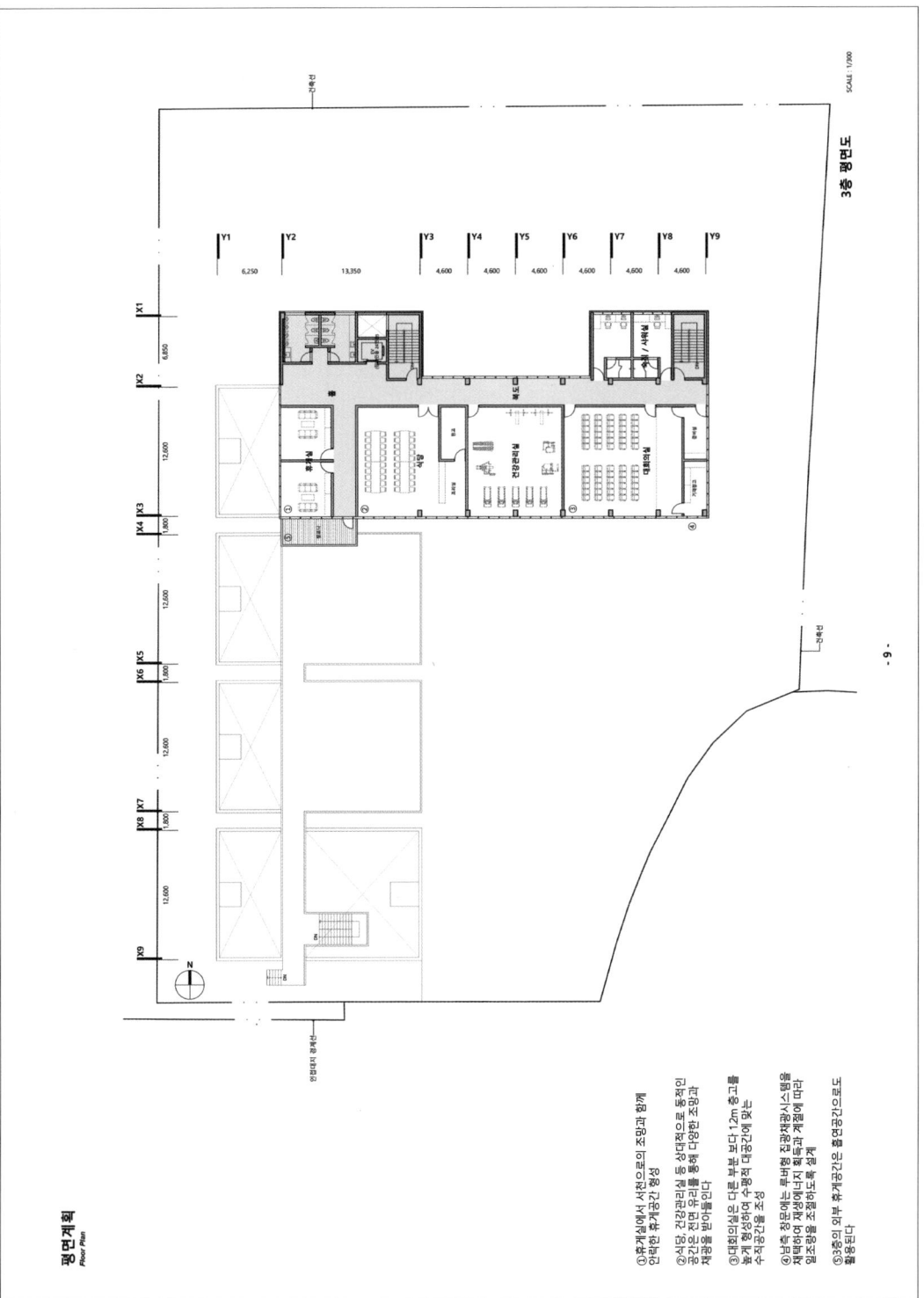

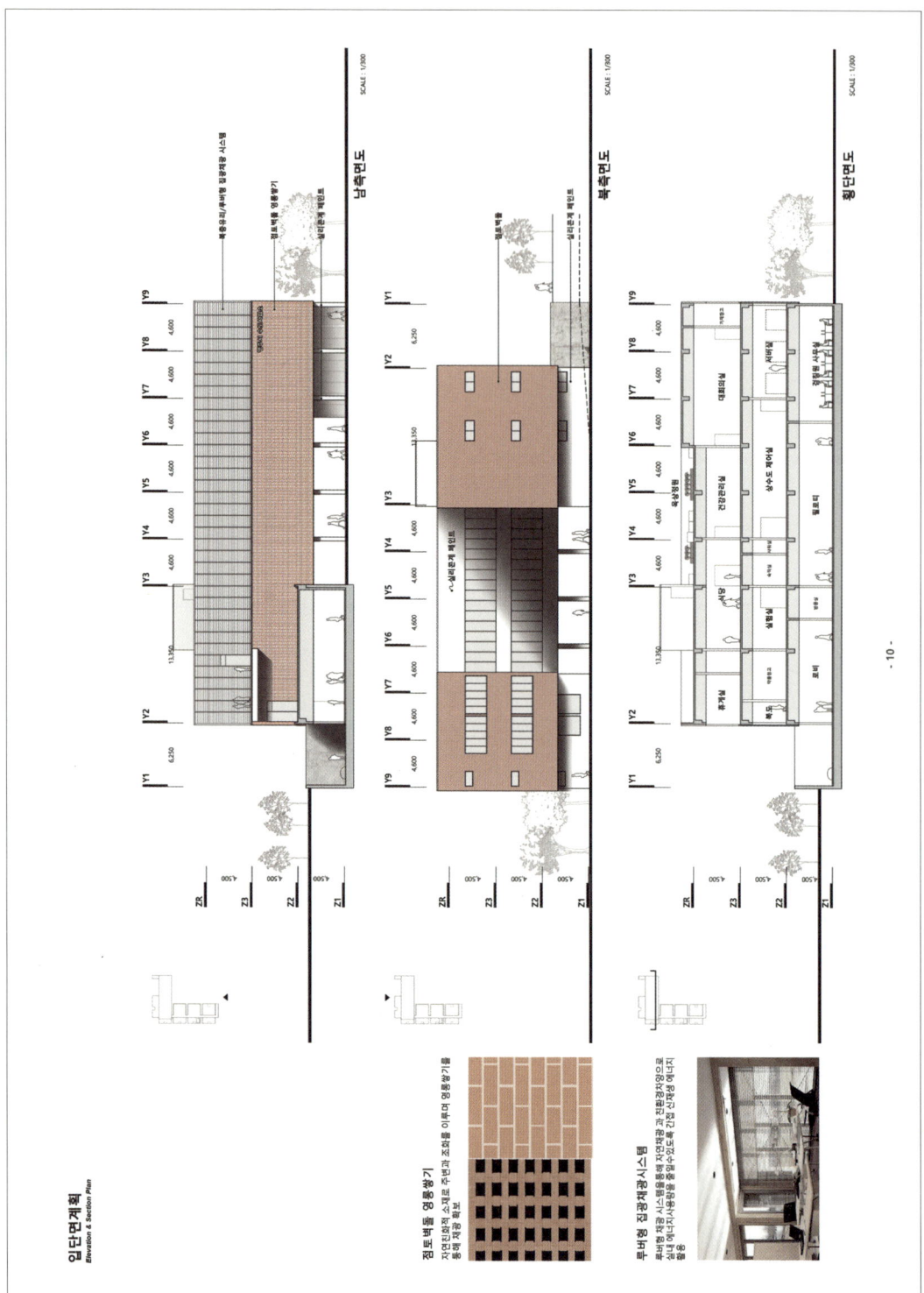

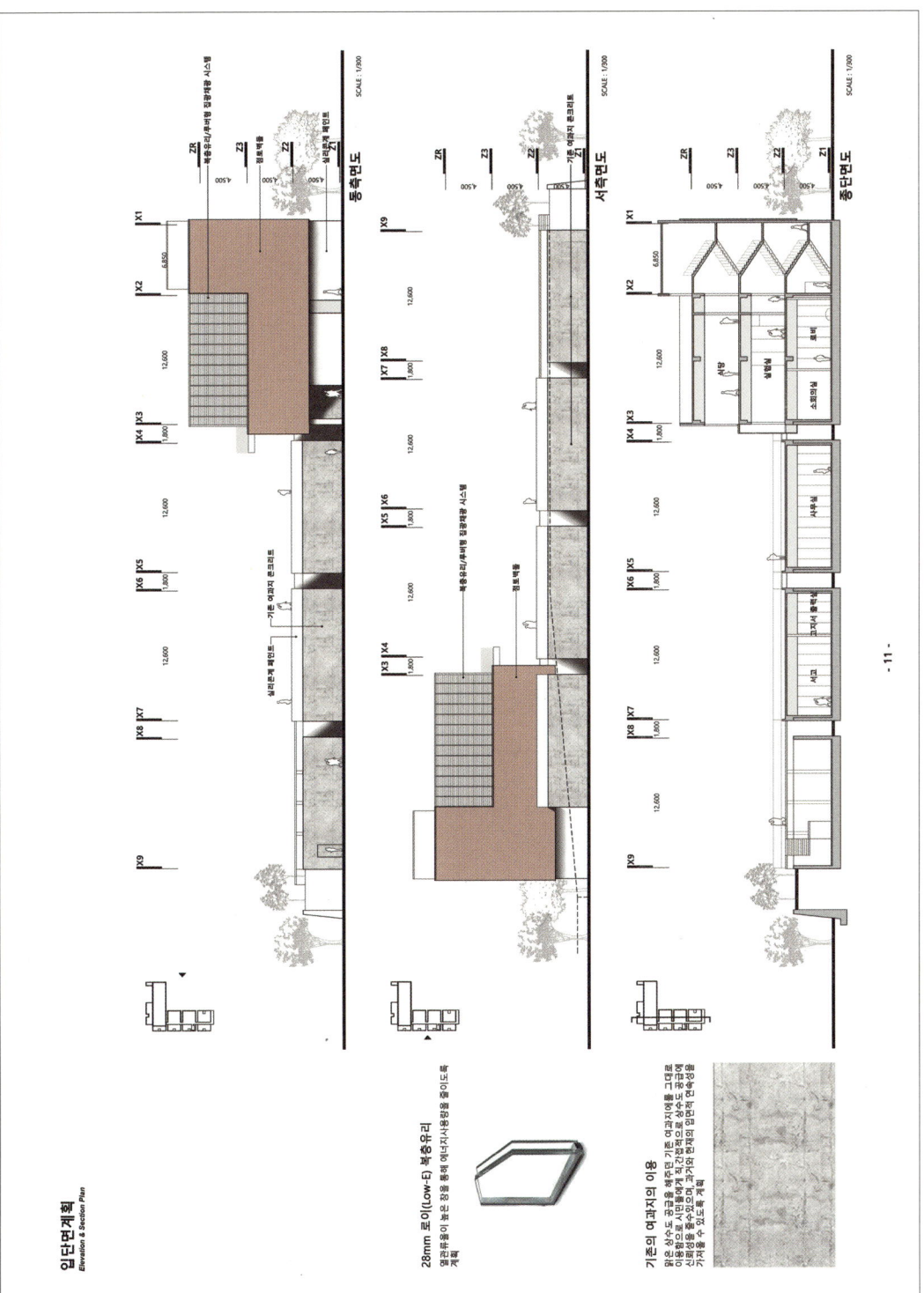

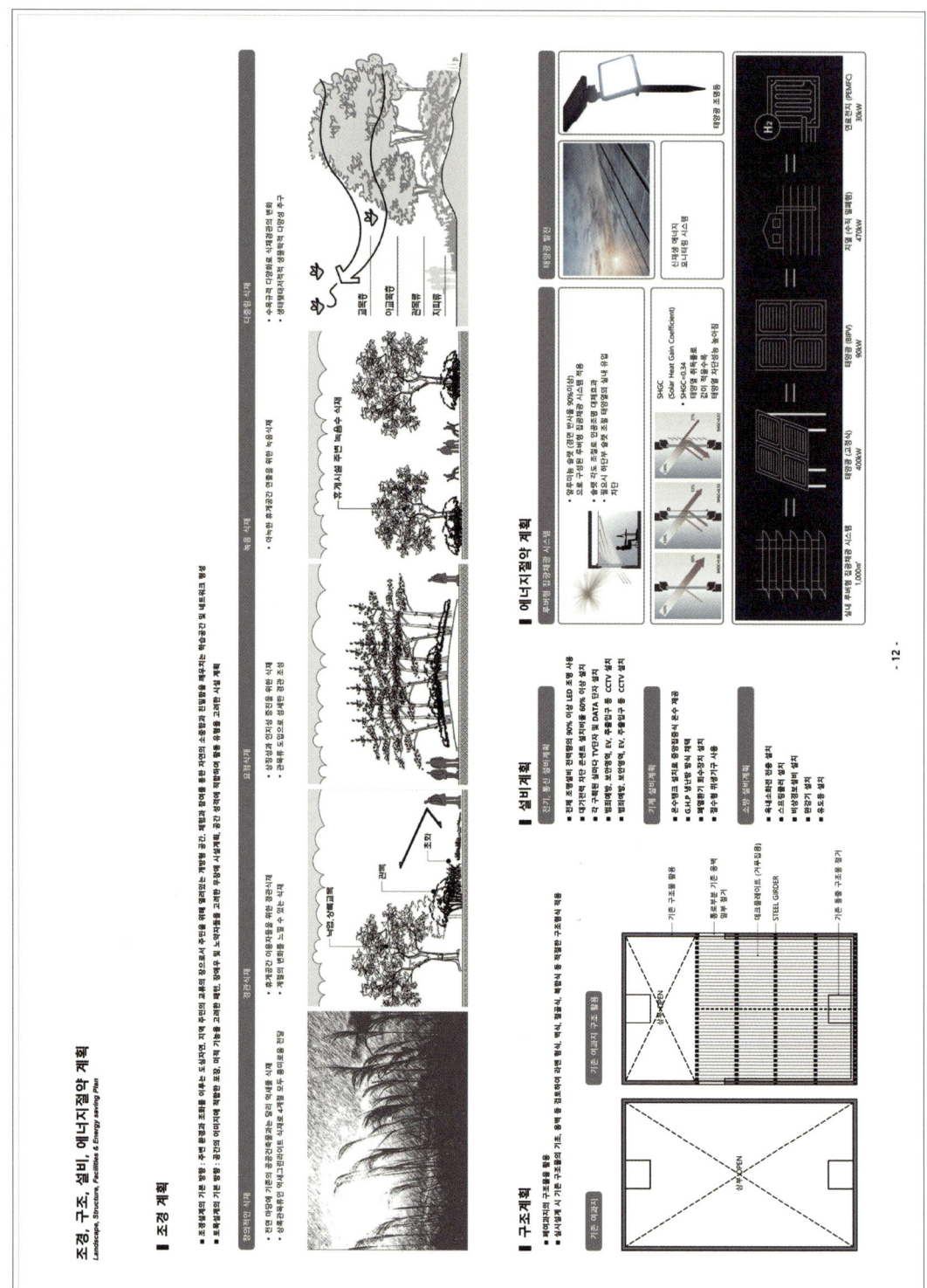

법규검토 및 공사비 내역
Regulations & Construction Costs

■ 법규 검토서

법규명 및 조항	검 토	법 적 기 준	설 계 기 준	비 고
영주시 도시계획조례(제50조)	건폐율	20% 이하	19.91 %	
영주시 도시계획조례(제50조)	용적률	100% 이하	41.87 %	
영주시 건축조례(제10조)	조경	자연녹지지역 조경설치 대상에서 제외	2,207.45㎡ 조치함	
건축법 제 44조	대지와 도로의 관계	2M 이상의 도로에 접하여야 한다	도로에 접한 대지 남쪽 측에 약 40M 접함	
건축법 제48조	구조내력		구조안전의 확인	구조안전의 확인
건축법 시행령 제46조	방화구획 등의 설치	연면적 1,000㎡를 초과하는 건축물	층별 방화구획	
건축법 시행령 제50조	계단, 복도 및 출입구의 설치	암예측 가설면적 200㎡ 이상인 건축물 관복도의 경우 1.2M이상	1.6M 이상 확보	
건축법 시행령 제60조	건축물의 내화구조	3층 이상인 건축물 지하층이 있는 건축물	내화구조로 설계	
건축법 시행령 제51조	거실방살이 설치	거실의 바닥면적 : 21m 이상	모든 거실 3.0M 이상 시공	
건축법 시행령 제51조	거실의 채광 등	채광 용도로 예정되지 않음	해당없음	
건축법 시행령 제52조	건축물의 마감재료	방화에 지장이 없는 재료 사용	방화에 지장이 없는 재료 사용	
건축법 제61조	일조 등의 확보를 위한 건축물의 높이제한	외부창 마감면적 3층 이상 또는 높이 9M 이상	해당없음	
건축법 시행령 제80조	대지안의 공지	건축선으로부터 및 일반주거지역 내에서 6M이상	해당없음	
녹색건축물 조성지원법 제10조	조경계획의 합리적 연면적 500㎡ 이상	연면적의 합계 500㎡ 이상	제출대상	
녹색건축물 조성지원법 제16조	에너지 절약계획서 제출	공공건축물 연면적 3,000㎡ 이상	연면적에서 제외	
녹색건축물 조성지원법 제17조	에너지절약설계 기준에 따른 건축물의 에너지 효율등급 1++ 신재생에너지 5등급 이상 인증	공공건축물 1++, 신재생에너지인증 5등급 이상		
신재생에너지 이용건축물 인증법 제12조	신재생 에너지	국가 및 지방자치단체 공공기관의 연면적 1,000㎡ 이상	신축건물의 의무화 비율 32%이상	

■ 법규 검토서

법규명 및 조항	검 토	법 적 기 준	설 계 기 준	비 고
영주시 주차장 설치 및 관리조례	부설주차장 설치	시설면적 150㎡ 초 과	주차 4대 설치 (전기자동차용 3대)	
영주시 주차장 설치 및 관리조례		장애인 전용 주차구 역 설치기준	법정 주차구 10대 이상인 경우 3% 이상 설치	2대 설치
건축법 제10조		장애인안내판-동의 편의시설 보장에 관한 법률 시행령	1층 근린생활시설용 출수양 설치	설치대상
건축법 제48조		2M 이상 또는 연면적 200㎡ 이상 건축물	수용능구 설치도, 복도 송풍기, 환원 등 대피로 유도	규정에 맞게 설치

■ 예정공사비 개략 내역서

구분		공종별	재료비	노무비	경비	계	구성비
	소 계		1,873,524,000	659,691,000	105,550,000	2,638,765,000	38.40
건축공사		가설공사	142,428,000	50,151,000	8,024,000	200,603,000	2.92
		골조공사	449,723,000	158,353,000	25,336,000	633,412,000	9.22
		조적, 방수공사	304,368,000	107,172,000	17,147,000	428,687,000	6.24
		창호공사	101,456,000	35,724,000	5,715,000	142,895,000	2.08
		수장공사	291,198,000	103,534,000	16,405,000	411,137,000	5.97
		마감공사	477,039,000	167,971,000	26,875,000	671,885,000	9.78
		기타 잡공사	107,309,000	37,785,000	6,045,000	151,139,000	2.20
토목공사			47,677,000	143,033,000	47,677,000	238,387,000	3.47
조경공사			99,752,000	142,147,000	7,481,000	249,380,000	3.63
기계설비공사			28,854,000	46,990,000	6,595,000	82,439,000	1.20
전기설비공사			163,231,000	556,470,000	22,258,000	741,959,000	10.80
소방공사			186,053,000	642,729,000	16,913,000	845,695,000	12.31
통신공사			30,200,000	75,501,000	2,157,000	107,858,000	1.57
합계			2,429,293,000	2,266,564,000	208,635,000	4,904,492,000	71.38
경비						1,945,508,000	28.62
총공사비액						6,850,000,000	100

architects: 에이오에이 아키텍츠 건축사사무소

prize: 3등

contents: 설계개요 및 충별면적표, 대지현황분석, 계획의 주안점, 계획 프로세스, 배치계획, 평면계획, 입단면계획, 분야별계획 / 관련법규 검토서 및 추정공사비 내역서

땅의 경간 Span of the Earth
오랜 시간 땅에 각인된 아래지의 경간(徑間)을 건축 공간으로 담아내다.
기능적 박스 Functional Box
정수장의 기능적이고 단순한 박스들로부터 기인한 유형을 통해 단지에 조화를 이루다.

목차				
01	설계개요 및 건축개념	02	건축계획	14 기타계획
목차	02	배치계획	07	03 문아별계획, 관련 법규검토서 및 추정 공사비 내역서
설계개요 및 층별면적표	02	평면계획	08-11	
대지현황분석	03	단면계획	12	
계획의 프로세스 및 주안점	04	입면계획	13	
	05-06			

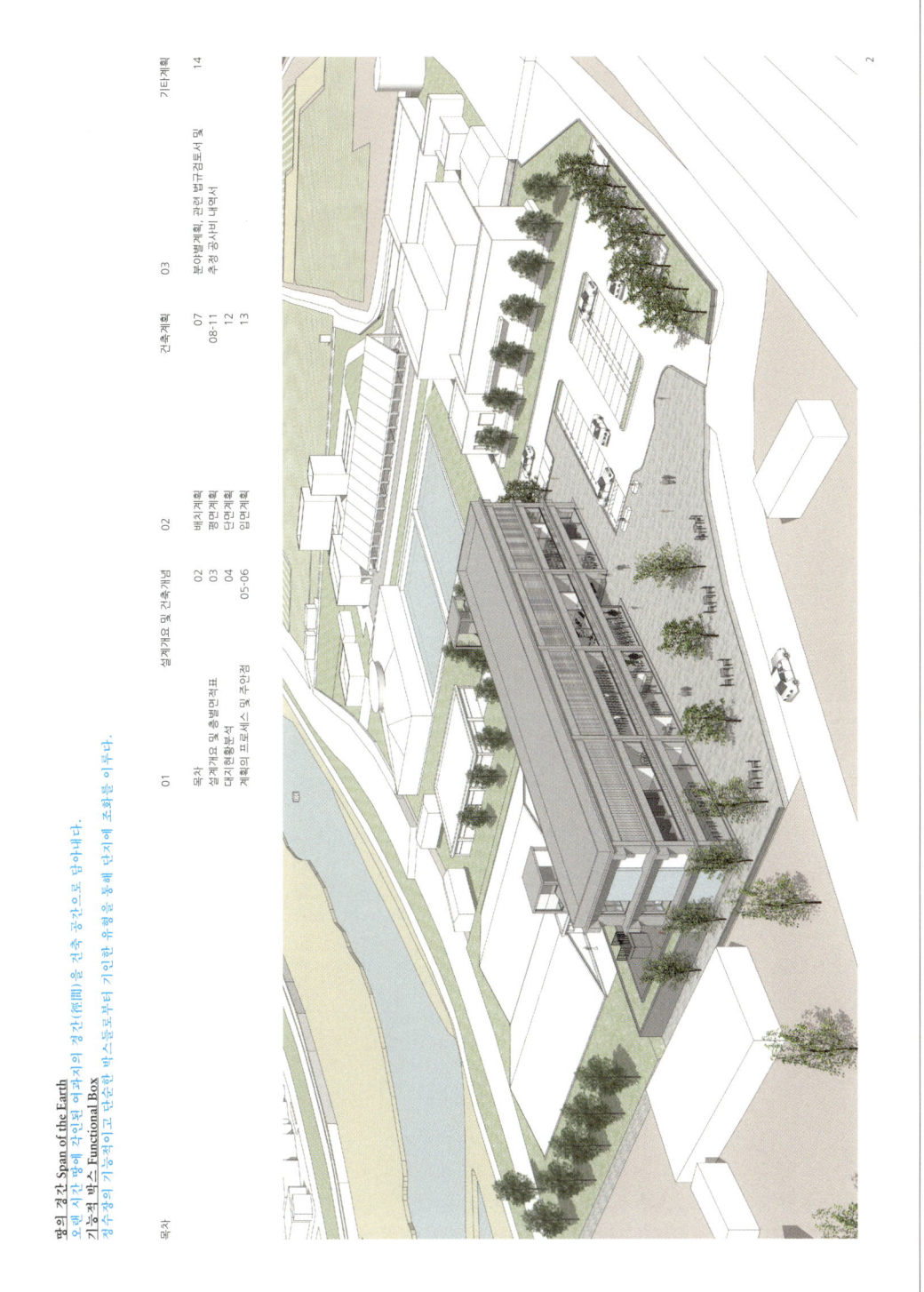

competition 1 영주 수도사업소

163

p.21

01 설계개요 및 건축개념
설계개요 및 충별면적표

설계개요

구분		설계내역	비고
건축개요	대지위치	경상북도 영주시 고현동 388-3번지 일원	
	지역지구	자연녹지지역, 수도공급설비	
	도로현황	남측 7m도로(현황도로)	건축법상 도로
	용도	공공업무시설	
	대지면적	5,135.12m² (계획부지 면적)	13,097.82m² (정수장 전체면적)
	연면적	2100.74m²	
	건축면적	743.27m²	
	건폐율	14.47%	법정: 20%이하 / 사업부지 면적 기준 산정
	용적률	40.90%	법정: 100%이하
	층수	지상3층	
	최고높이	15.80m	
	구조	철근콘크리트조	
	주차대수	계 4대(장애인전용 2대, 관용차 5대, 전기차 3대)	법정 17대 (공공업무시설 120m² 당 1대)
	설비개요	EHP/GHP 복합냉난방시스템, 태양광에너지시스템	

층별면적표

층별	용도	면적(m²)	비고
	총계	2100.74	
지상 1층	소계	669.92	
	사무실	208.84	민원실(4인 포함, 사무실 28인 근무)
	고지서출력실	25.20	
	등비실(물품창고)	31.20	
	소장실	23.40	
	검침원 사무실	76.24	16인 근무
	물품창고	37.50	
	공용면적	267.54	
지상 2층	소계	753.44	
	식당	114.00	
	건강관리실	114.00	
	대회의실	148.20	기계창고 포함
	창고	79.04	
	휴게실	19.62	남,여 구분
	공용면적	278.58	
지상 3층	소계	754.20	
	정수장 모니터링실	193.80	
	침실	79.80	
	샤워실	114.00	남,여 구분, 샤워실 포함
	숙직실	68.40	
	휴게실	19.62	남,여 구분
	공용면적	278.58	
지붕층	소계	41.66	계단실

실내외 재료마감표

구분		개요
바닥		화강석 판석, 고강도 수평몰탈 위 코팅, OA플로어, 강마루
벽		석고보드 위 친환경 수성페인트, 석고내계, SMC천장재, 콘크리트 노출 면정리
천장		석고보드 위 수성페인트, 석고내계, SMC천장재, 콘크리트 노출 면정리
바닥(외부)		화강석 판석, 투수성 콘크블록, 화산석 열림(적색)
외장재		노출콘크리트 위 스테인, 아연도 골강판, 시멘트패널 위 복층유리

기존 대지에 분재하던 4개의 폐대지까지의 신축, 창사외의 건축적 결속을 통해 대지에 내재된 가능성을 이끌어낸다

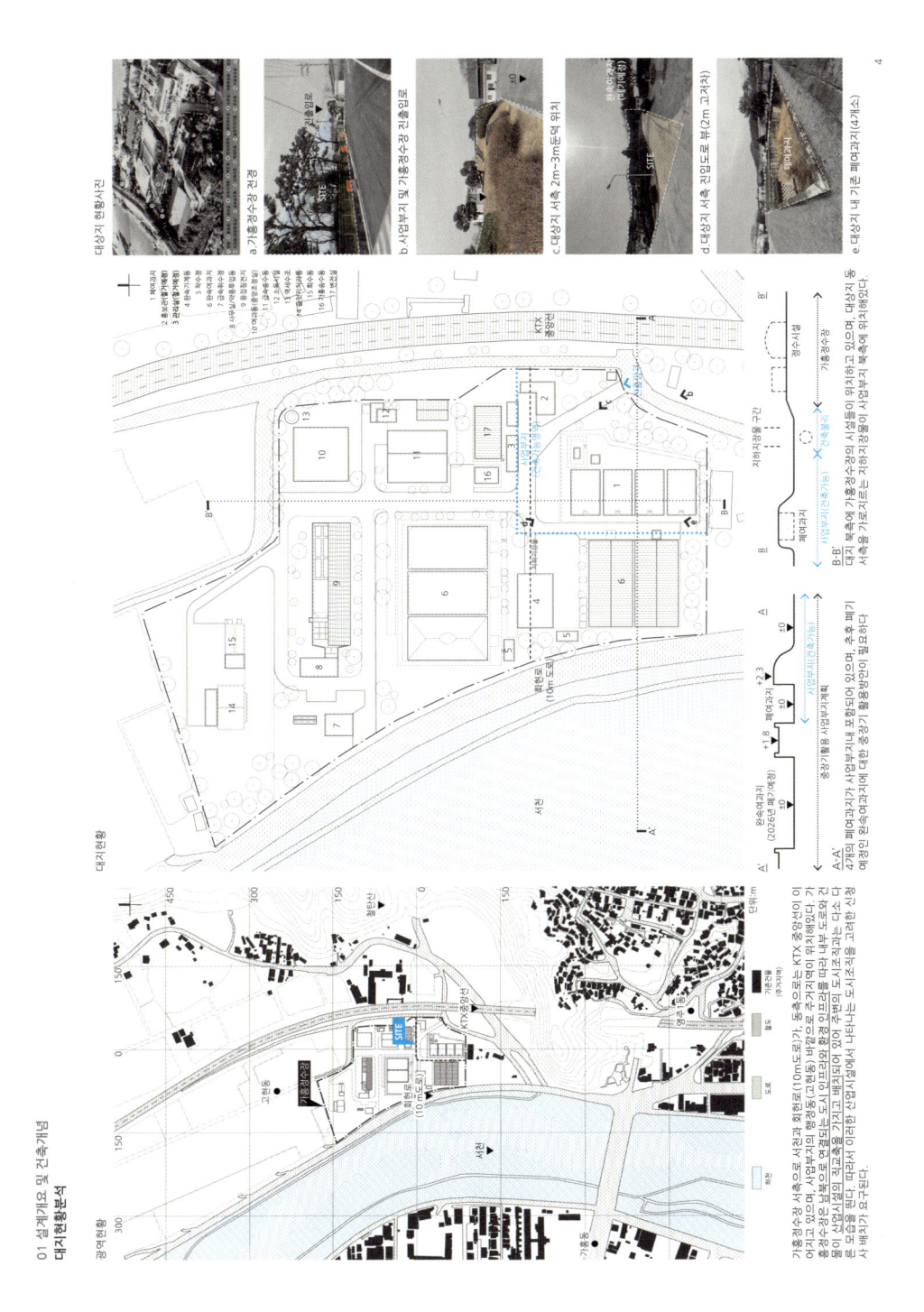

p.25

01 설계개요 및 건축개념
계획의 주안점

상실된 옛 기둥의 흔적, 대지에 내재된 건축적 기능성

a. 가츨정수장 마스터플랜의 흐름을 고려한 배치
b. 대지가 품고 있던 폐여과지의 건축적 확장 및 통합
c. 물을 담고 있던 상자, 기둥을 담은 상자

3등   에이오에이 아키텍츠 건축사사무소

01 설계개요 및 건축개념
계획프로세스

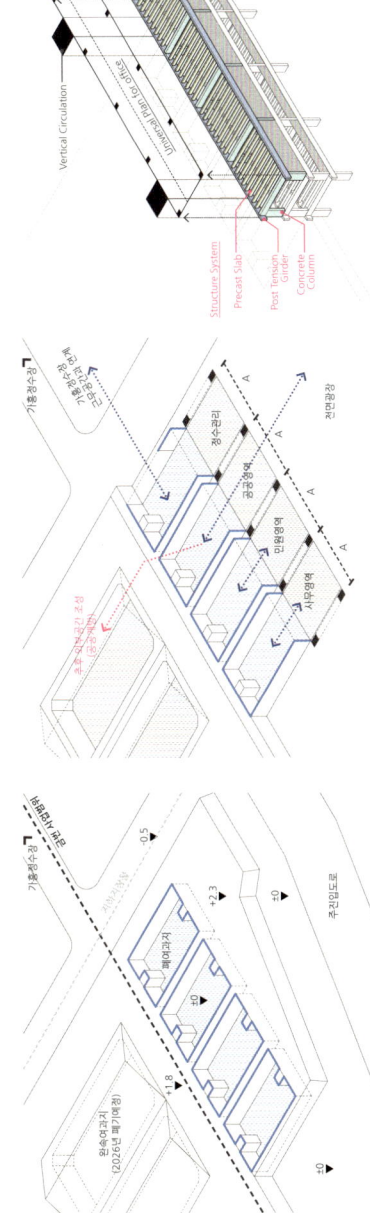

A. 기존 대지의 고저차와 남아있는 옛 흔적들

대상지의 2m 고저차는 2.3~3m 길이의 4개의 페이퍼과자가 남아있으며, 페기예정인 2개의 완속여과지 대지 서울의 추후 외부공간으로 계안이 가능하다. 페이퍼과지가 대지해의 위치하여 추후 시설에 이미 상실되었거나, 상실될 시설들(페이퍼과지와 완속여과지)는 정수장이라는 대지에 오랜시간 각인된 그루의 특징으로 이에 대한 건축적 활용방안이 필요하다.

B. 페이퍼과지의 건축적 기둥부재를 통한 내/외부공간의 연계

얇게 상치되어 페이퍼과지를 시속 방향으로 개방하고 건물이 1층으로 연계하도록 페이퍼과지의 구조-스팬을 운용하여 시설물들이 구조-스팬을 결정한다. 기본 페이퍼과지는 마주보는 상이 기둥과 주변시설을 고려하여 사무실의 운동시설, 민원실의 휴식공간 등, 시민의 공용공간(정수장 충보기), 정수장 근무자를 위한 별도의 공간이 된다.

C. 업무시설(유니버설 룸플랜)에 적합한 무주공간의 단순한 구조와 그에 따른 입면

간결한 기둥시 구조를 필요시 변경이 용이한 오피스 평면시스템을 계획한다. 건물전이 부대관리, 보안운영으로 구성되는 3개의 조닝개념은 각각 수직적으로 사무행정, 부대관리, 보안운영으로 구성되는 3개의 조닝개념은 각각 수직적으로 적층됨으로써 기둥에 따라 서로 다른 입면방식을 취하고, 그로써 기둥구조가 솔직하게 드러나는 건물의 구조를 제안한다.

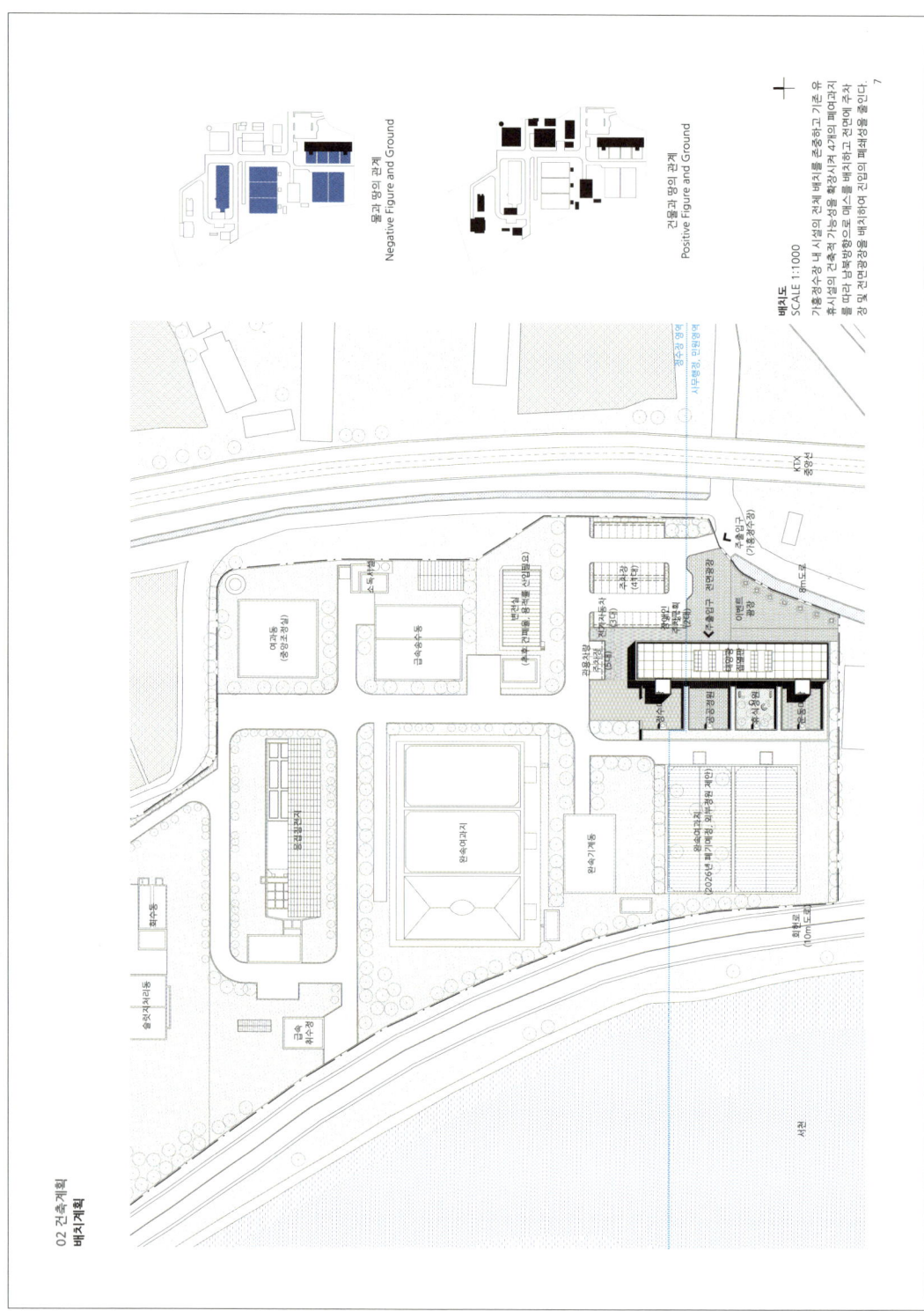

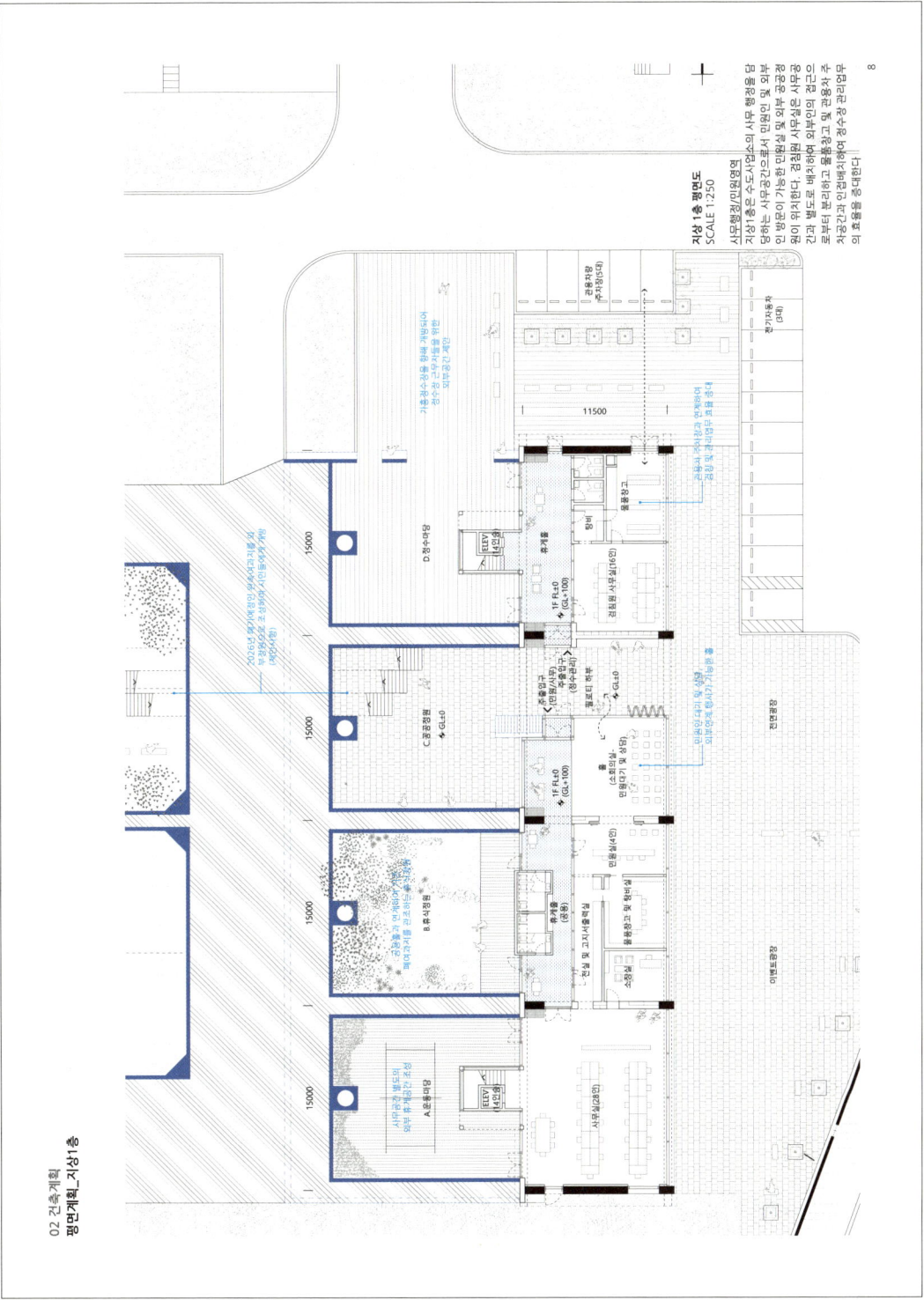

02 건축계획
평면계획_지상1층

competition 1 　영주 수도사업소

02 건축계획
평면계획_지상1층(투시도)

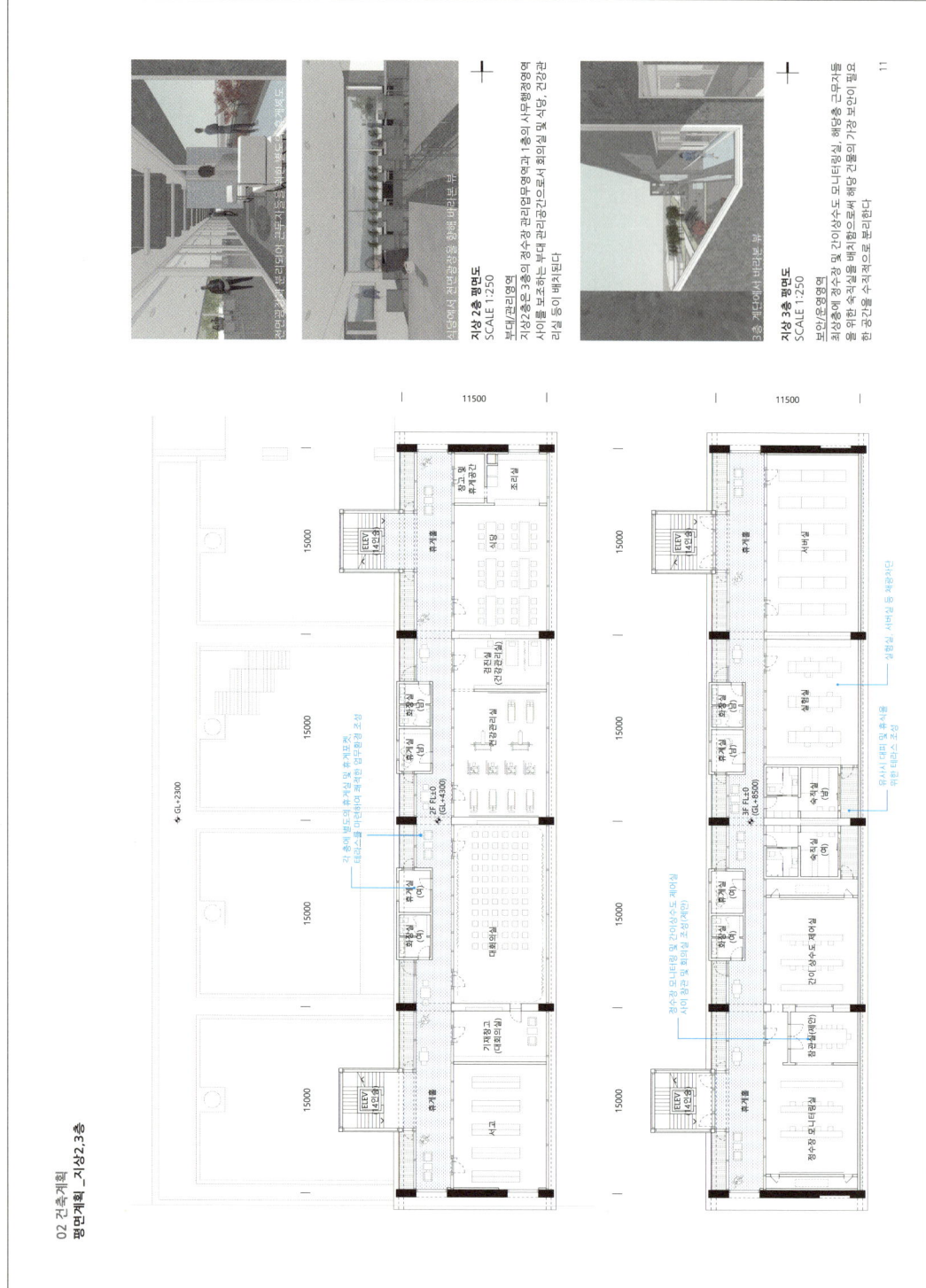

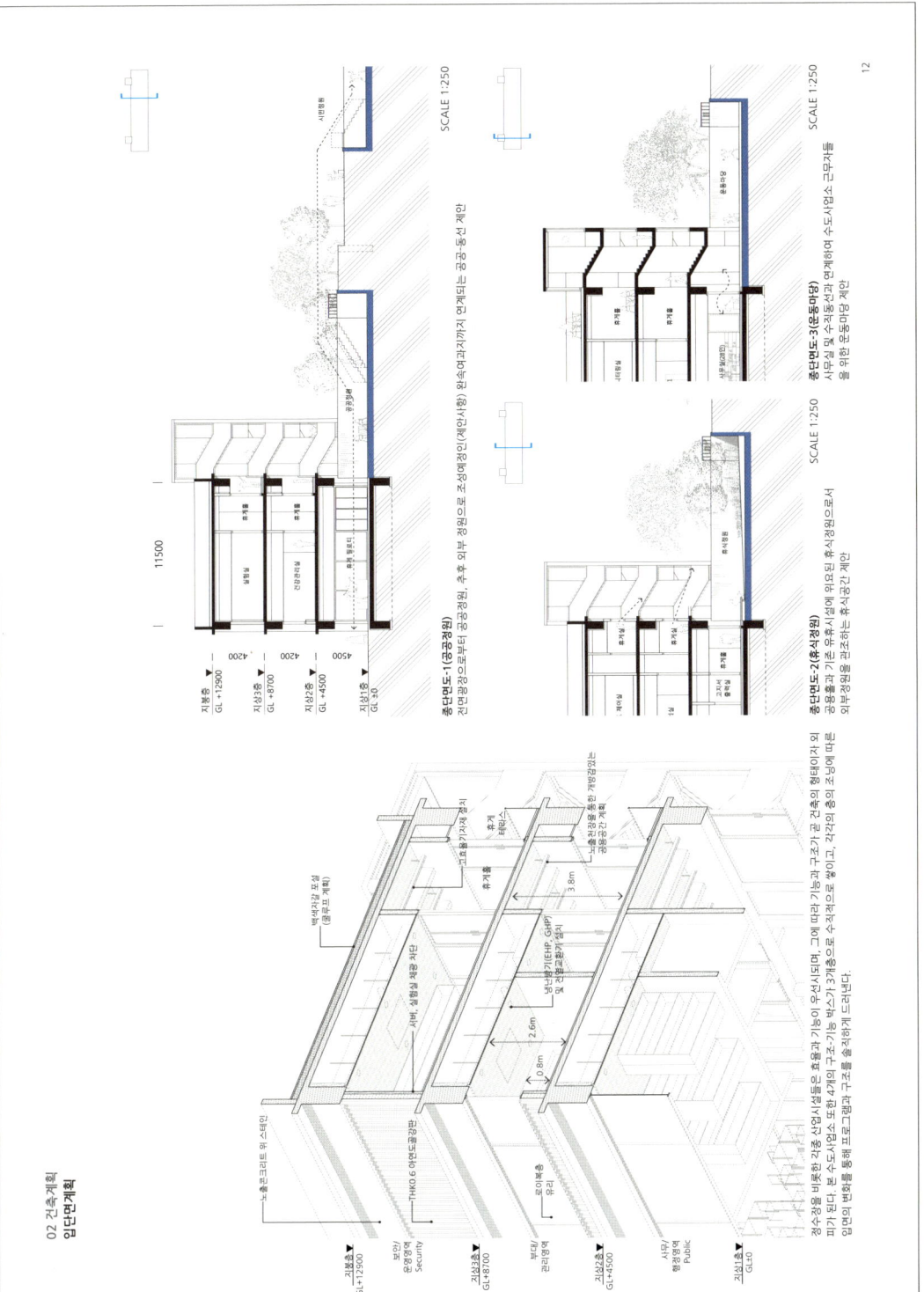

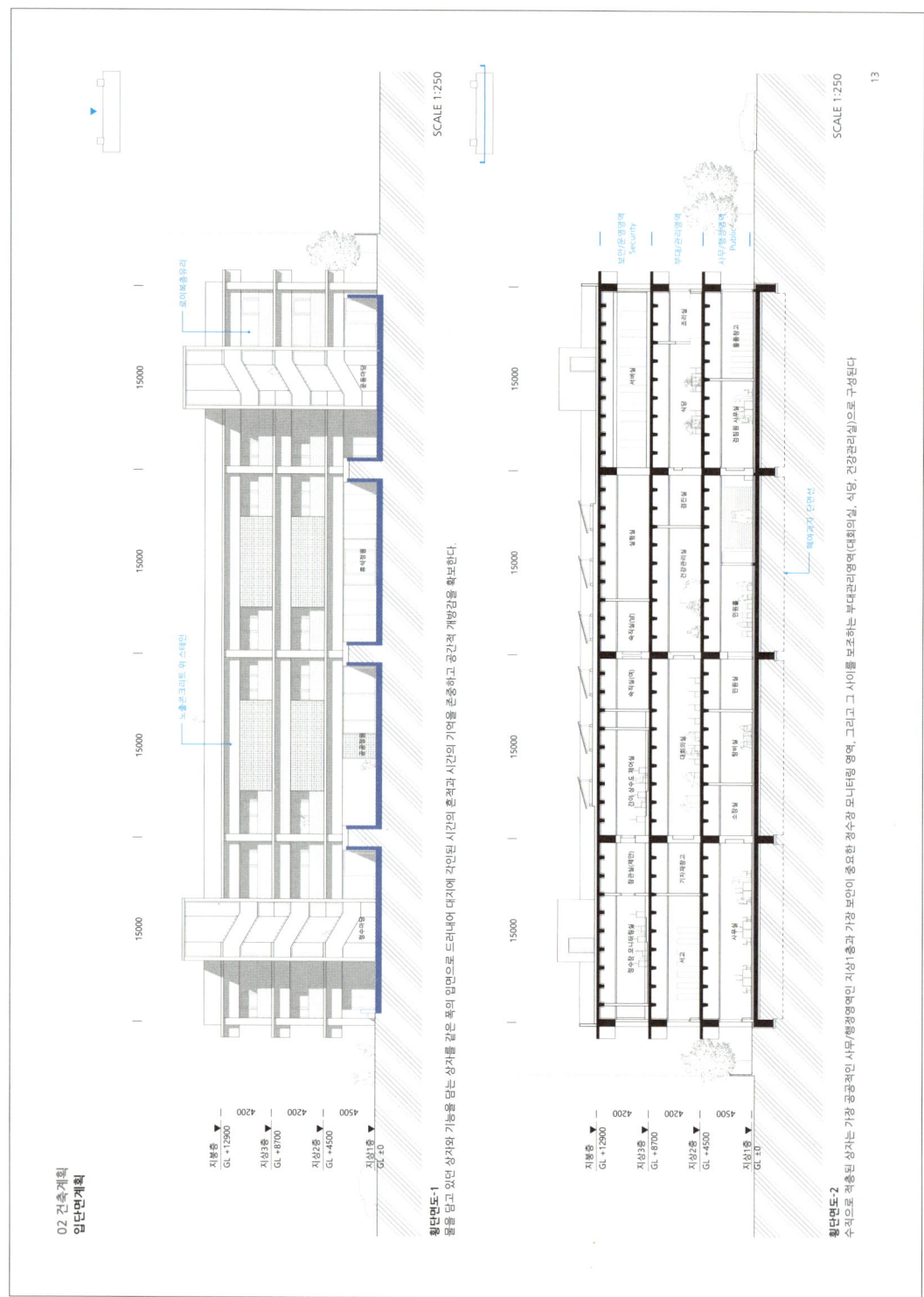

03 기타계획
분야별계획/ 관련 법규 검토서 및 추정 공사비 내역서

구조계획
구조계획의 주안점

안전성	예측가능한 모든 하중에 대한 검토	골조의 자중 및 마감하중 기타 설비하중을 고려하여 선정
시공성	시공의 단순화/표준화에 의한 고품질 시공	
기능성	지반분석에 의한 적절한 기초공법	
경제성	건축 용도에 적합한 구조	유해한 진동 소음 받지
시스템선정		수직 수평하중에 대한
구조재료 선정	구조시스템에 적정한 구조재료 선정	지진 및 변위제어

설계하중

고정 하중	골조의 자중 및 마감하중 기타 설비하중을 고려하여 선정		
활하중	제어실, 서비실	5.0KN/m²	대회의실, 식당 5.0KN/m²
	사무공간	3.5KN/m²	휴게공간 3.5KN/m²
지진 하중	지역계수(A)	0.22	반응수정계수(R) 5.0
	중요도계수(IE)	1.0	시스템계수(S) S4
풍하중	기본풍속	26m/s	노풍도 B
	중요도계수(I)	0.95	풍속할증계수(Kzt) 1.0

영주수도사업소 신축공사

콘크리트
fck = 35 MPa
(KS F 2405 재령28일 압축강도)

철 근
fy = 500 MPa (KS D 3504 SD500)

규 모
지상3층

구조형식 선정
철근콘크리트
+ 프리캐스트 콘크리트

사용재료 선정

구 분	철근콘크리트	프리캐스트 콘크리트(RC)	철골조
형 상			
특 징	건축 및 변형 적합 유리, 재료비 감소	장스팬에 유리, 철근배근 용이, 가설 설치감소 및 시공성 향상	대공간 및 층고높이 경우 유리 공기단축 및 품질관리 용이
선 정		○	

골조 배치계획

구 분	BEAM & GIRDER 형식	GIRDER 구조형식	POST TENSION BEAM 형식
형 상			
특 징	모든 방면 및 단면에 사용대응 슬래브 두께 감소	슬래브 두께 증가 개구부 오픈에 유리	대공간 및 층고높이 경우 유리 공기단축 및 품질관리 용이
선 정		○	

관련 법규 검토서

법규명 및 조항	대상	법적기준	설계기준	비고
국토의 계획 및 이용에 관한 법률에 따른 지역, 지구 등	지역/지구	자연녹지지역, 수도공급설비	자연녹지지역, 수도공급설비	-
영주시 도시계획조례 제33조 용도지역안에서의 건폐율	자연녹지지역	20% 이하		적법함
영주시 도시계획조례 제58조 용도지역안에서의 용적률	자연녹지지역	100% 이하	-	적법함
건축법 시행령 별표1 용도별 건축물의 종류	건축물의 용도	공공업무시설 (국가 또는 지방자치단체의 청사와 외국공관의 건축물로서 제1종 근린생활시설에 해당하지 아니하는 것)		
영주시 건축조례 별표2 대지 안의 공지	그 밖의 건축물	인접대지경계선으로부터 0.5m 이상 이격		적법함
영주시 주차장 조례 별표2 용도별 부설주차장 설치기준	공공업무시설	120제곱미터당 1대(주차장 시설면적 제외)	1. 41대 구획 2. 장애인주차구획 2면 설치 3. 전기차 3대 설치	적법함
건축법 영 제34조, 제35조 피난계단/피난계단의 설치		장애인전용주차장 부설주차장 주차대수의 3%센트 이상		
		직통계단 2개소 설치 피난계단 미해당 (5층 이상, 지하2층 이상의 직통계단일 경우)	직통계단 2개소	적법함

추정 공사비 내역서

구 분		공종명	직접공사비	m²당 금액	구성비(%)
		소계	3,087,000	1,470	45%
건축공사		가설/철거공사	126,000	60	1.8%
		골조공사	1,428,000	680	20.6%
		조적/방수공사	231,000	110	3.3%
		창호공사	420,000	200	6.1%
		수장공사	378,000	180	5.5%
		마감공사	252,000	120	3.6%
		기타잡공사	252,000	120	3.6%
	토목공사(부대토목)		420,000	200	6.1%
	조경공사		42,000	20	0.6%
	기계공사(소방포함)		462,000	220	6.7%
	전기, 통신공사(소방포함)		651,000	310	9.4%
	신재생에너지설비공사		168,000	80	2.4%
	폐기물처리비		63,000	30	0.9%
	기타(기반시설 등)		67,200	32	1.0%
	합계		4,960,200	2,362	71.6%
	제경비		1,339,254	638	19.3%
	부가가치세(10%)		629,945	300	9.1%
	총공사금액		6,929,399	3,300	100%

competition 2

국립진주박물관 이전

1st 범건축 종합건축사사무소 + 에스티엘 아키텍츠 + 가우 건축사사무소

4th 제공 건축 + 오브라 아키텍츠

interview pp.29–52

공모개요

유형	일반, 국제 설계공모
위치	경남 진주시 강남동 245-224번지 일원
지구지정	지구단위계획구역
연면적	14,990m² (±5%m² 범위 내 조정 가능)
대지면적	20,000m²
설계비	약 30.7억 원 (3,069,000,000원)
공사비	약 506.2억 원 (50,615,000,000원)

일정

공고	2023. 04. 10
심사	2023. 07. 18

심사위원

권병용	NBBJ 한국지사장
김동규	경상대학교 건축학과
김동진	중앙대학교 건축학전공
김정임	서로 아키텍츠
김진욱	서울과학기술대학교 건축학부
이민아	건축사사무소 협동원
이경훈	조호 건축사사무소
이준식	명지대학교 건축학부

심사결과

당선	범건축 종합건축사사무소+에스티엘 아키텍츠+가우 건축사사무소
2등	디엠피 건축사사무소+신한 종합건축
3등	건축사사무소 적재
4등	제공 건축+오브라 아키텍츠
5등	요앞 건축사사무소

architects
범건축 종합건축사사무소 + 에스티엘 아키텍츠 + 가우 건축사사무소

prize
당선

contents
개요, 설계개념, 공간계획, 평면도, 단면도 및 입면도, 건물기능성 및 지속가능한계획

PROJECT CONCEPT

INSIDE OUT & OUTSIDE IN . NEW JINJU NATIONAL MUSEUM

Jinju's traditional architectural legacy is full of buildings designed to blend in with the natural surroundings creating a sense of harmony between the built environment and nature. Our proposal for the New Jinju National Museum embraces this legacy and proposes a project that establishes an interweaved relationship between The Museum and The Site in order to create a fluid, friendly and integrated experience for all visitors. In effect, we are turning the project "Inside Out & Outside In". In our proposal, *nature becomes the building and the building becomes nature.*

The program offerings flow freely from site to building and viceversa while the museum's interior, using wood as its main materiality, delivers a warm, inviting and sustainable space. Both environments, indoors and outdoors, are connected through two continuous galleries that function both, as a threshold and a filter. These gallery spaces serve multiple purposes acting as (a) circulation arteries, (b) natural light filtering devices and (c) passive climate control systems.

The symbiotic relationship created between indoor and outdoor program spaces, will be additionally sustained by the following design propositions:

(a) A museum **designed as a communication and interaction tool for the citizens** of Jinju and visitors alike. By bringing people together around different program offerings both indoors and outdoors.

(b) A museum **designed to be representative of the architecture of Jinju,** utilizing traditional materials in new ways and reflecting the city's rich cultural heritage and its unique blend of historical and cultural influences.

(c) A museum **designed to blend the indoors and the outdoors** filtering natural light through the museum spaces without compromising the displays and exhibition areas.

(d) A museum **designed to be highly efficient and intuitive for the user.** Through a clear, concise program allocation the plan flows from the Welcome Center.

Overall, our proposal attempts to actively assist visitors in reconsidering their relationship to nature, to the built environment and to each other by generating a meaningful and engaging museum Inside Out & Outside In experience.

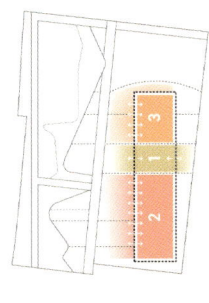

Inside Out & Outside In

SITE & GLOBAL PRINCIPLES

The site strategy for the New Jinju National Museum is organized around four core operations *[figure 01]*:

(a) The Museum's Orientation. Tilting the building's footprint (α) allows the building to establish a decisive presence within the site gaining a degree of formal independence from its boundaries, while creating an ample entry plaza and generating a vibrant relationship with all site amenities.

(b) Restoring the platform. The restored old train platform becomes the main circulation north-south artery for the complex stitching together site amenities and museum program activities.

(c) Program Band Activation. A series of programmatic bands activate the site trough different program offerings such as the outside exhibition, the auditorium or the pond.

(d) A defined green barrier. A bamboo forest establishes a defined green perimeter which provides a visual and acoustic barrier from the vehicular parking and delivery access areas. Additionally, the bamboo forest creates a subtle delineation of the newly created activity areas within the site.

These operations work together with the building's design strategies to create a comprehensive whole. The building is anchored in the following core strategic moves:

(1) The creation of two north south strategic bands (A+B) *[figure 02]* connect the site (B) with the museum's program offerings (A) *[figure 04]*. These bands act as circulation arteries, filter and tame the natural light into the museum and provides the possibility for passive climate control opportunities.

(2) Efficient and intuitive program organization. The program of the building is easy conceived and organized around the Welcome Center with the main exhibition areas in the north and the educational spaces / children's museum to the south.

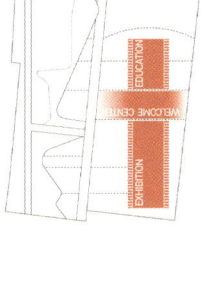

01 | Site Strategies

The site strategy for the New Jinju National Museum is organized around four core operations: (a) The Museum's Orientation, (b) Restoring the platform, (c) Program Band Activation, (d) A defined green barrier.

02 | Buffer Program Sidelines

The creation of two north-south strategic bands (A+B) connect the site (B) with the museum's program offerings (A). These bands act as circulation arteries, filter and tame the natural light into the museum and provides the possibility for passive climate control opportunities.

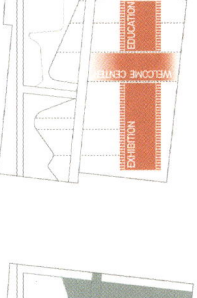

03 | Clear Program Organization

The program of the building is easy conceived and organized around the Welcome Center with the main exhibition areas in the north and the educational spaces to the south.

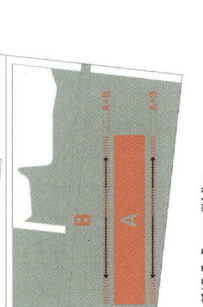

04 | Interior-Exterior Correlation

With most spaces in ground level, the program of the building is designed to be Accessible, Friendly and Cognitively Welcoming so that both building and site relate between themselves in shared activities.

02. SITE OVERVIEW

MASTERPLAN STRATEGIES

The **New Jinju National Museum** is a critical component of the overall Masterplan strategy aimed at connecting the **Railroad Culture Park** at the south end of the site with the **Science Museum** located at the north end of the complex. The existing platform and its continuation will establish the main pedestrian circulation artery connecting all the Master Plan program offerings.

DESIGN OVERVIEW

Area size	20000 m²
Construction size	6735 m²
Total Floor Area	15185.2 m²
Underground Area	4137.5 m²
Ground Area	11047.7 m²
Building-Land Ratio	33.67 %
Floor Area-Site Ratio	55.23 %
Use	Cultural and Meeting Facilities (Museum)
Floor Number	3 + Basement
Building height	20.75 m
Parking Vehicles	legal: 127 units / planned: 131 units

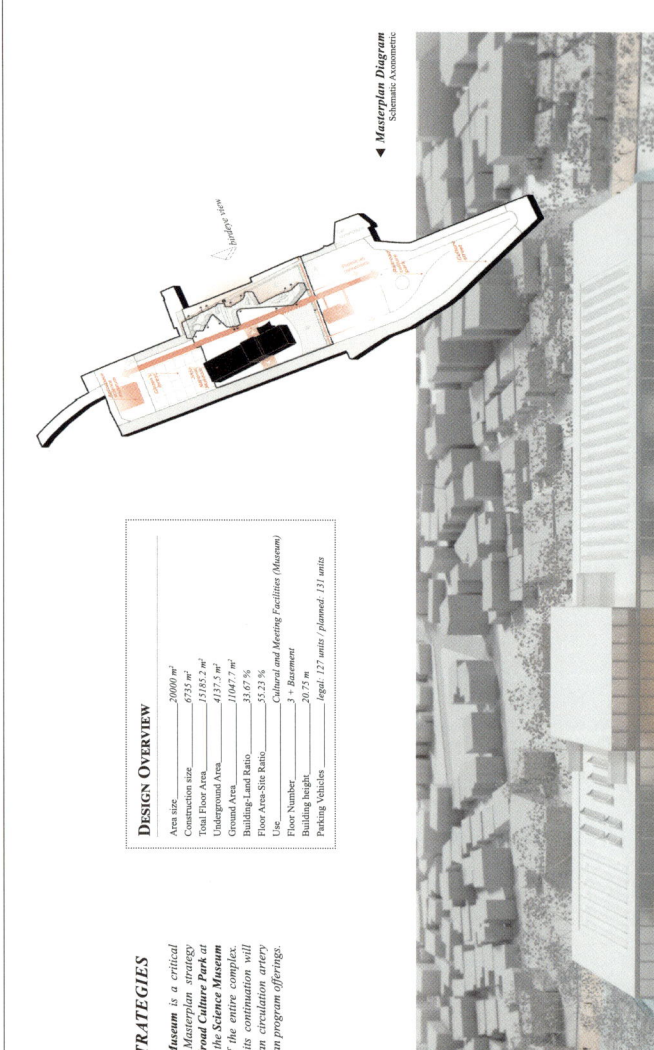

▲ *Masterplan Diagram*
Schematic Axonometric

Birdeye view
Model | View of the contextual relations between the Museum, the Citizen's Forest and the surroundings.

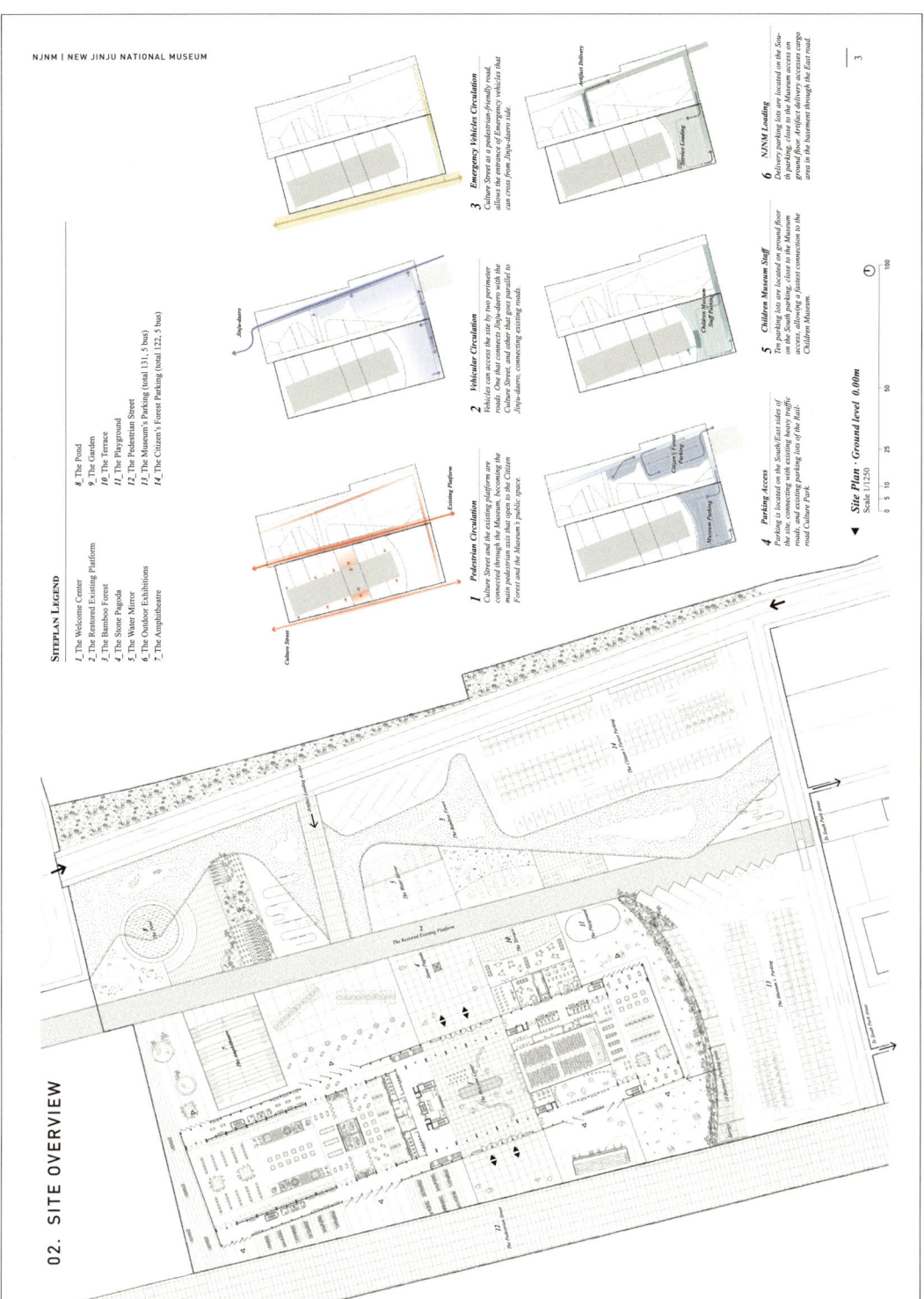

NJNM | NEW JINJU NATIONAL MUSEUM

2 Water mirror and pagoda
The Center Strip that crosses through the Welcome center guides you towards the Pagoda and ends with a water mirror, a water playground for summer heat.

4 Playground and terrace
Children have their own playground area connected to the Children Museum and close to the café terrace so they can be supervised by their families in a secure environment.

1 Pond and gardens
The bamboo forest creates a natural barrier that separates the vehicles' road and main parking from the Citizen's Forest Plaza.

3 Auditorium and movable exhibitors
The content of the museum is displayed outwards into the public plaza. The auditorium connects visually with the storage and studio spaces.

▲ *Outdoor Spaces Proposal*
Axonometric Diagram | View of outside activities and the relationship between the exterior and interior program.

02. SITE OVERVIEW

The Jinju National Museum provides visitors with a variety of outdoor experiences that complement the interior programs. Adjacent to the Children's Museum Café Terrace, an **Outdoor Playground (4)** provides an opportunity for leisure to children under the supervision of parents and caregivers. The activity around the main entry is anchored by the **pagoda** and a shallow **water fountain (2)** that is accessible to children and adults alike. As patrons continue walking north past the entrance, they will engage with a variety of **outdoor exhibits and an outdoor seating space** from which to observe the curatorial activities of the museum (3). Further North, the **Citizen's Forest Plaza** and the **Pond and Gardens** offer intimate areas to engage with nature away from vehicles (1).

182   당선   범건축 종합건축사사무소+에스티엘 아키텍츠+가우 건축사사무소

02. SITE OVERVIEW

Exterior Perspective
Rendering : Perspective looking across the Citizen's Forest Plaza towards the Welcome Center

NJNM | NEW JINJU NATIONAL

03. ORGANIZATIONAL STRATEGY

The project is articulated using into three programmatic bands that establish different relationships between public and private use. **The Welcome Center**, a large open space separating the Exhibition Areas from the Childrens Museum, is a dynamic and public space that is visually connected with the entry plaza and the reflecting fountain area. The Office and Research areas have been located above the Welcome Center, one of the most private areas of the building. North of the Welcome Center, with two floors above grade and one below grade the **Permanent Exhibition Space** houses all required exhibition areas. Two double-story galleries east and west of the building filter the natural light, protect the interior from the sun's UV radiation, promoting a neutral illumination level that is appropriate for the enjoyment of historic objects and pieces of art. **The Childrens Museum**, with its associated education and multipurpose spaces, have been located south of the Welcome Center. All three programmatic bands are supported and complemented with exterior programs that extend the functionality of the building into the surrounding areas should the organizer choose to do so.

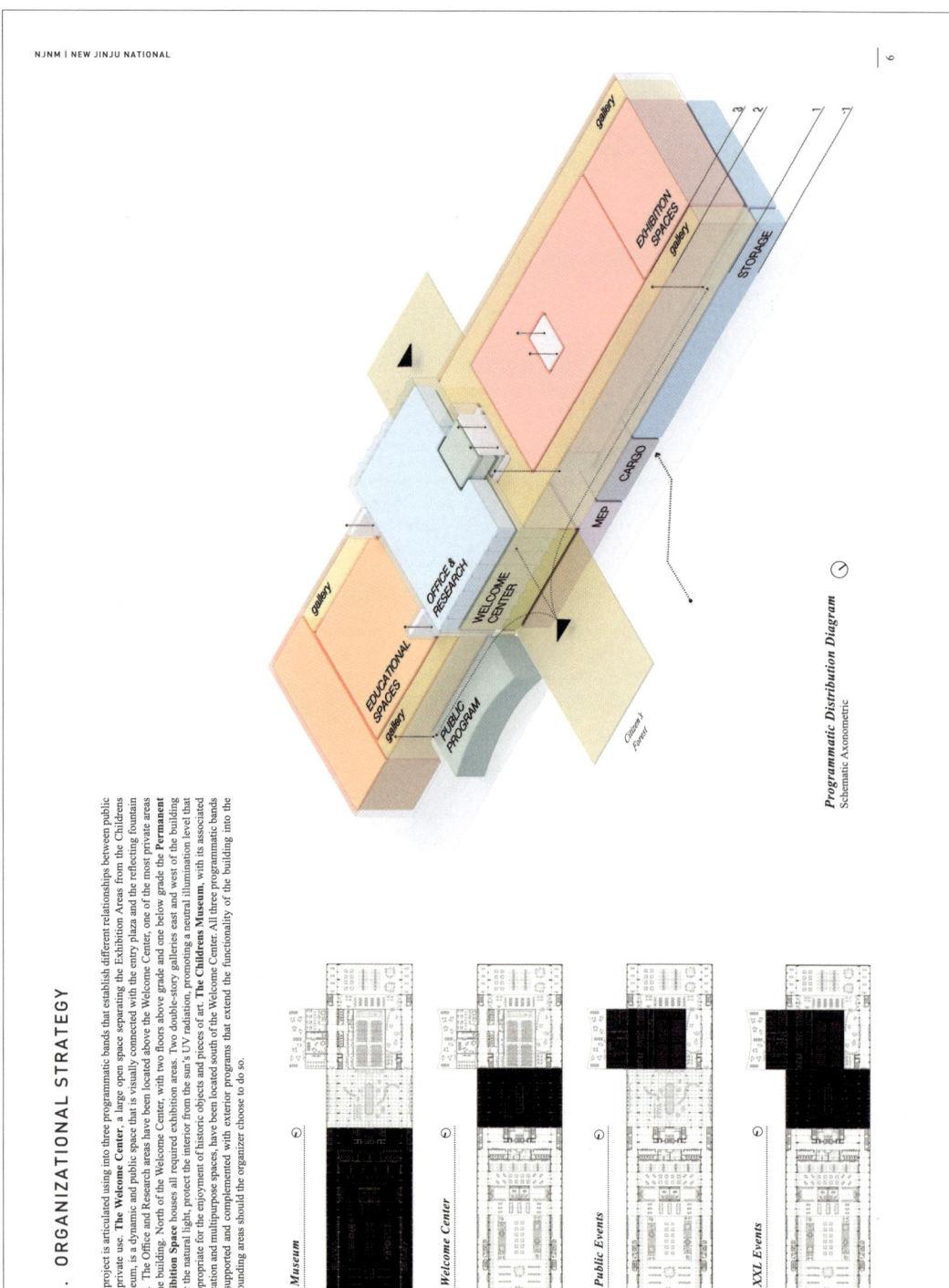

Programmatic Distribution Diagram
Schematic Axonometric

1 Museum

2 Welcome Center

3 Public Events

4 XXL Events

당선   범건축 종합건축사사무소+에스티엘 아키텍츠+가우 건축사사무소

04. WELCOME CENTER

The Welcome Center is the heart of the building celebrating the entrance to the New Jinju National Museum and articulating the connections to the different program offerings. The space also connects the east and west portions of the site facilitating access to the exterior plazas and public spaces. The use of wood together with natural light, which filters through the entire space, create a warm and inviting environment.

The Welcome Center
Rendering | View of this Flexible, Independent, Public Space accessible all around.

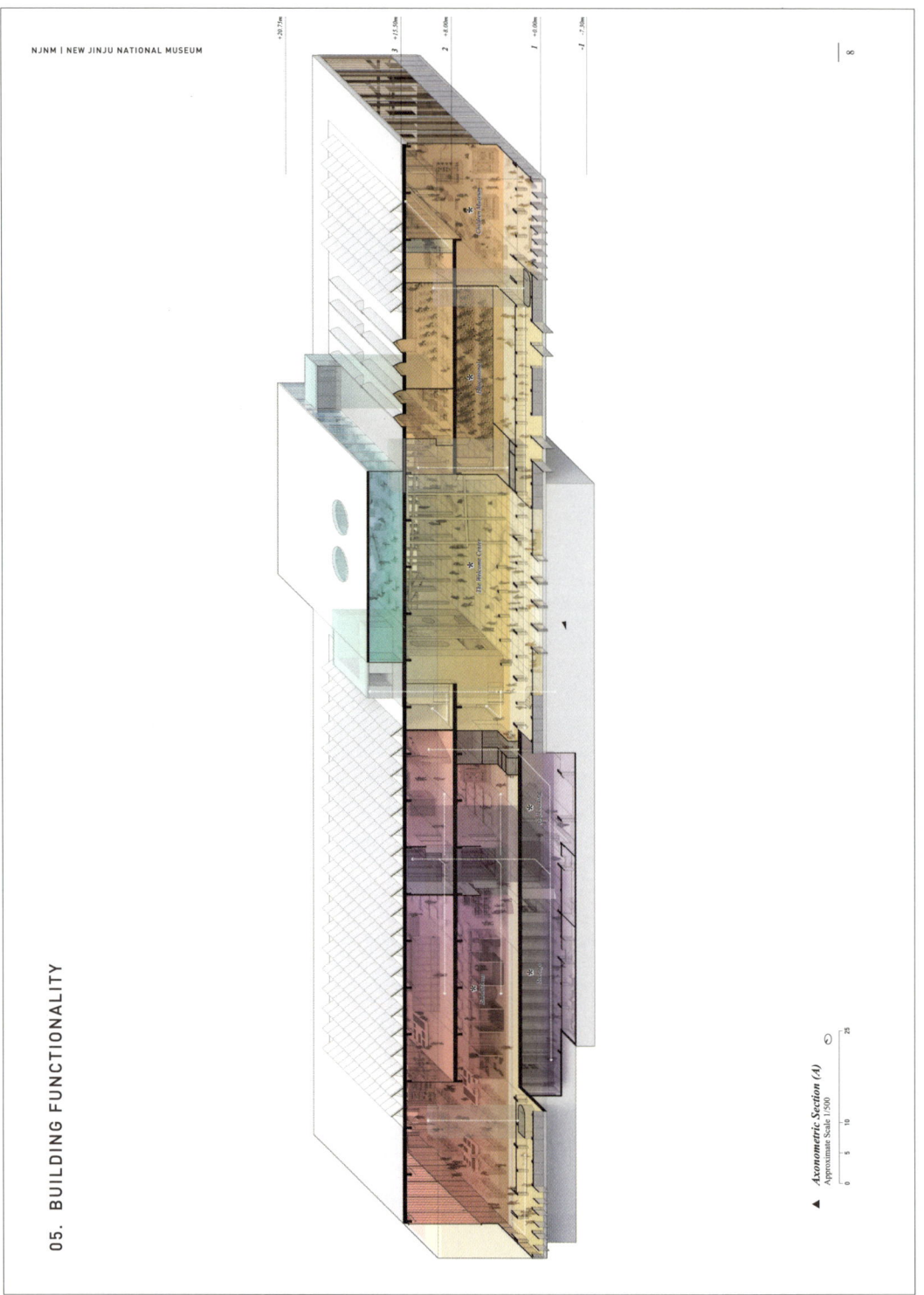

06. FLOOR PLANS

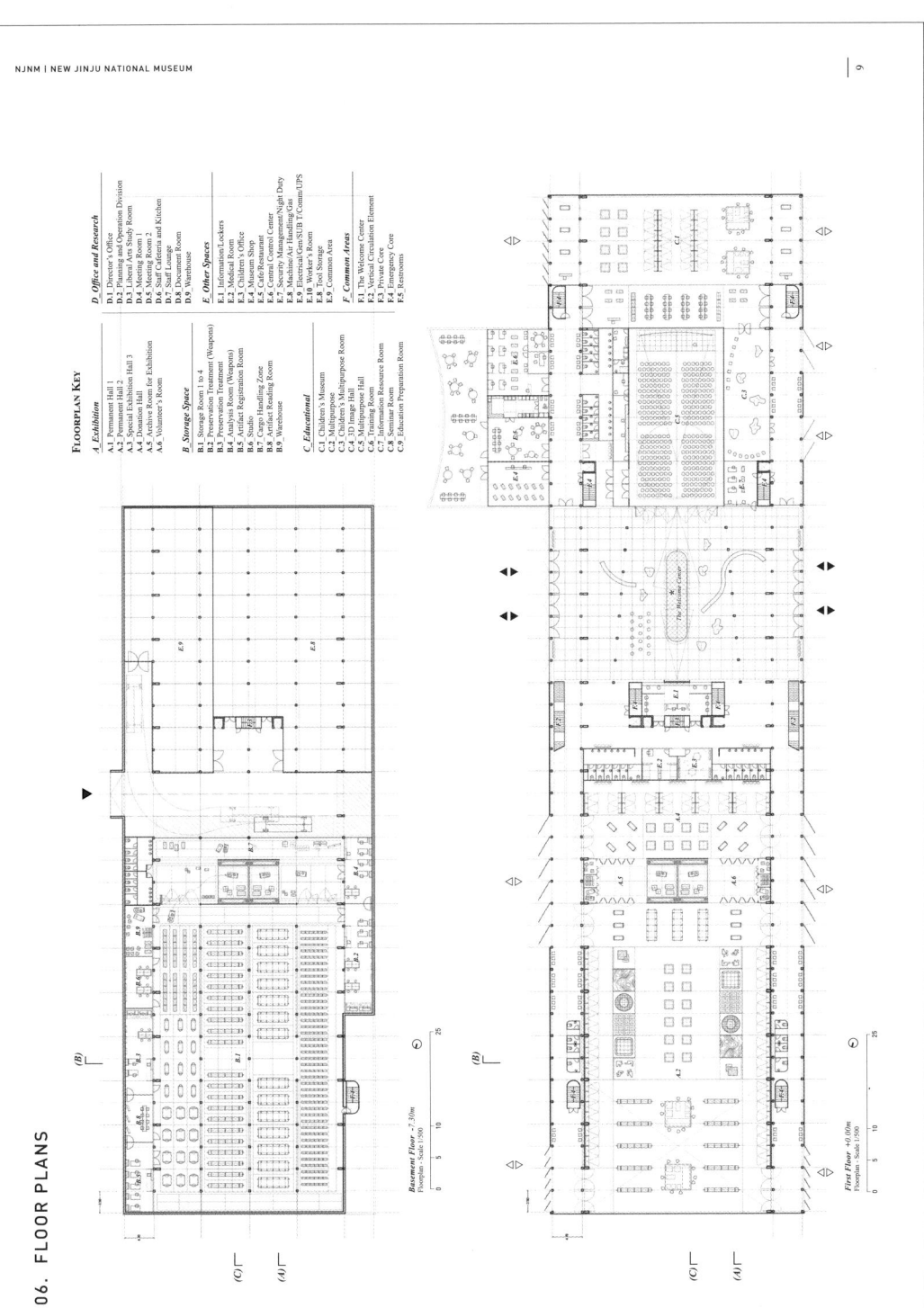

06. FLOOR PLANS

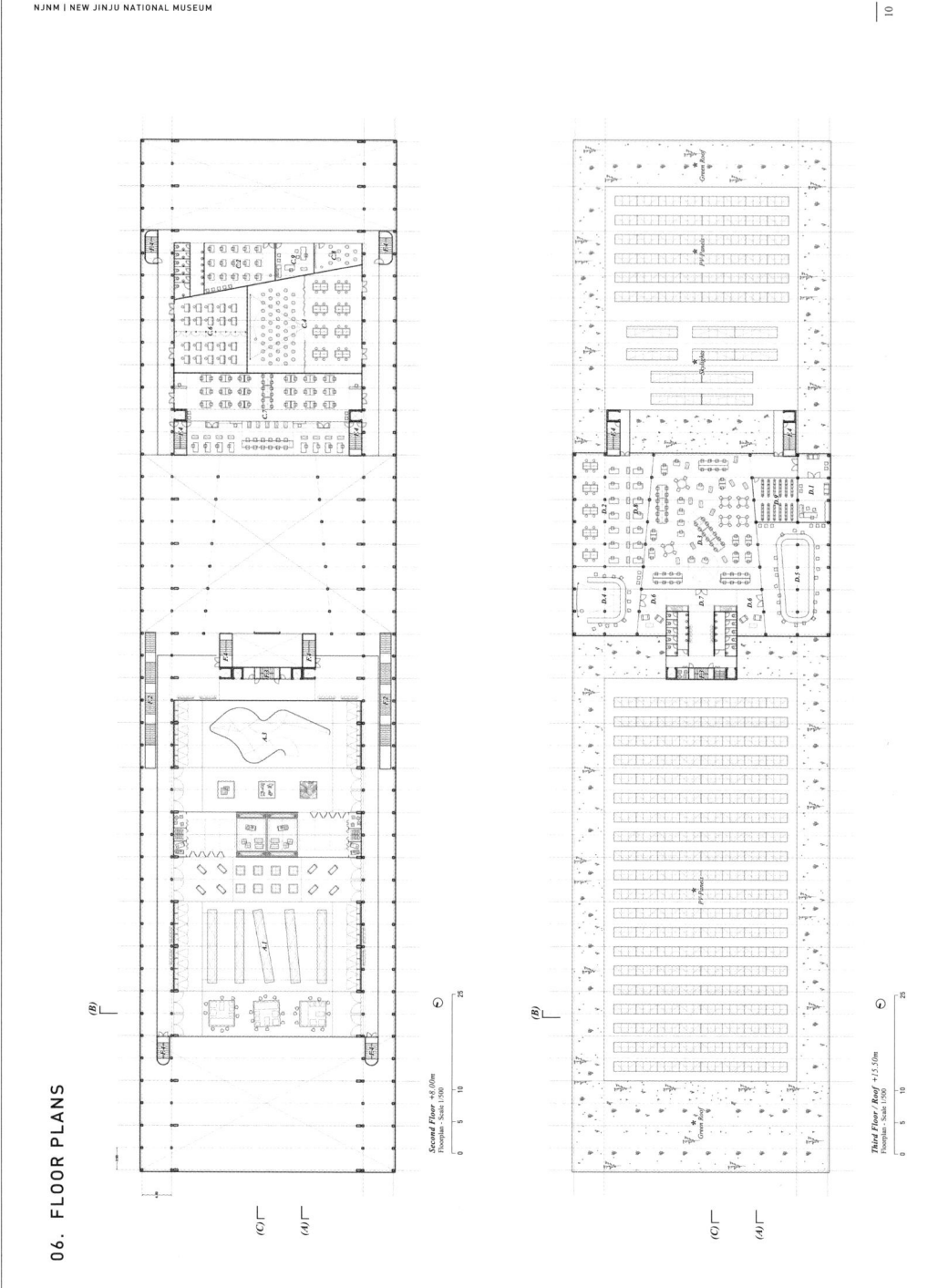

07. SIDE GALLERIES

The main circulation galleries which run in the north-south direction along the east and wet side of the Museum have an active function both, as a threshold and as a filter. In addition These gallery spaces serve multiple purposes acting as (a) an active lobby between indoors and outdoor programs (b) circulation and distribution arteries within the museum, (c) natural light filtering devices and (d) passive climate control systems.

Flexible Side Gallery
Rendering | View of the galleries that connect, open, and serve the main spaces

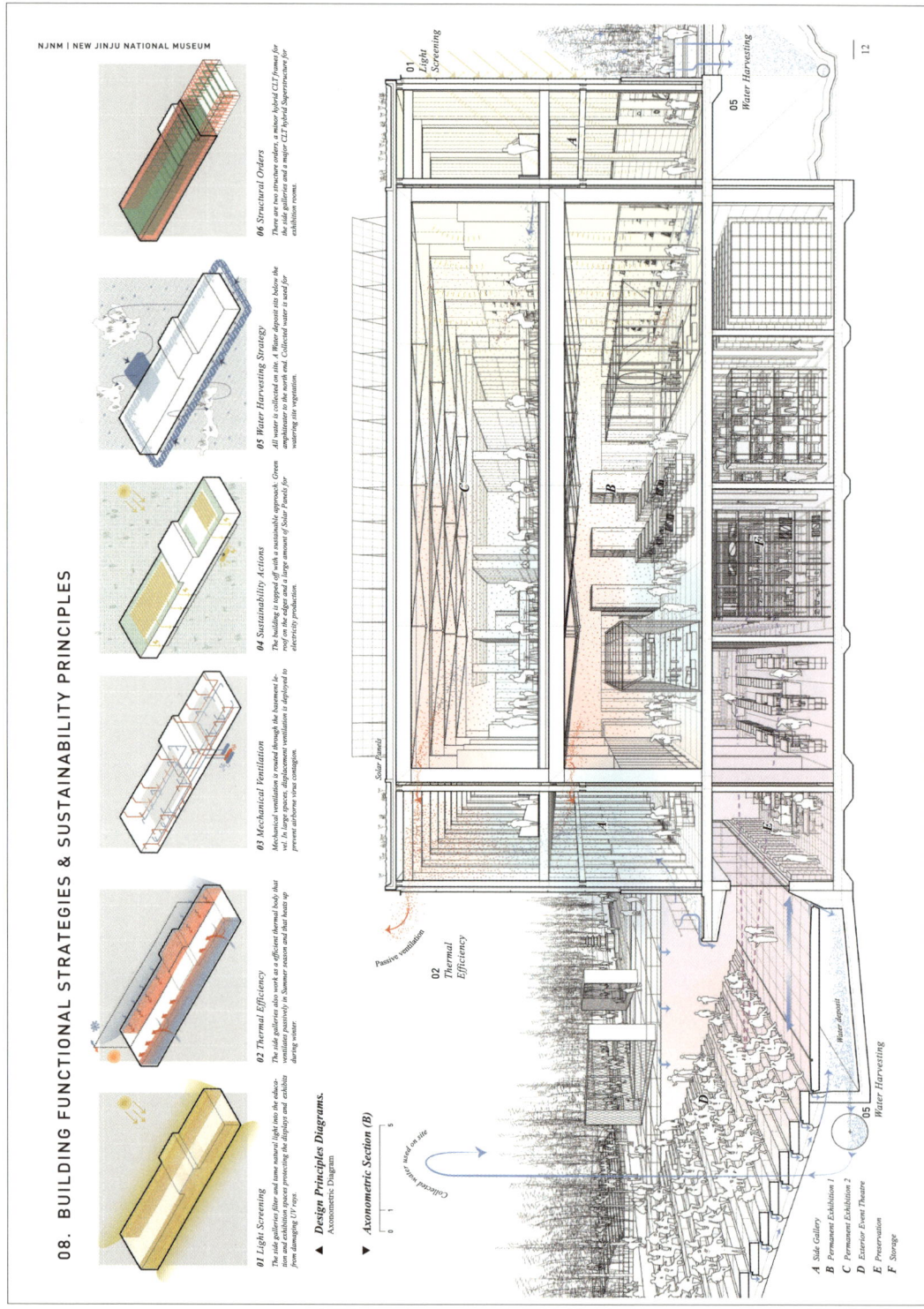

09. MUSEUM SPACES

The exhibition areas are column free spaces in order to enable maximum spatial flexibility for curators and museum exhibitors. A thickened perimeter wall provides vitrine exhibition space throughout the room while providing acoustic separation from the gallery circulation areas.

Ground Level Permanent Exhibition Room
Rendering | Perspective of the northern double-height space of the large Exhibition Room

Second Floor Permanent Exhibition Room
Rendering | Looking across the perimeter flexible Gallery Space

09. MUSEUM SPACES

The exhibition areas enjoy the benefits of natural light filtering system provided by the galleries without the burden or damage to the museum exhibition offerings by filtering out undesirable UV rays. This approach enables the building to be visually connected to the outdoors while still providing a static physical environment for displays and exhibits.

10. SECTIONS AND ELEVATIONS

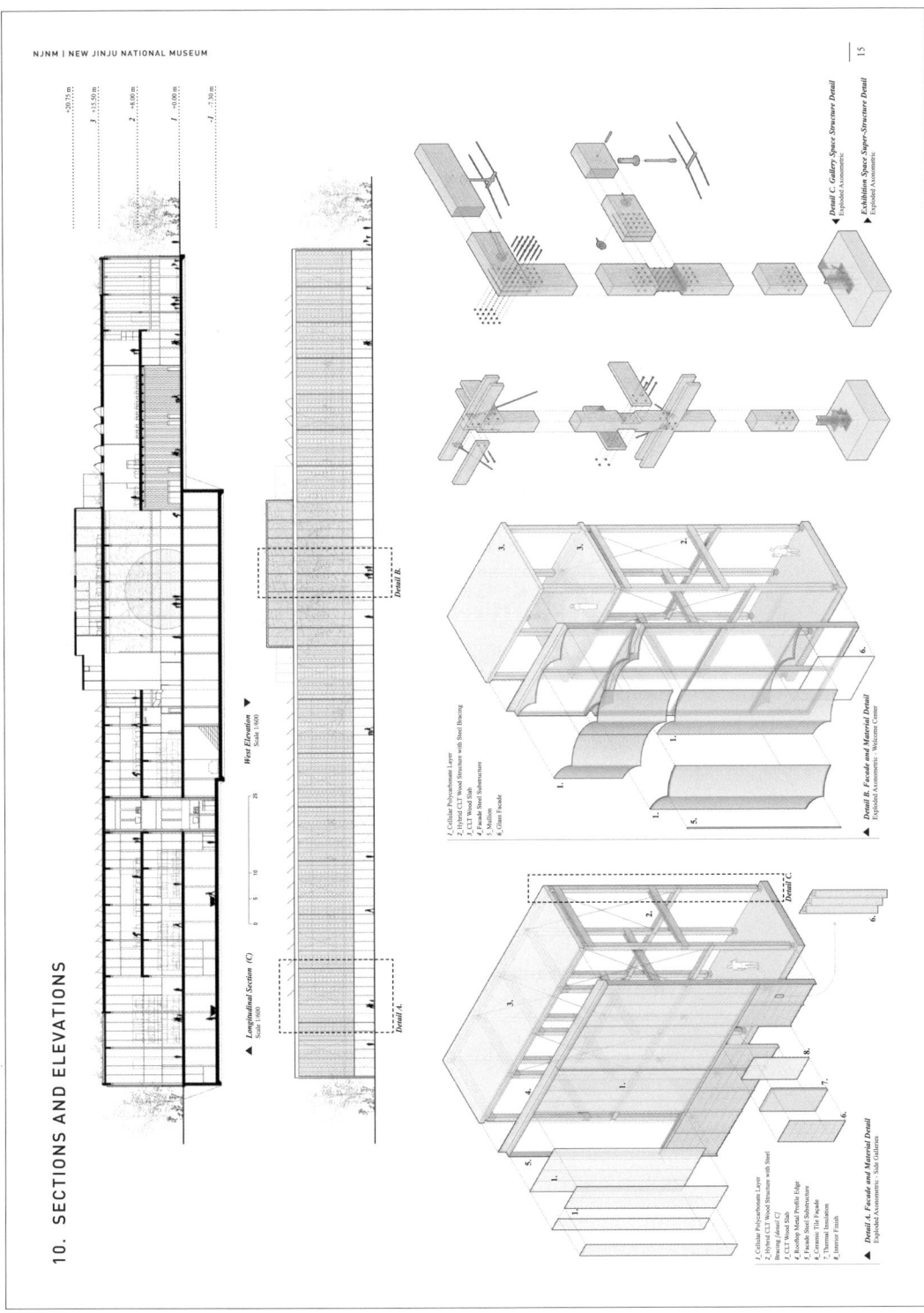

architects: 제공 건축 + 오브라 아키텍츠

prize: 4등

contents: 개요, 대지현황분석, 사이트플랜, 디자인 아이디어, 평면도, 투시도, 프로그램 및 동선, 내부공간, 단면도, 입면도

CONTENTS 목차

DESIGN OVERVIEW 건축개요

PROJECT TITLE		International Design Competition for the new Jinju National Museum
SITE ADDRESS		245-224 Gaegnam-dong, Jinju-si, Gyeongsangnam-do
ZONING DISTRICT		District Unit Planning Area
SITE SIZE		20,000m2
CONSTRUCTION SIZE		7975.79m2
FLOOR AREA	TOTAL	15730.65m2
	UNDERGROUND	6360.00m2
	GROUND	9376.65m2
BUILDING LAND RATIO		39.88%
RATIO OF THE FLOOR AREA TO SITE		46.88%
USE		Cultural and assembly facilities (exhibition center)
NUMBER OF FLOORS		1 Basement floor, 3 Above ground floors
BUILDING HEIGHT		16m
# OF PARKING VEHICLES		Legal: 131units / Planned : 131 units
PUBLIC OPEN SPACE		Planned 1631.00m2 (8.16% of the site area)
LANDSCAPING AREA		Planned 3519.67m2 (17.60% of the site area)
MAIN STRUCTURE FORM		Reinforced concrete

TABLE OF CONTENTS

SITE ANALYSIS	2
SITE PLAN	3
DESIGN INTENT	4
FLOOR PLANS	5
PROGRAM & CIRCULATION	8
INTERIOR SPACE	10
SECTIONS	11
ELEVATIONS	12
LANDSCAPE	13
EASE OF CONSTRUCTABILITY & MECHANICAL & SUSTAINABILITY STRATEGIES	14

MAIN ELEVATION WITH PASSAGE TO CITIZENS
FOREST PARK AND ENTRANCE TO MUSEUM BEYOND

competition 2   국립진주박물관 이전

SITE ANALYSIS 대지현황 분석

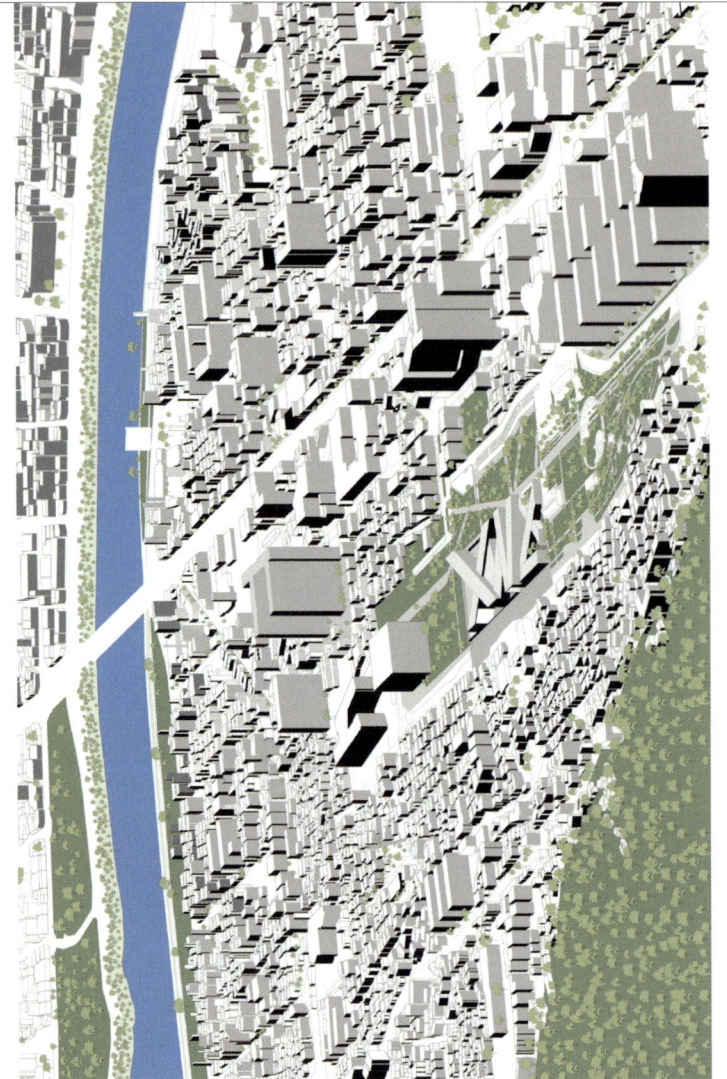

The museum is located at the cusp of the vector of development of Jinju, establishing the very cutting edge of a city in gradual transition as it mediates between two different city scales.

Jinju City is surrounded by beautiful mountains, and the Namgang River runs through the center of the city. Like other provincial cities in Korea, it has an old downtown. The abandoned train station site where the museum will be built provides the function of an urban park in the old downtown of Jinju City, which does not have many parks. This park not only serves as a traditional park that provides a natural environment, but also provides cultural spaces such as a science museum and a history museum.

SITE OBSERVATION 주변환경관찰

NATURE + DEVELOPMENT: RICHNESS OF GREEN INFRA

URBAN MOVEMENT: BICYCLE ROAD CONNECTION

URBAN STRUCTURE: CITY URBAN FABRIC PATTERN

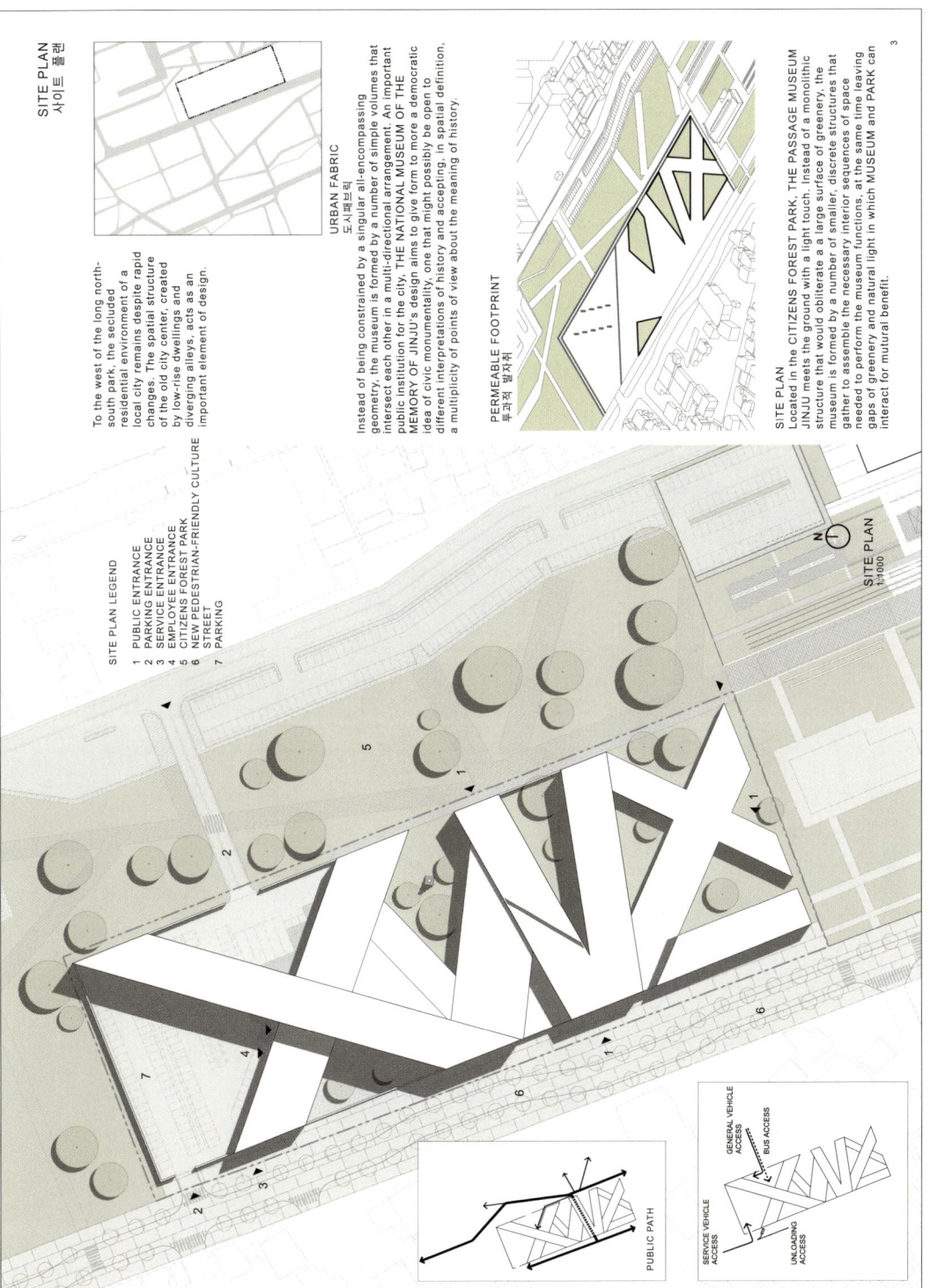

DESIGN INTENT 디자인 아이디어

THE FLANEUR, THE CITY WALKER 도시 산책자

박물관은 공간을 산책하는 행위를 통해서, 자신의 프로그램을 완성되는 건물이다. 공원을 산책하는 것과 비슷하지만, 건물 공간을 산책하는 것이 가능하다. 공원을 관람하는 행위는 도시 산책자가 부딪히는 우연적인 대상물처럼, 전시 공간을 산책하며 만나는 예상치 못한 만남으로 완성된다.

PARKS AND MUSEUMS 공원과 박물관

진주시는 구도심의 오래된 폐 철도부지 내 철도부지를 시민들을 위한 공원으로 만들고, 그 공원 한가운데 진주시 역사박물관을 계획한다. 우리는 이 설계를 사랑한 도로 그 순간부터 이 공원이 건설되는 박물관의 공원의 일부가 되어야 한다고 생각했다. 따라서 우리가 선택한 설계는 공원처럼 박물관도 공간으로 이루어진 건물이다. 이를 위하여 순수한 공간으로 이루어진 도시 형태의 여러 건물 공간이다. 이를 위하여 순수한 공간으로 이루어진 도시 형태의 여러 건물을 서로 교차시켜 배치했다. 이렇게 교차하는 공간들을 발라주는 박물관이 건물들 통해서 공간을 발라주는 박물관이 만들어지게 된다.

PASSAGE 파사쥬

이 박스 건물의 중앙에 배치되어 가는 문자 그대로 공간이다. 중에 비어 있는 이 박스는 박물관의 일부한 공간이지만, 동시에 공원 전체의 중심광장이다. 동시에 박물관에 들어가기 전 웰컴센터의 필요한 그늘과 비를 피하는 공간을 제공하고, 이 웰컴센터를 사이에 두고 한쪽에 전시장이 다른 한쪽에 교육공간이 자리 갖고 있다. 지붕은 없지만 이 외부 공간은 두 가지 프로그램을 분리하면서, 또 동시에 통합하는 방식이 가능하도록 하고 있다.

TWO FACADES 두 개의 파사드

이 건물은 2개의 파사드를 갖고 있다. 보행자도로로 면한 전면부와 공원에 면한 후면부가 그것이다. 두 개의 파사드는 서로 다른 태도를 보이고 있다. 보행자도로 쪽 광장에 면한 부분은 도시의 가로처럼 입면을 만들고 이미지 내지 공간을 드리우면, 공원의 가로지는 후면부는 자연부 사이 공간이 내 공원의 녹지와 연결되고 있다.

DESIGN INTENT

The museum is formed by a number of simple volumes that intersect each other in a multi-directional arrangement. THE PASSAGE MUSEUM OF JINJU will become an important civic institution in the city and its design provides a good opportunity to create a civic architecture open to different interpretations and a multiplicity of points of view about the meaning of history.

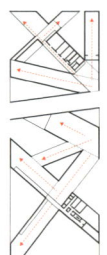

THE WEST FACADE OF THE MUSEUM HELPS TO FORM THE NEW PEDESTRIAN-FRIENDLY CULTURE STREET

URBAN EDGE 도시경계

RADIAL SPACE 방사형 공간구획

CONFIGURATION OF SPACE OFFERS CHOICE OF MOVEMENT UPON ENTRY INSTEAD OF A FIXED PRE-ESTABLISHED TRAJECTORY

LOOPING SPACE 회귀성 공간구획

FOR EXHIBITION HALLS WITHOUT DEAD ENDS AND THE OPPORTUNITY TO RETURN TO THE EXHIBITS FOR A SECOND VIEWING

CONCEPT 컨셉

The idea is simple, as part of the park, a visit to the museum could be in some ways similar to taking a walk in a forest path. Long box-shaped building wings are grouped together as if randomly to give form to the spaces of the interior. Together, they define a sequence of pure neutral spaces which are ideally suited for the exhibition of the historical artifacts in the city's collection.

CONNECTING PUBLIC STREET 연결된 파사쥬

PERMEABLE FOOTPRINT 투과적 발자취

ALLOWS THE PARK TO EXTEND ONTO THE SITE INCREASING GREEN AREA OF THE CITY

LINK PEDESTRIAN STREET AND CITIZENS FOREST BECOMING A "WELCOMING SPACE"

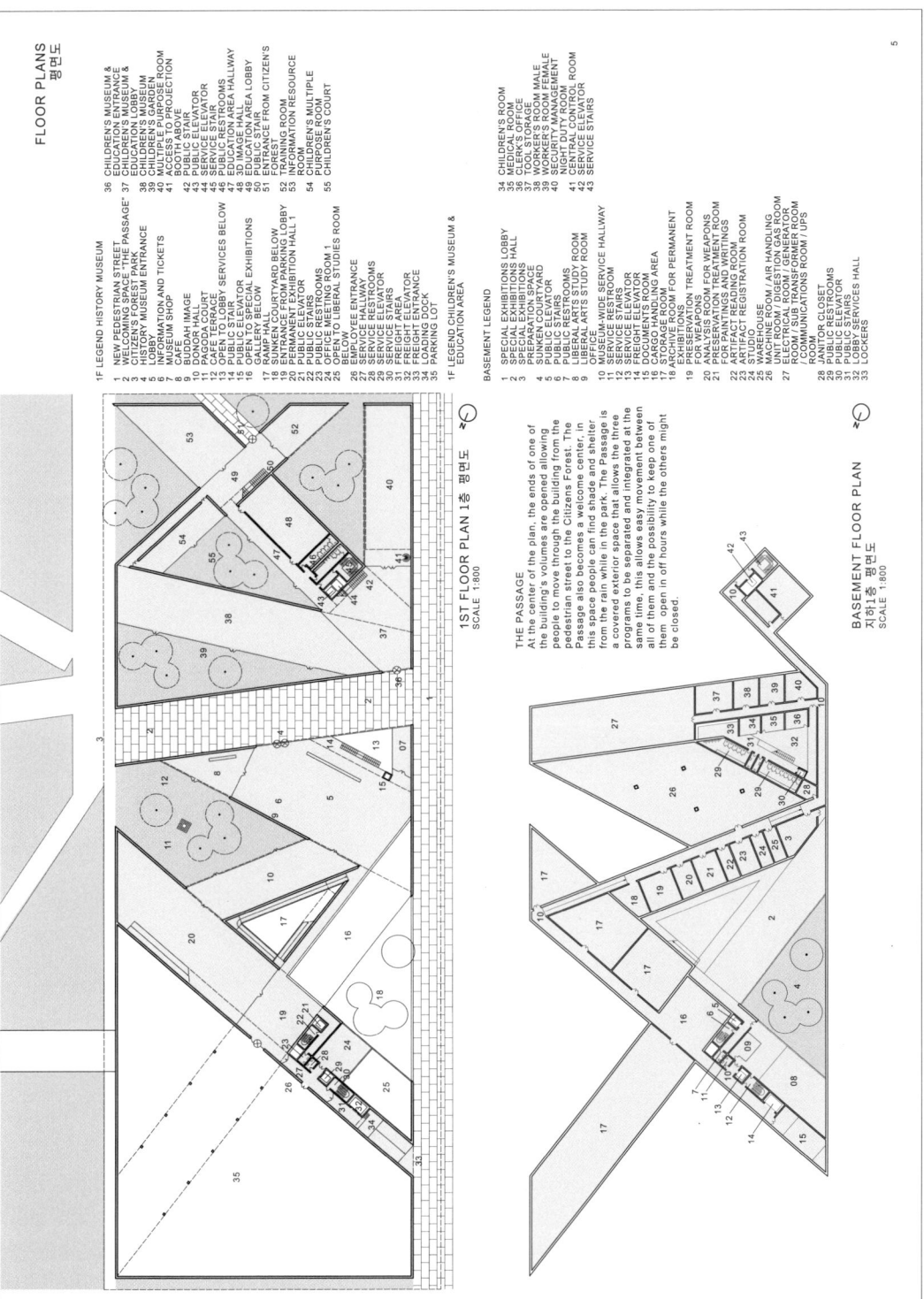

FLOOR PLANS 평면도

1F LEGEND HISTORY MUSEUM

1. NEW PEDESTRIAN STREET
2. WELCOMING SPACE "THE PASSAGE"
3. CITIZEN'S FOREST PARK
4. HISTORY MUSEUM ENTRANCE LOBBY
5. INFORMATION AND TICKETS
6. MUSEUM SHOP
7. CAFE
8. BUDDAH HALL
9. DONOR IMAGE
10. PAGODA COURT
11. CAFE TERRACE
12. OPEN TO LOBBY SERVICES BELOW
13. OPEN TO SPECIAL EXHIBITIONS GALLERY BELOW
14. RAMP HALL
15. OPEN TO LIBERAL STUDIES ROOM BELOW
16. SUNKEN COURTYARD BELOW
18. ENTRANCE FROM PARKING LOBBY
19. PERMANENT EXHIBITION HALL 1
20. PUBLIC ELEVATOR
21. PUBLIC STAIRS
22. PUBLIC RESTROOMS
23. SERVICE HALLWAY
24. SERVICE RESTROOMS
25. SERVICE ELEVATOR
26. EMPLOYEE ENTRANCE
27. SERVICE STAIRS
28. FREIGHT AREA
29. FREIGHT ELEVATOR
30. FREIGHT ENTRANCE
31. LOADING DOCK
32. PARKING LOT

1F LEGEND CHILDREN'S MUSEUM & EDUCATION AREA

36. CHILDREN'S MUSEUM & EDUCATION ENTRANCE
37. CHILDREN'S MUSEUM & EDUCATION LOBBY
38. CHILDREN'S MUSEUM
39. CHILDREN'S GARDEN
40. MULTIPLE PURPOSE ROOM
41. ACCESS TO PROJECTION BOOTH ABOVE
42. PUBLIC STAIR
43. PUBLIC ELEVATOR
44. SERVICE ELEVATOR
45. SERVICE STAIR
46. PUBLIC RESTROOMS
47. EDUCATION AREA HALLWAY
48. 3D IMAGE HALL
49. EDUCATION AREA LOBBY
50. PUBLIC STAIR
51. ENTRANCE FROM CITIZEN'S FOREST
52. TRAINING ROOM
53. INFORMATION RESOURCE ROOM
54. CHILDREN'S MULTIPLE PURPOSE ROOM
55. CHILDREN'S COURT

1ST FLOOR PLAN 1층 평면도
SCALE 1:800

BASEMENT LEGEND

1. SPECIAL EXHIBITIONS LOBBY
2. SPECIAL EXHIBITIONS HALL
3. PREPARATION SPACE
4. SUNKEN COURTYARD
5. PUBLIC ELEVATOR
6. PUBLIC STAIRS
7. PUBLIC RESTROOMS
8. LIBERAL ARTS STUDY ROOM
9. LIBERAL ARTS STUDY ROOM OFFICE
10. MUSEUM-WIDE SERVICE HALLWAY
11. SERVICE RESTROOM
12. SERVICE STAIRS
13. SERVICE ELEVATOR
14. DOCUMENTS ROOM
15. CARGO HANDLING AREA
16. STORAGE ROOM
17. ARCHIVE ROOM FOR PERMANENT EXHIBITIONS
18. PRESERVATION TREATMENT ROOM FOR WEAPONS
19. ANALYSIS ROOM FOR WEAPONS
20. PRESERVATION TREATMENT ROOM FOR PAINTINGS AND WRITINGS
21. ANALYSIS ROOM FOR PAINTINGS AND WRITINGS
22. ARTIFACT READING ROOM
23. ARTIFACT REGISTRATION ROOM
24. STUDIO
25. WAREHOUSE
26. MACHINE ROOM / AIR HANDLING UNIT ROOM / DIGESTION GAS ROOM
27. ELECTRICAL ROOM / GENERATOR ROOM / SUB TRANSFORMER ROOM / COMMUNICATIONS ROOM / UPS
28. JANITOR CLOSET
29. PUBLIC RESTROOMS
30. PUBLIC ELEVATOR
31. PUBLIC STAIRS
32. LOBBY SERVICES HALL
33. LOCKERS
34. CHILDREN'S ROOM
35. MEDICAL ROOM
36. CLERK'S OFFICE
37. WORKER'S ROOM
38. WORKER'S ROOM MALE
39. WORKER'S ROOM FEMALE
40. SECURITY MANAGEMENT / NIGHT-DUTY ROOM
41. CENTRAL CONTROL ROOM
42. SERVICE ELEVATOR
43. SERVICE STAIRS

THE PASSAGE

At the center of the plan, the ends of one of the building's volumes are opened allowing people to move through the building from the pedestrian street to the Citizens Forest. The Passage also becomes a welcome center, in this space people can find shade and shelter from the rain while in the park. The Passage is a covered exterior space that allows the three programs to be separated and integrated at the same time, this allows easy movement between all of them and the possibility to keep one of them open in off hours while the others might be closed.

BASEMENT FLOOR PLAN 지하1층 평면도
SCALE 1:800

competition 2   국립진주박물관 이전

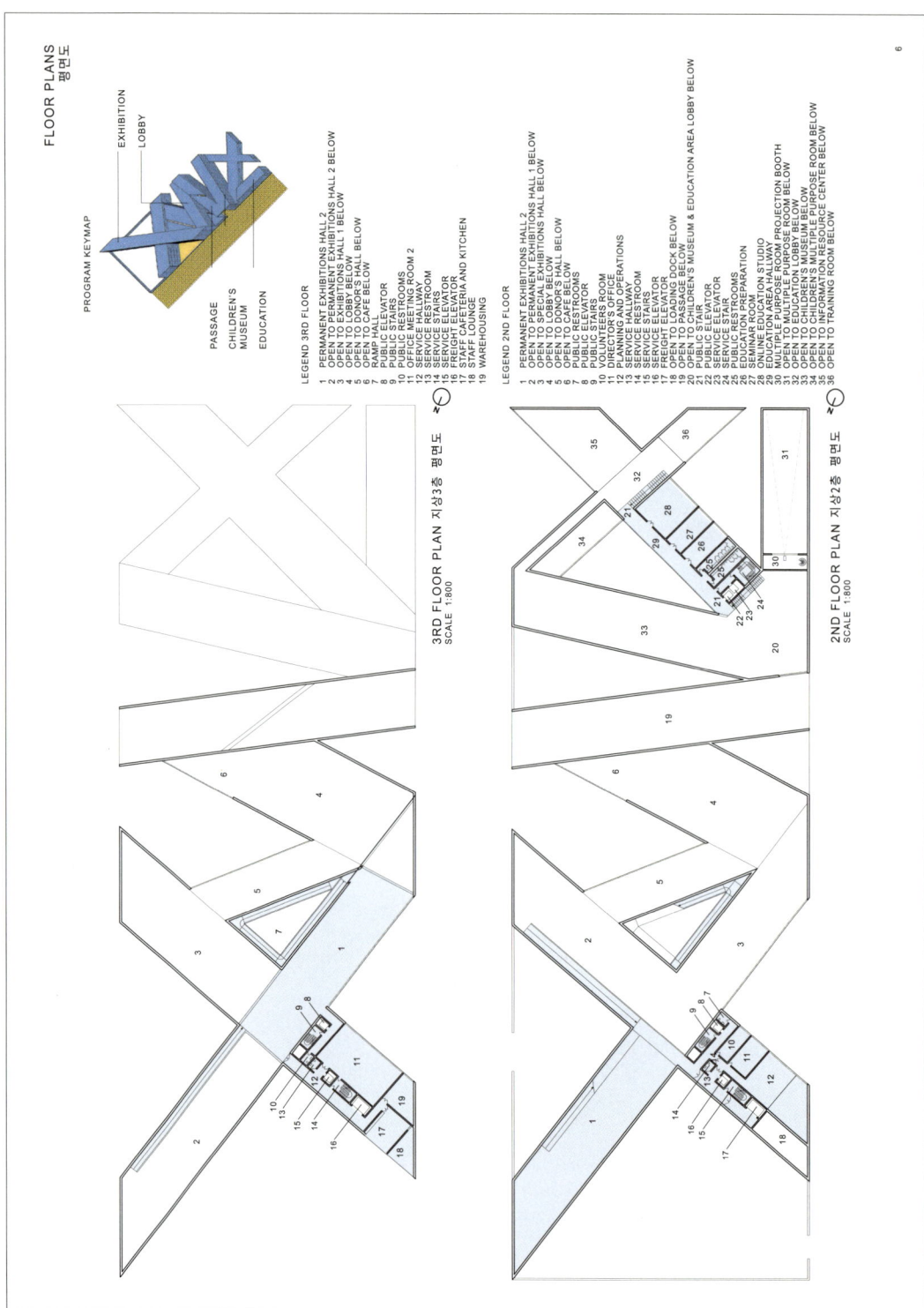

PROGRAM AND CIRCULATION
The proposed exhibition spaces in the building offer the curators the opportunity to construct a history that can be interpreted in more than one way. The arrangement of the exhibition halls in three dimensional space separated by distance and not by walls and connected by smoothly sloping ramps assumes that historical objects or events are always interesting, but also that their true importance resides not in the objects or events themselves so much but rather in their interrelationships.

PROGRAM & CIRCULATION
프로그램 & 동선

SPACE AND MEMORY 공간의 기억

THE SECTION OF THE MUSEUM FACILITATES AN UNDERSTANDING OF HISTORY AS A CONTINUM OF INTERRELATED EVENTS BY PROBIDING VIEWS ACROSS DIFFERENT EVENTS AND HISTORICAL PERIODS

EXHIBIT CIRCULATION 전시관동선
Offers the possibility to enjoy the exhibits continuously, without deadends. The sequences of exhibit halls are totally interconnected with ramps aboiding the usual interuptions of elevators anad staircases. Elevators acess is provided for handicap use and stairs for egress.

AFTER HOUR_ACCESS 오프아워 접근성
The lobbies of the museum are designed to providing selective access to the facilities that might need to remain open after hours once the rest of the museum has closed for the day. For esample the multiple pupose the information resource center or the special exhivition hall or the donor hall might become the venue for evening eents

- daytime and off hours access
- daytime only access

CONTINOUS SERVICE HALLWAY 연속된 서비스 동선
The basement of the museum is equipped with a continuous service hallway connecting both service core and serving all spaces of the museum without interfering with the movement of visitors

LEGEND
1 LOBBY
2 MULTIPLE PURPOSE ROOM
3 CAFE
4 DONORS HALL
5 SPECIAL EXHIBITION HALL
6 LOBBY SERVICES
7 INFORMATION RESOURCE ROOM

LEGEND
1 SERVICE ELEVATORS AND STAIRS
2 CARGO HANDLING AREA
3 CONNECTION STORAGE
4 PRESERVATION
5 GALLERY
6 PREPARATION ROOM
7 MECHANICAL ROOM
7 ELECTRICAL ROOM
8 STAFF ROOMS AND TOOL STORAGE

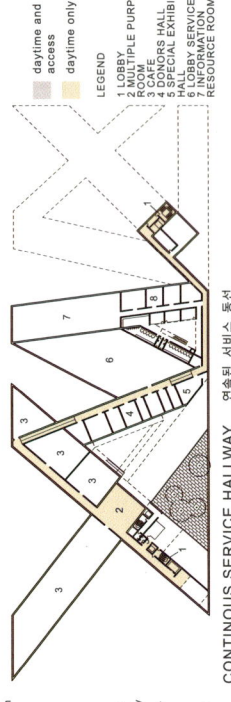
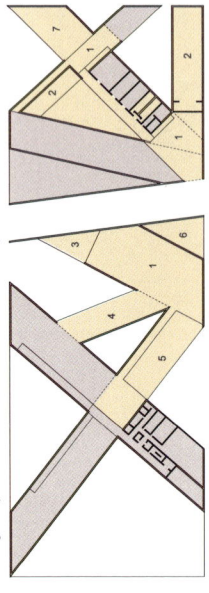
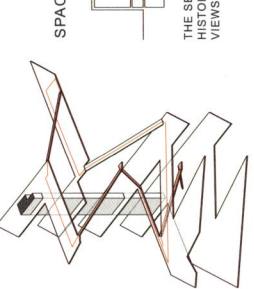

PROGRAM 프로그램

The proposed exhibition spaces in the building offer the curators the opportunity to construct a history that can be interpreted in more than one way. The arrangement of the exhibition halls in three dimensional space separated by distance and not by walls and connected by smoothly sloping ramps assumes that historical objects or events are always interesting, but also that their true importance resides not in the objects or events themselves so much but rather in their interelationships.

1. The Passage Museum Lobby is designed to allow access from The Passage in close proximity to the entrance to The Children's Museum and the Educational Area.

2. The Special Exhibitions Hall is located in the basement level, this allows a preview of the exhibits there from above while also allowing the lobby to connect to the parking lot to the north to ensure easy access from there as well.

3. Locating the Special Exhibitions Hall in the basement level also allows it to open to a secured sunken courtyard expanding its possibilities by providing potential exterior exhibition space.

4. The Administration Office and Research area is located near the staff entrance allowing staff to move through the building without interfering with the Public Circulation.

5. The Liberal Arts Study Room is easily accessible from the Special Exhibitions Area and can enjoy natural light and ventilation through the exterior sunken courtyard. The space also enjoys the advantage of a double level space to provide privacy from views from the nearby street.

6. The Volunteer's Room is integrated into the Office circulation area on the second floor.

7. The Staff Cafeteria, Kitchen and Lounge has good privacy from the rest of the museum while also enjoying access to natural light ad views.

8. The Triangular Ramp Hall allows short cuts between exhibits and direct return to the entry lobby when desired.

9. The Donor's Hall can become exhibition space expansion of the Exhibition Hall One or event-hall expansion of the entry lobby adding flexibility to the use of the building. Events hosted at the Donor's Hall can be easily catered from the Cafe.

10. Multiple access lobbies are located strategically to provide after-hours access to facilities that might become venues for evening use: The Multiple Purpose Halls, The Information Resource Room or the Cafe for example.

11. The Children's Museum is equipped with access to the secured exterior spaces of the Children's Garden and the Children's Court allowing all sorts of activities to safely expand outdoors.

12. All exhibition spaces in the museum are connected by stair, elevator and smoothly slopping ramps for continuity of experience, handicap access and emergency egress access.

13. The basement level accommodates the different required heights (6 meters for the storage areas and 3.50 meters for the Preservation workshops) by conveniently connecting both levels through the staff elevator and stair and also with the use of a smoothly slopping ramp.

14. The enclosed loading dock provides convenient unloading flexibility by allowing transport vehicles to remain indoors protected from inclement weather for as long as necessary.

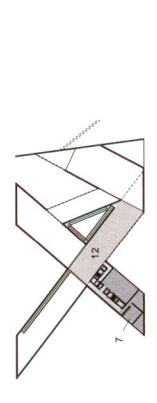

- GARDEN / COURTYARD
- EXHIBITION HALL
- EDUCATION
- LOBBY PUBLIC / AMENITIES
- OFFICE PLANNING / CONTROL ROOM
- BACK OF HOUSE

4등 제공 건축+오브라 아키텍츠

SPACE AS TIME
All history museums propose a particular understanding of time and memory to be able to encourage a particular interpretation of history, to help society construct a consensually accepted past. The multi-directional form proposed by THE PASSAGE MUSEUM OF JINJU speculates history can be best understood as non-linear sequence of events open to discontinuous but endless reinterpretation.

INTERIOR SPACE 내부 공간

The sequence of Exhibition Halls in the museum can be logically organized for the optimal exhibition of the collections, and a multiplicity of experience enabled by an openness that allows visitors to see things at close-range and from afar at there same time. A museum is a building whose program is completed through the act of taking a walk through the space. Just like taking a walk in the park, you can also take a walk through the space of the building. The act of visiting the museum is completed with unexpected encounters while strolling through the exhibition space, just like the objects that a city walker encounters while walking through the places of this city. Light and darkness...

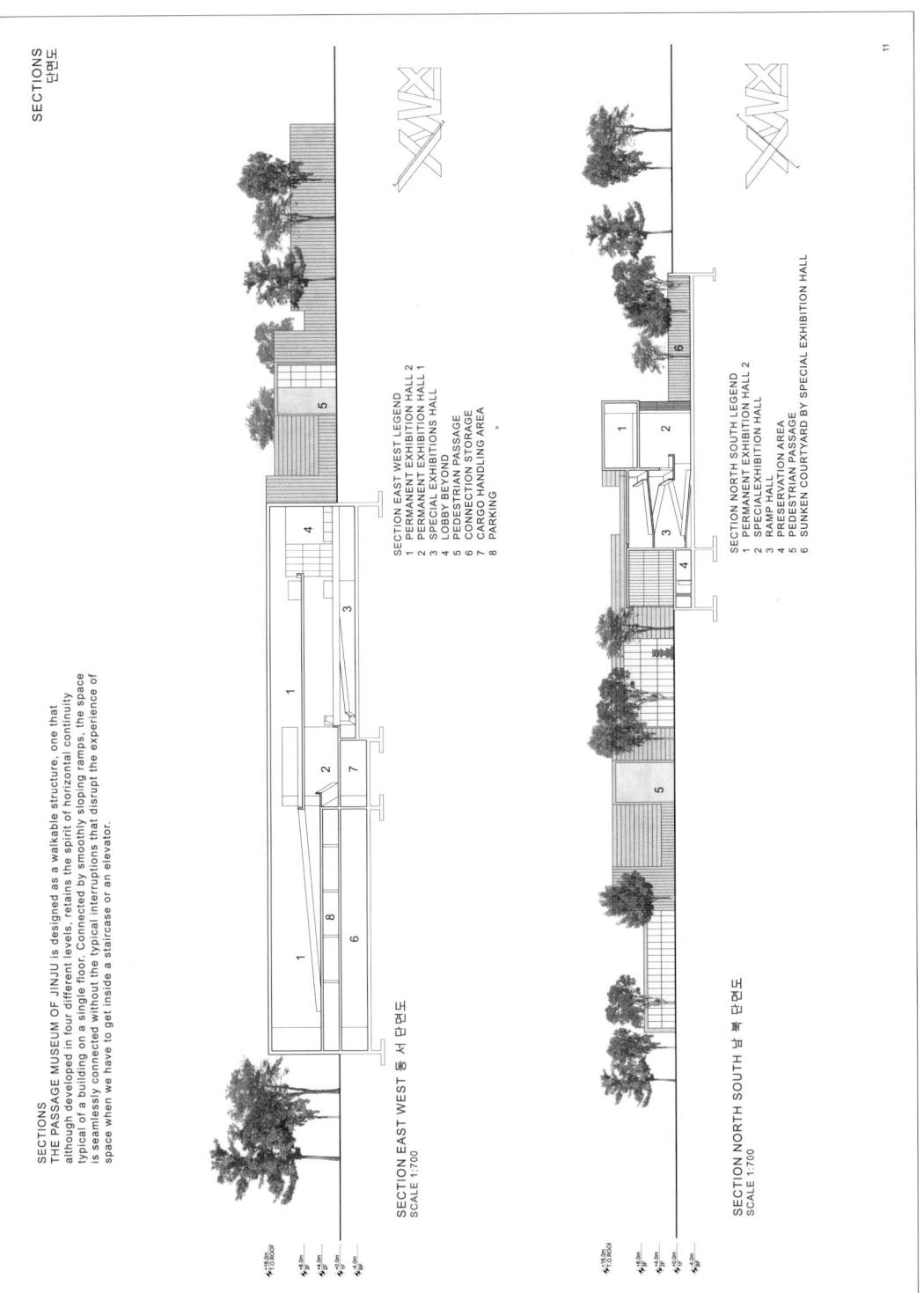

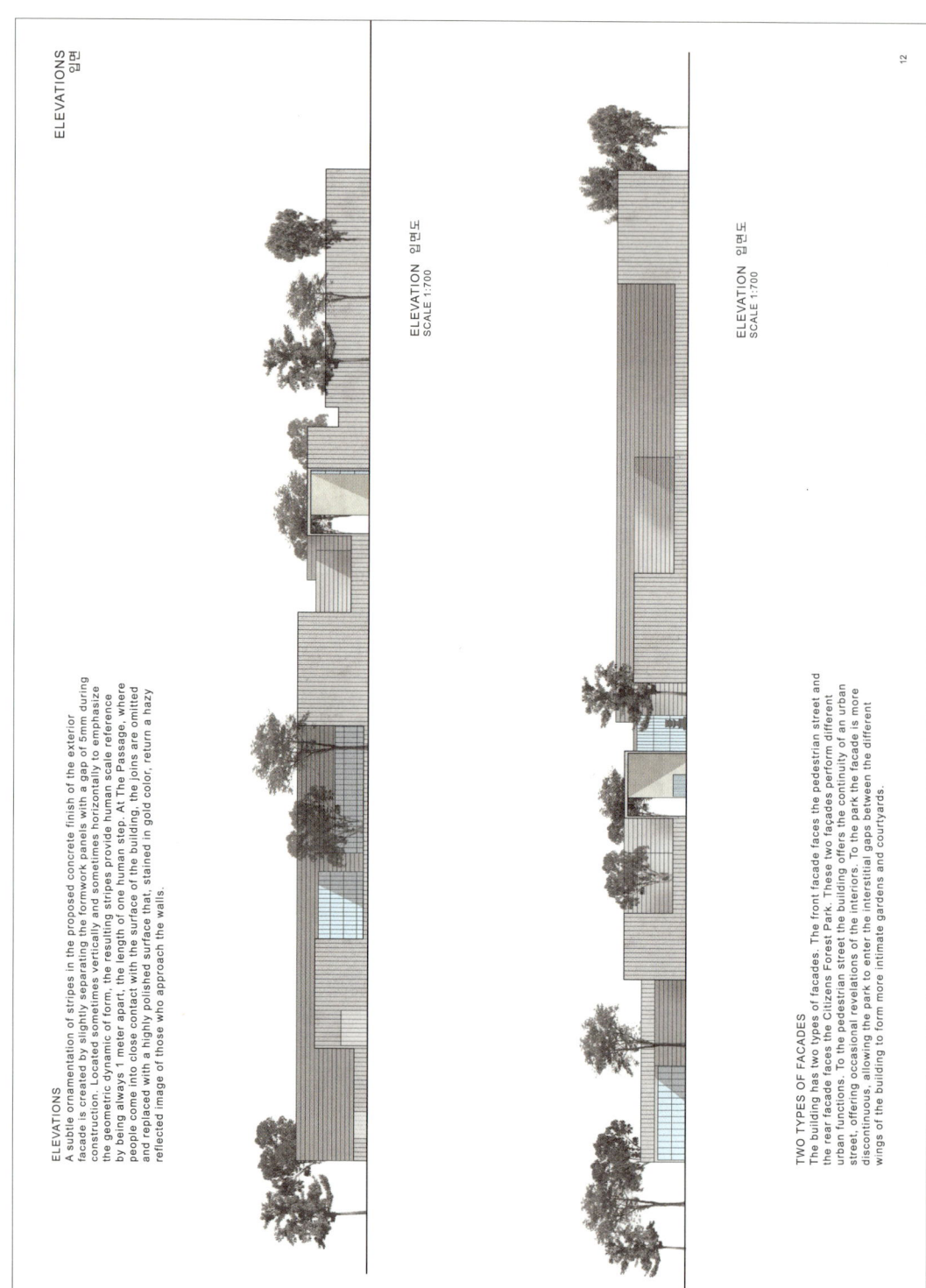

ELEVATIONS 입면

ELEVATION 입면도
SCALE 1:700

ELEVATION 입면도
SCALE 1:700

ELEVATIONS
A subtle ornamentation of stripes in the proposed concrete finish of the exterior facade is created by slightly separating the formwork panels with a gap of 5mm during construction. Located sometimes vertically and sometimes horizontally to emphasize the geometric dynamic of form, the resulting stripes provide human scale reference by being always 1 meter apart, the length of one human step. At The Passage, where people come into close contact with the surface of the building, the joins are omitted and replaced with a highly polished surface that, stained in gold color, return a hazy reflected image of those who approach the walls.

TWO TYPES OF FACADES
The building has two types of facades. The front facade faces the pedestrian street and the rear facade faces the Citizens Forest Park. These two façades perform different urban functions. To the pedestrian street the building offers the continuity of an urban street, offering occasional revelations of the interiors. To the park the facade is more discontinuous, allowing the park to enter the interstitial gaps between the different wings of the building to form more intimate gardens and courtyards.

LANDSCAPE 조경

THE LANDSCAPE OF THE CITIZENS FOREST

The project proposes to extend to the park the radiating structure of the building. This would allow many ways of moving through the park connecting it to the city in multiple directions. The courtyards and gardens created in the gaps between intersecting building wings can be sometimes given to greenery and some times paved with permeable materials to allow more flexible use and exterior programming. The pedestrian street is envisioned in as paved with grass-paver cobblestones allowing grass and moss to grow in the interstitial joints.

PUBLIC PATHS

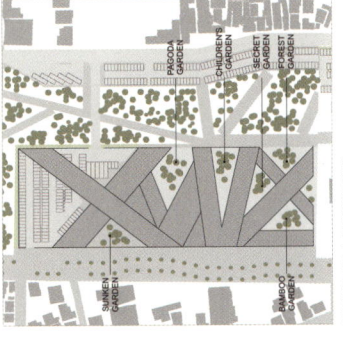

PUBLIC REALM

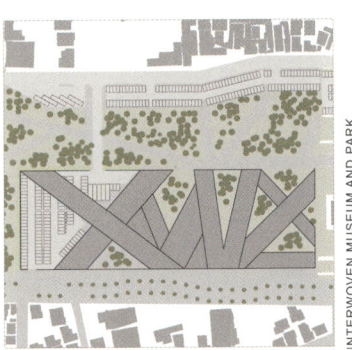

6 MUSEUM LANDSCAPES

INTERWOVEN MUSEUM AND PARK

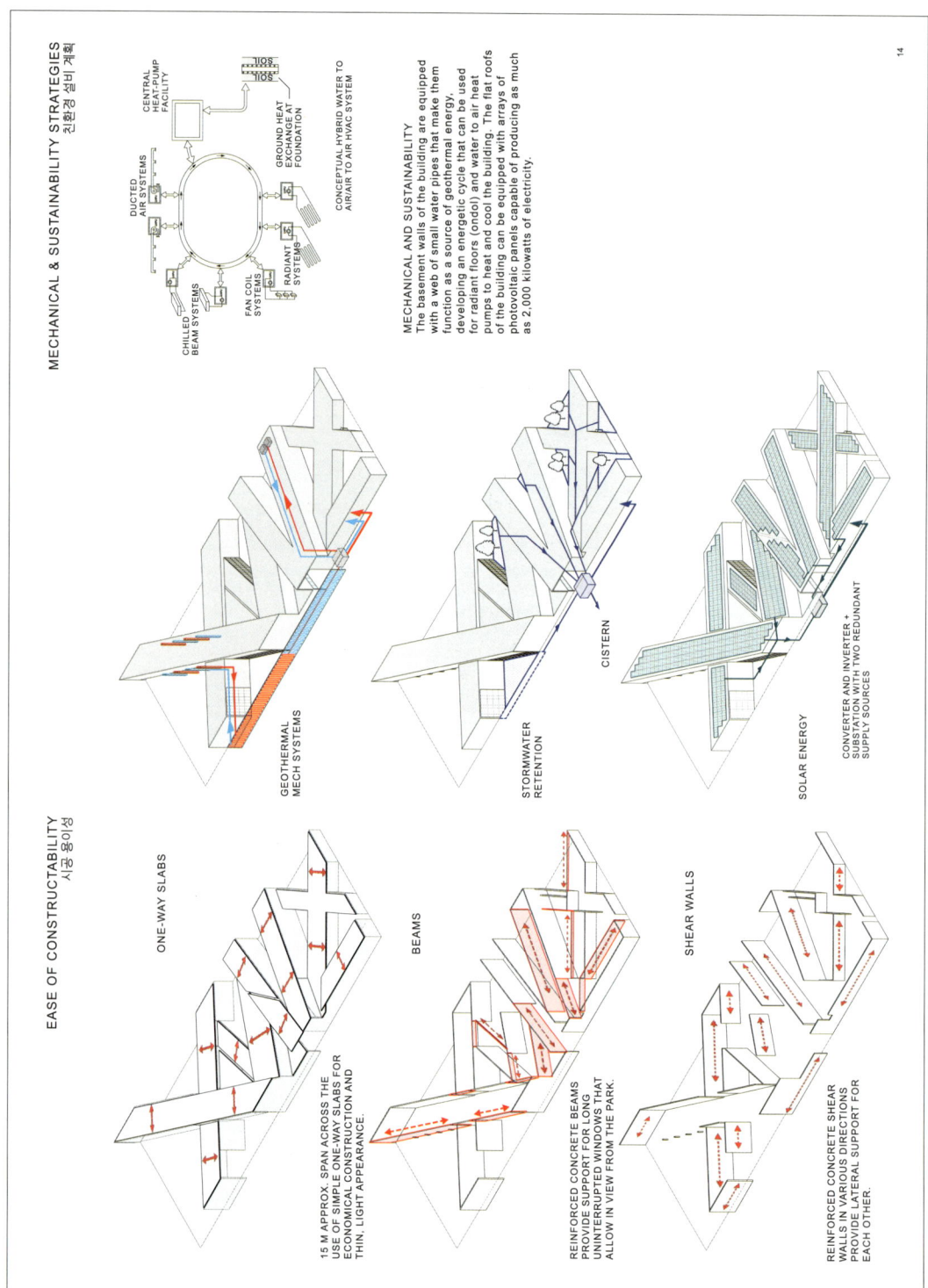

PASSAGE MUSEUM
NEW JINJU NATIONAL MUSEUM

competition 3

1st
단산면 행정복지센터

2nd
에스티피엠제이 + 아뜰리에준 건축사사무소

interview
건축사사무소 김남

pp.53-74

공모개요

유형	일반 설계공모
위치	경상북도 영주시 단산면 옥대리 199-3 외 8필지
지역지구	계획관리지역, 자연취락지구, 상대보호구역
규모	지상 2층 이내 (지하층 금지)
연면적	1,102.93m² (±5%m² 범위 내 오차 허용)
대지면적	2,544.00m²
설계비	약 2.4억 원 (238,752,000원)
공사비	약 40.3억 원 (4,032,710,000원)

공모일정

공고	2023. 06. 16
심사	2023. 08. 16

심사위원

이은경	이엠에이 건축사사무소
정이삭	에이코랩 건축사사무소
최연웅	아과닷체 건축사사무소
최경인	일상 건축사사무소
남성문	낯곳 건축사사무소

심사결과

당선	에스티피엠제이+아틀리에훈 건축사사무소
2등	건축사사무소 김남
3등	건축사사무소 시도건축
4등	818건축
5등	오엔헬 건축사사무소

architects 에스티피엠제이 + 아뜰리에준 건축사사무소

prize 당선

contents 조감도 및 입면투시도, 설계의도 및 배치개념, 대지현황 및 동선계획, 배치계획, 평면계획, 입면계획, 단면계획, 단면투시도, 탄소저감 및 시공 프로세스 제안, 분야별계획

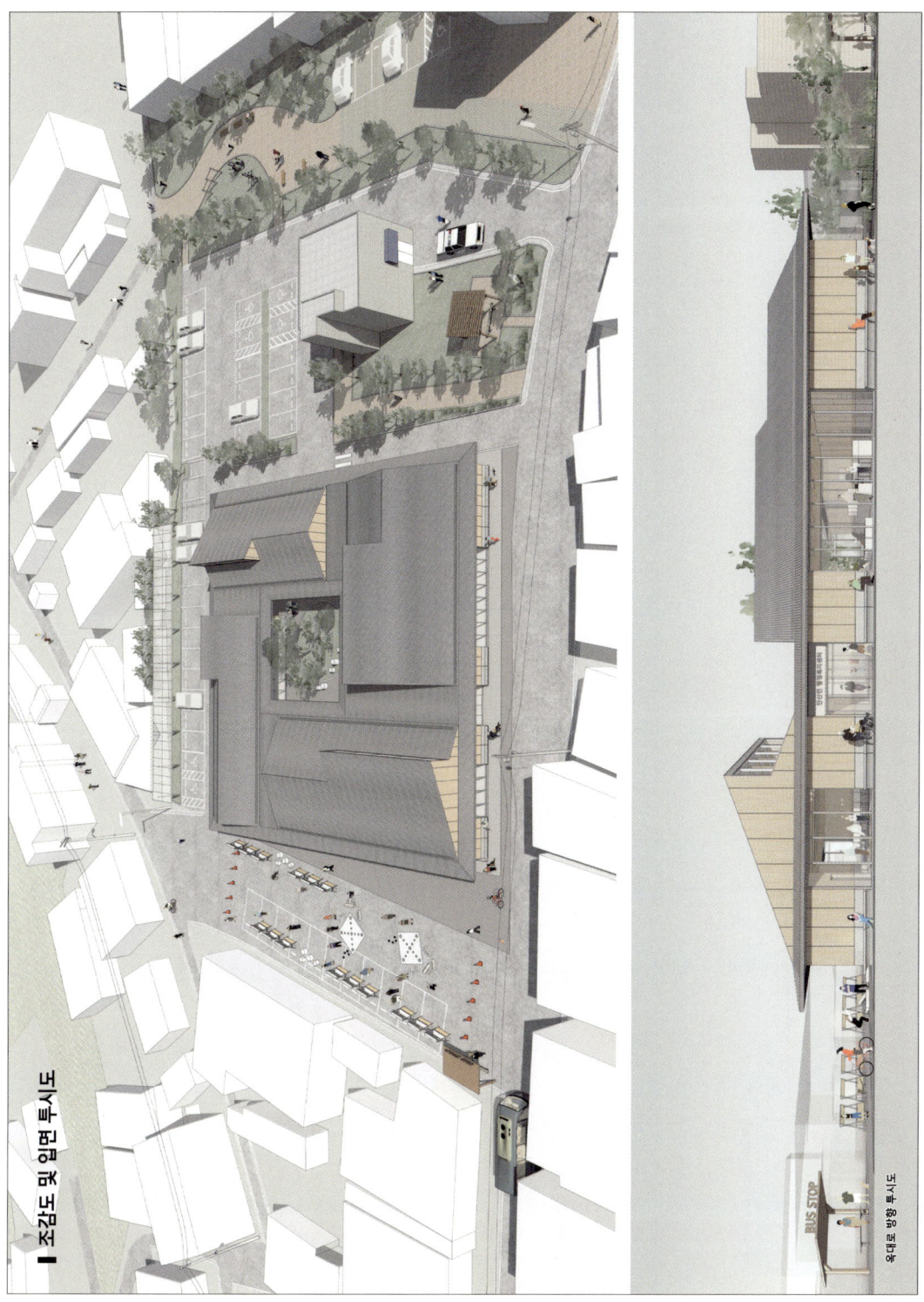

설계의도 및 배치개념

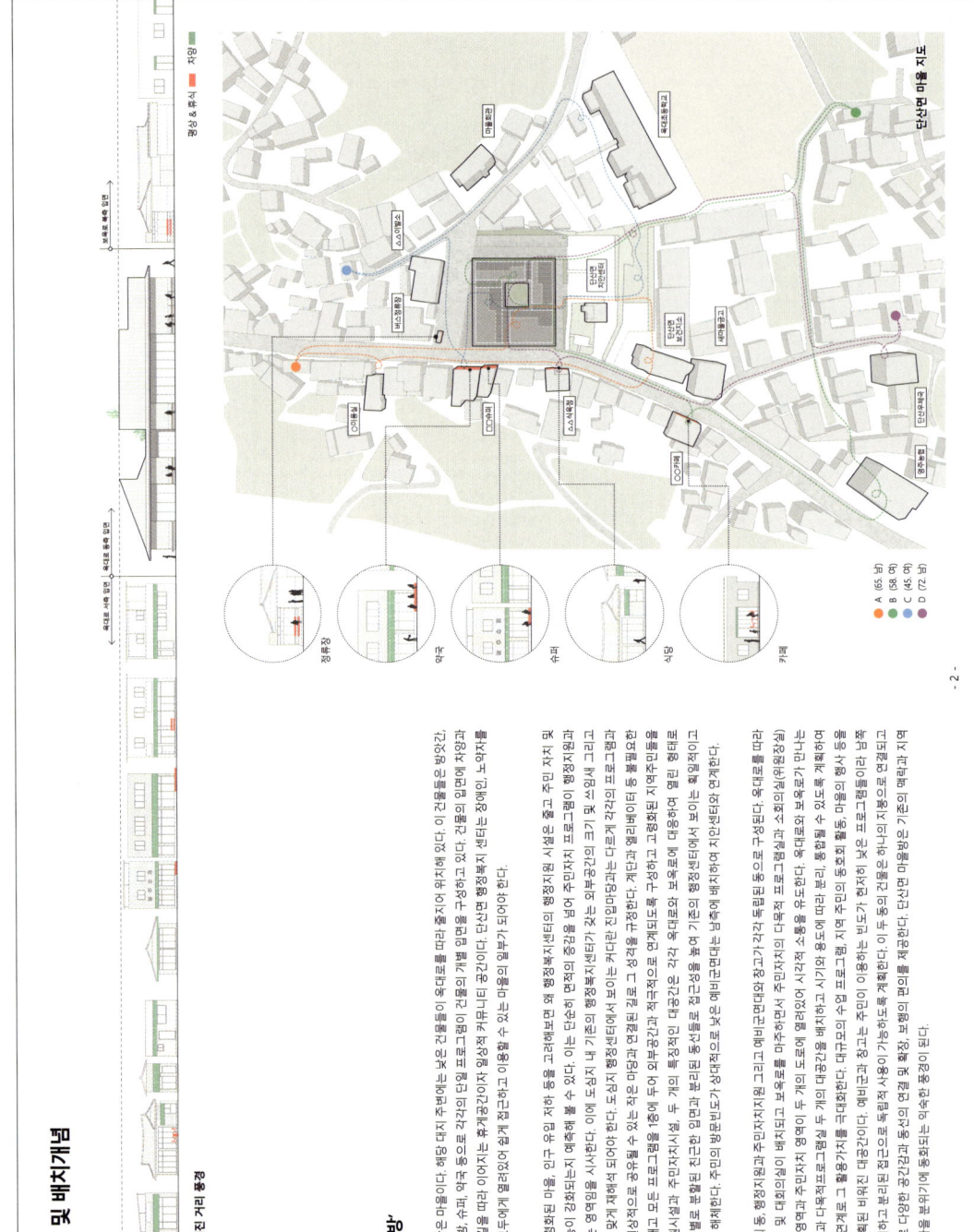

단산면 '마을방'

영주시 단산면은 작은 마을이다. 해당 대지 주변에는 낮은 건물들이 옥대로를 따라 촘촘이 위치해 있다. 이 건물들은 밭았간, 이발소, 식당, 한약방, 슈퍼, 약국 등으로 각각의 단일 프로그램으로 개별 입면을 구성하고 있다. 단산면 행정복지센터는 건물의 입면에 창양과 영상을 운 풍경은 길을 따라 이어지는 휴게공간이나 일상적 커뮤니티 공간이다. 단산면 행정복지센터는 장애인, 노 약자를 비롯한 지역주민 모두에게 열려있어 쉽게 접근하고 이용할 수 있는 마을의 일부가 되어야 한다.

주민수 1800명, 고령화된 마을. 인구 유입 저하 등을 고려해보면 여 행정복지센터의 행정지원 시설은 줄고 주민 자치 편의시설은 기능이 강화되는지 예측해 볼 수 있다. 이는 단순히 면적의 증감을 넘어 주민자치 프로그램이 행정지원사업을 통합 아우르는 형식을 갖는 영역임을 시사한다. 이에 도심지 내 기준의 행정복지센터가 갖는 외부공간과 다르게 프로그램과 정면성은 단산면에 맞게 재해석 되어야 한다. 도심지 행정센터에서 보이는 커다란 진입마당이나 그 크기 및 스며세 그리고 연계를 놓이면서 일상적으로 공유할 수 있는 작은 마당. 이 열린 일를 그 성격을 규정한다. 계단과 열린배치 등 열리 주민들이 일상적으로 방문할 수 있는 서비스 공간을 없애고 모든 프로그램을 1층에 두어 외부공간과 외부공간의 연계되도록 구성하고 고령화된 지역주민들을 배려한다. 행정지원시설과 주민자치시설, 두 개의 독립적인 대공간의 각 옥대로와 보조도의 기존의 연결하여 열린 형태로 배치되고 프로그램별로 분할된 진근한 입면과 분리된 동선을 통해 구성한다. 보조도에 접근성을 높여 기존의 행정센터가 보이는 독점적이고 권위적인 정면성을 해체한다. 주인의 방문빈도가 상대적으로 낮은 예비군대를 남쪽에 배치하여 시안센터와 연계한다.

건물은 크게 두 개의 동, 행정지원과 주민자치지원 그리고 예비군대의 창고이자 각기 독립된 동으로 구성된다. 옥대로 따라 민원과 행정지원 및 대외업원의 배치되고 보조도 두 개로 도로에 열려있어 시가의 소통을 유도한다. 옥대로와 주도의 만나는 모퉁이에 대한 영역과 다목적프로그램 그리고 주민들과 관계를 배려하고 시각과 용도에 따라 분리, 통합할 수 있도록 계획하여 내 외부의 유기적 연계로 활용가치를 극대화한다. 다각적 수의 프로그램, 지역 주민의 동호회 활동, 마을의 행사 등을 담을 수 있도록 계획한 중간적 대공간이다. 예비군과 창고는 주민이 창고는 주민이 이용하는 반드시 현재의 넘구 이는 프로그램이라 남쪽 자로에 배치하도록 보이는 접근으로 독립적인 사용이 가능하도록 계획한다. 이 두 개의 건물은 하나의 지붕으로 연결되도 차마와 벽지 등으로 다양한 공간과 연결 및 확장, 보행의 편의를 제공한다. 단산면 마을방은 기존의 마을과 지역 주민을 존중하며 모을 꾸리기에 동화되는 익숙한 풍경이 된다.

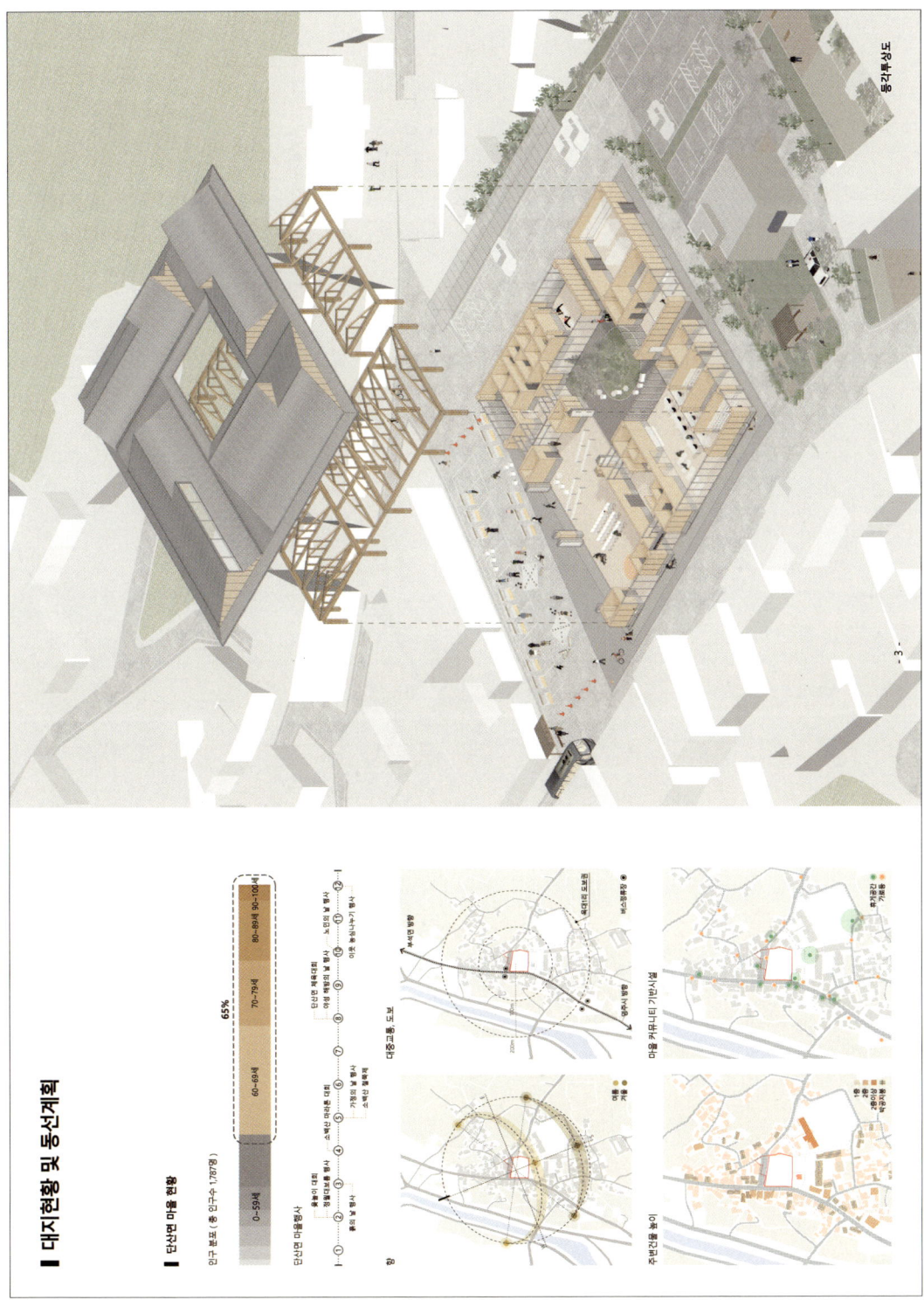

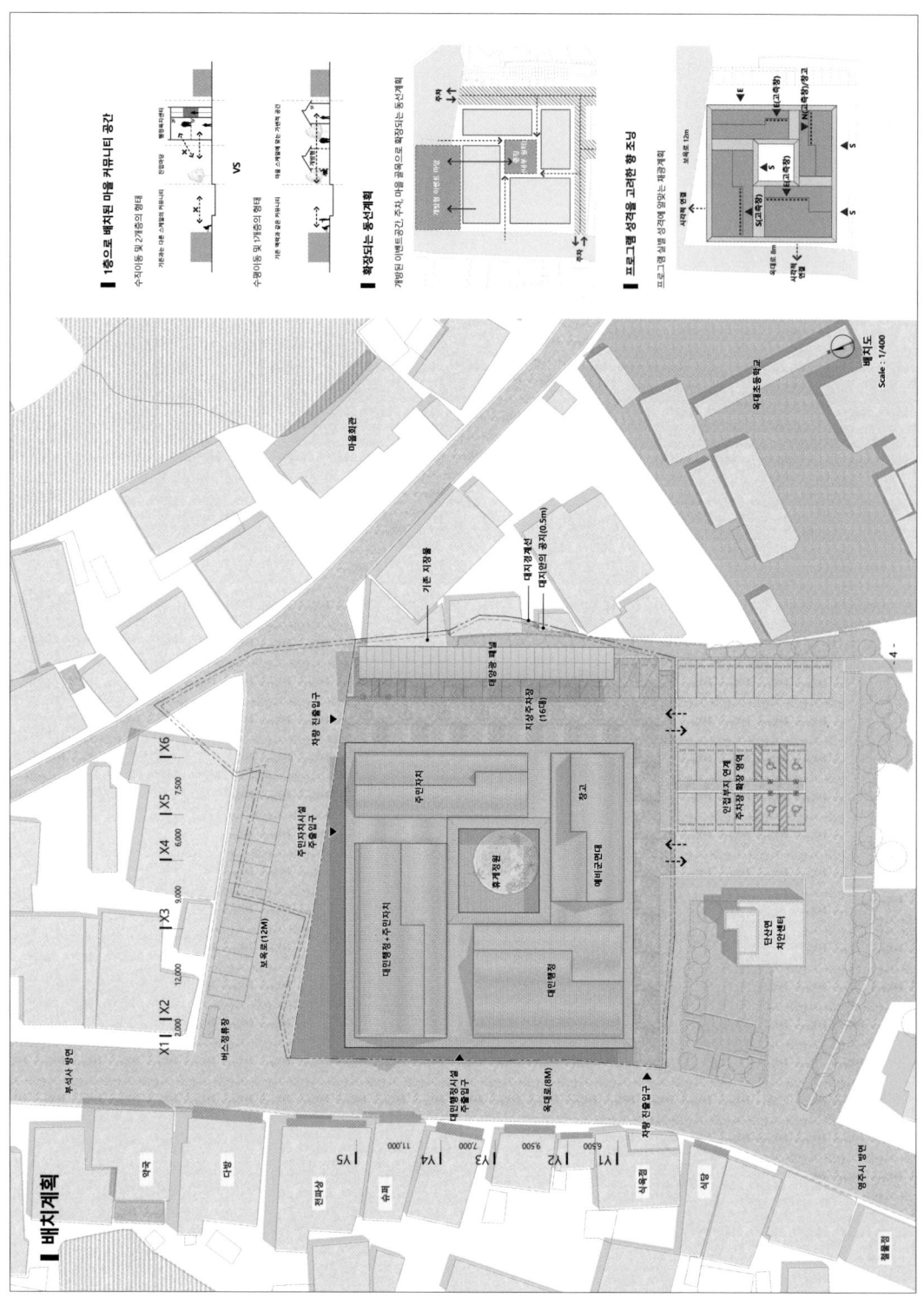

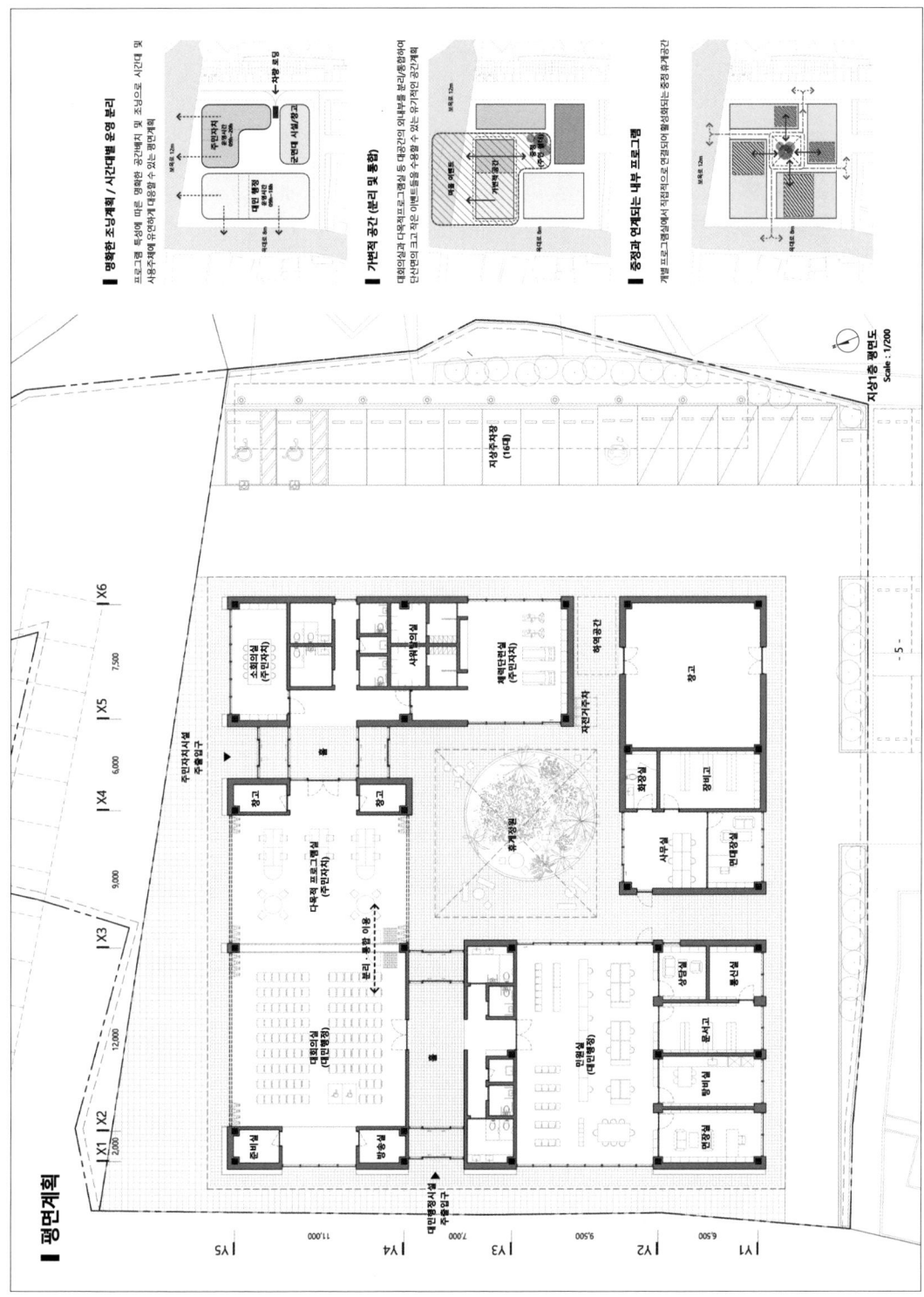

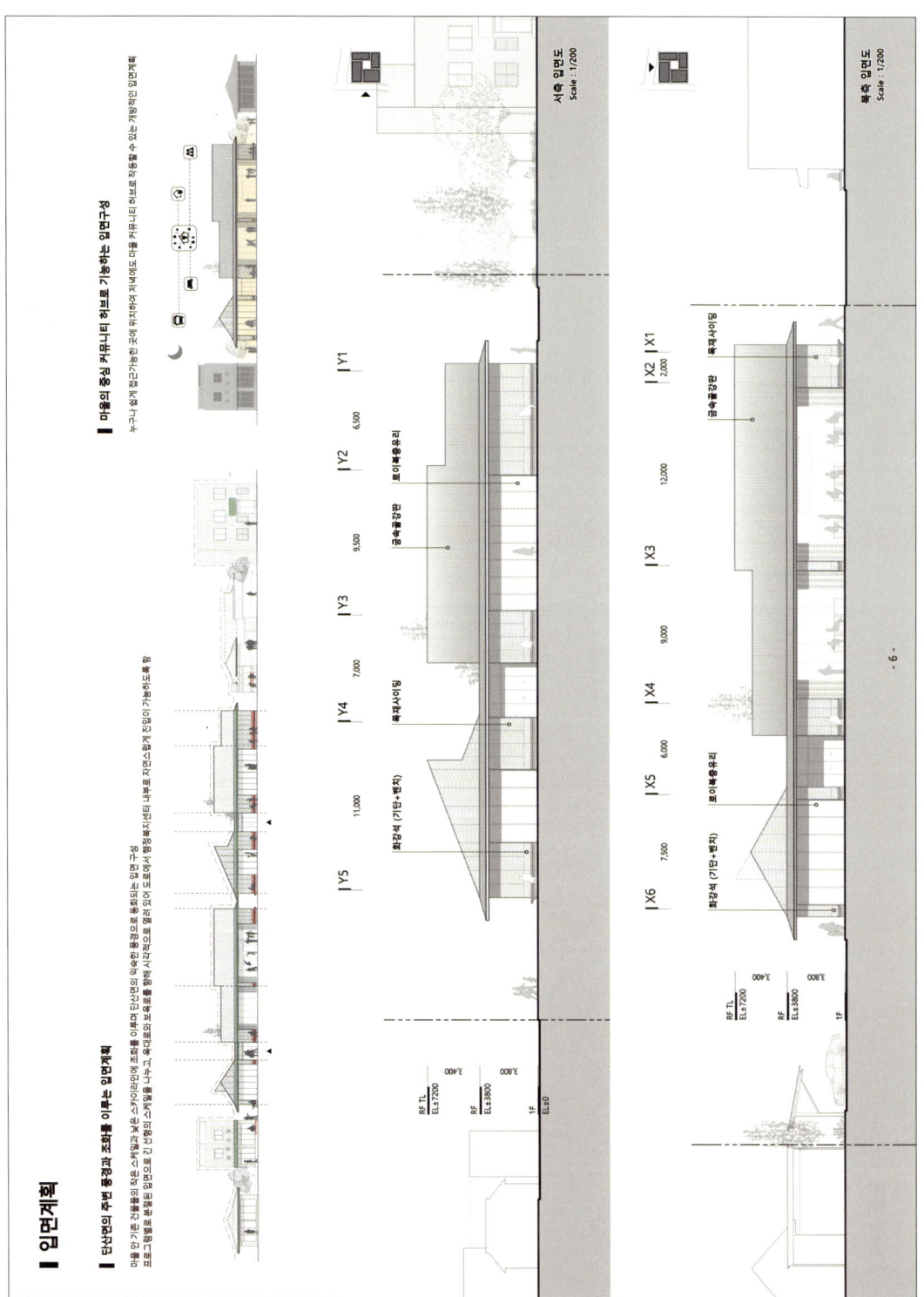

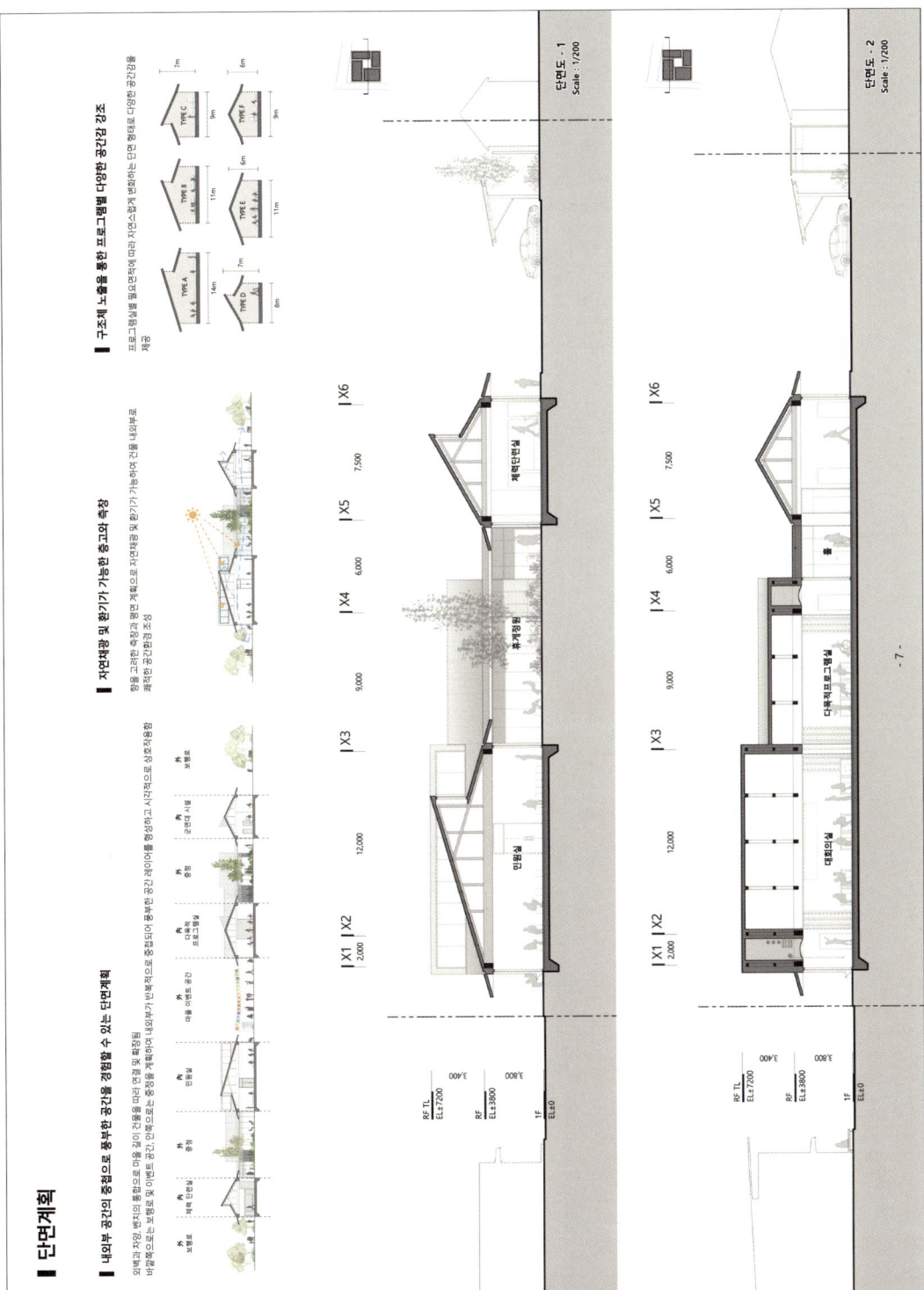

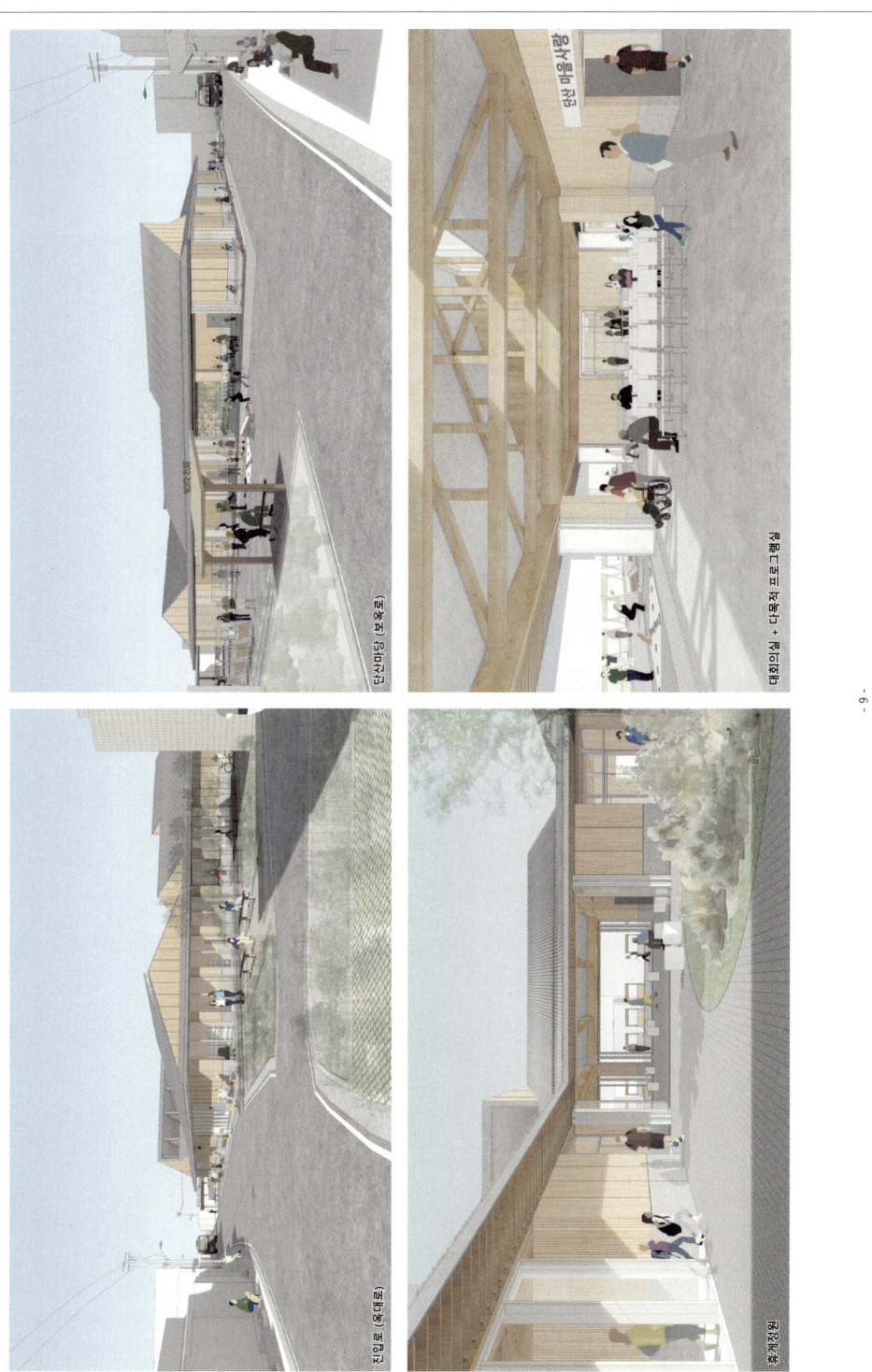

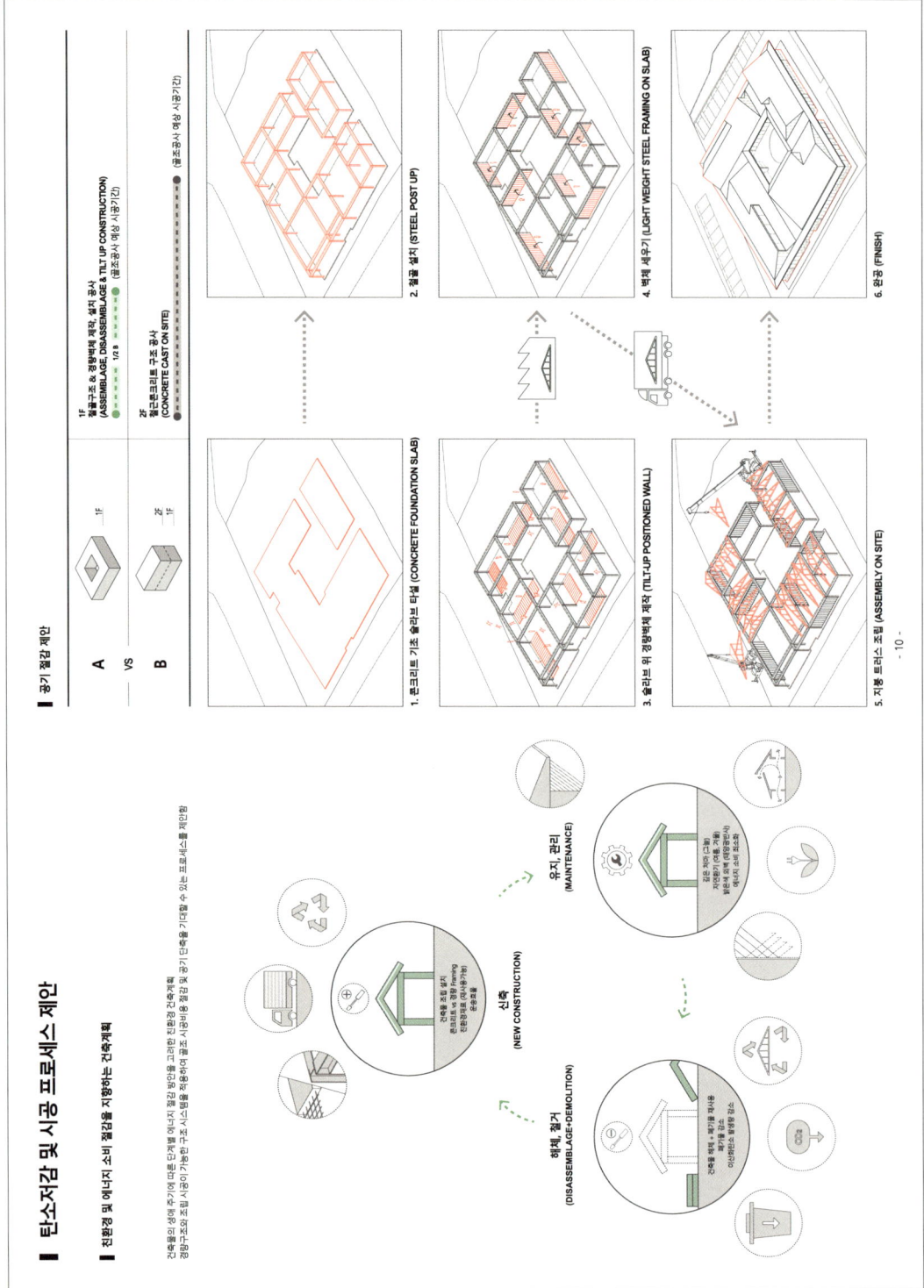

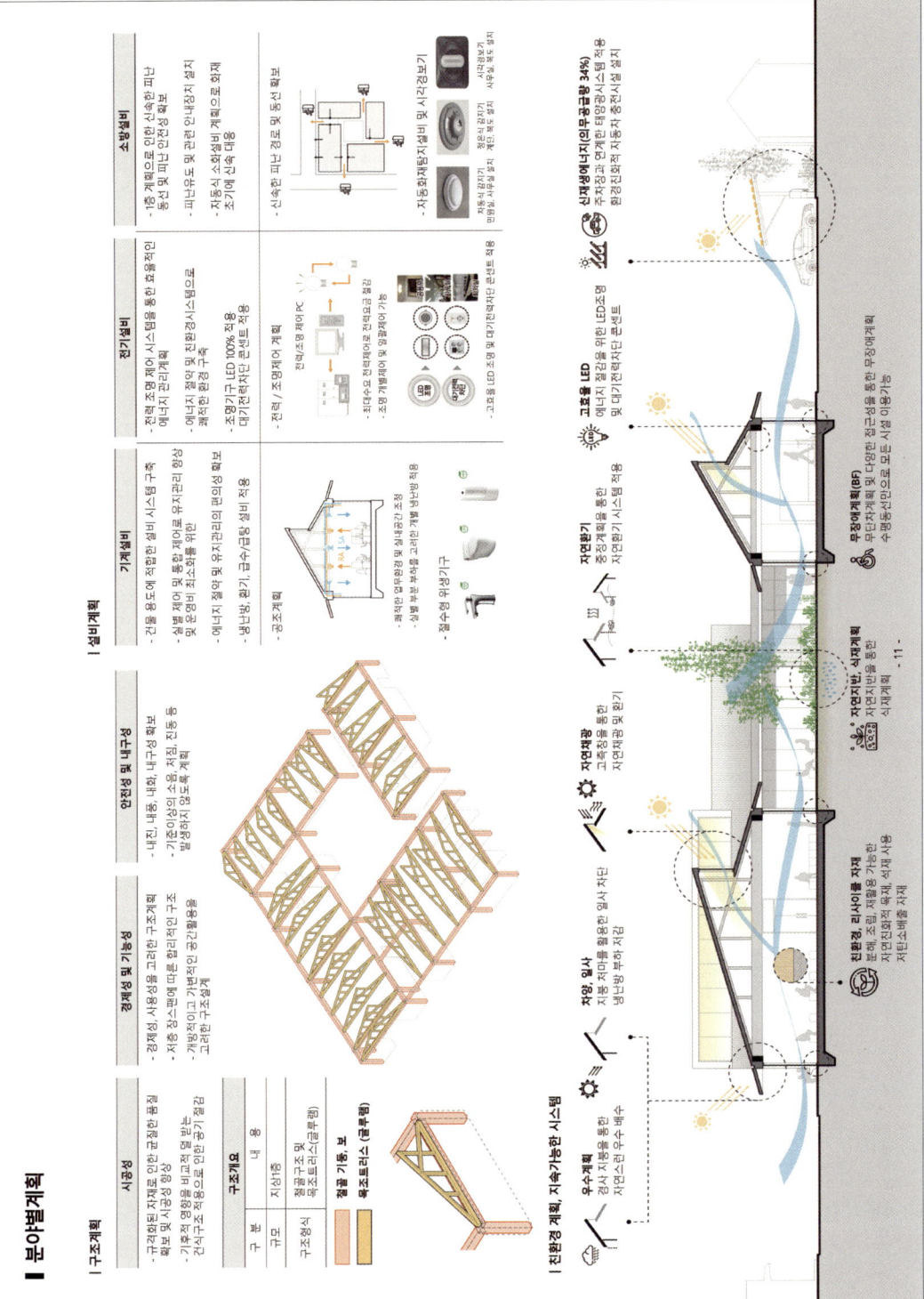

개요 및 시설면적표

건축개요

항 목		설계내용	비 고
건물개요	건 물 명	단산면 행정복지센터	
	대지위치	경상북도 영주시 단산면 옥대리 199-3외 8필지	
	지 역 지 구	계획관리지역, 자연취락지구, 상대보호구역 (도시관리계획 변경예정)	
	도로현황	서측 8M도로 북측 12M 통과도로	
	용 도	업무시설(공공업무시설)	건축법상 용도
	대지면적	2,544.00 m²	
	연 면 적	1,077.42 m²	기준연면적 97.68 %
	지상연면적 (용적률산정)	지상1층	1,077.42 m²	
		합계	1,077.42 m²	
	건축면적	1,223.50 m²	
	건 폐 율	48.09 %	법정 : 60% 이하
	용 적 률	42.35 %	법정 : 100% 이하
	구 조	철골구조	
	층 수	지상1층	
	최고높이	7.2m	
	주요외장재	사이딩, 화강석	
조경개요		해당없음 (계획관리지역으로 조경 제외대상)	계획 및 법정 조경면적 근거 제시
주차개요		법정 : 1077.42m² / 120m² = 8.97 = 9대 계획 : 16대 (장애인주차2대, 전기자주차1대 포함)	계획 및 법정 주차대수 근거 제시
오수처리시설		기존 부지 내 오수받이 연결접속	
주요설비개요		개별 냉난방 시스템	
기 타			

층별 세부용도 및 면적표

층별	용 도		면 적 (m²)	비 고
총 계	업무시설		1,077.42 m²	
지상1층 (사무공간, 주민자치공간)	소 계		645.32 m²	
	대회의실		163.81 m²	
	민원실		135.75 m²	
	면장실		25.46 m²	
	탕비실		23.61 m²	
	상담실		12.16 m²	
	문서고		23.61 m²	
	통신실		13.31 m²	
	다목적프로그램실		125.08 m²	
	위원장실		30.48 m²	
	체육단련실		92.06 m²	
지상1층 (공용공간)	소 계		268.80 m²	
	홀, 복도, 방풍실 등		201.70 m²	
	화장실		67.10 m²	
지상1층 (예비군연대,창고)	소 계		163.30 m²	
	연대실		18.59 m²	
	사무실		29.14 m²	
	장비고		27.10 m²	
	창고		88.46 m²	

법규검토서 및 공사비 내역서

관련법규 검토서

법규명 및 조항	대상	법정기준	설계기준	비고
장애인·노인·임산부 등의 편의증진 보장에 관한 법률 제7조	장애인등의 편의시설 대상시설	공공건물 및 공중이용시설은 편의시설을 설치하여야 한다.	BF인증기준에 적합하게 편의시설 설치	반영
영주시 건축조례 제56조의 2	대지안의 공지	건축선에서 건축물까지의 이격 : 해당없음 인접대지경계선에서 건축물까지의 이격 : 0.5m이상	이격하여 계획	
건축법 제 46조	방화구획 등의 설치	주요구조부가 내화구조 또는 불연재료로 된 건축물로서 연면적이 1,000m²를 넘는 것	방화구획 설치	반영
건축법 제 48조	구조안전의 확인	연면적 1,000m² 이상인 건축물은 구조 안전을 확인하여야 한다.	구조 안전 확인	반영
건축물의 에너지절약설계기준	에너지 설계기준	단열조치 일반사항 적용 방풍구조 설치	단열재 두께 중부2지역 열관류율 고려하여 설치, 중앙부 방풍실 설치	반영
건축법 시행령 제41조	통로계획	건축물의 대지안에는 그 건축물 바깥쪽으로 통하는 주된 출구와 지상으로 통하는 피난계단 및 특별피난계단으로부터 도로 또는 공지로 통하는 통로를 다음 각 호의 기준에 따라 설치하여야 한다. 유효너비 1.5m 이상	통로 1.5m 이상 계획	반영

예정 공사비 개략 내역서

(단위 : 천원)

구분	공종명	재료비	노무비	경비	계	구성비
	계	720,159	893,367	6,981	1,620,508	42.12%
건축공사	가설공사	24,133	153,857	6,058	184,049	4.61%
	골조공사	66,901	277,642	-	344,543	8.63%
	조적, 방수공사	79,500	73,341	67	152,908	3.83%
	창호공사	110,081	30,335	116	140,532	3.52%
	수장공사	188,242	94,818	-	283,060	7.09%
	마감공사	265,276	208,897	521	474,694	11.89%
	기타잡공사	65,426	26,037	362	91,825	2.55%
토목공사		90,428	18,085	72,342	180,855	4.53%
조경공사		21,799	7,785	1,557	31,141	0.78%
기계설비공사		152,409	50,803	-	203,212	5.09%
전기설비공사		222,416	24,713	-	247,129	6.19%
소방공사		111,987	19,762	-	131,749	3.30%
통신공사		59,646	39,764	-	99,410	2.49%
합 계		1,458,244	1,025,839	81,023	2,575,088	64.50%
제 경 비					1,018,058	25.50%
총 공사 금액 (부가세 포함)					3,992,384	100.00%

architects : 건축사사무소 김남

prize : 2등

contents : 투시도, 건축개요, 층별 세부용도 및 면적표, 설계개념, 배치계획, 평면계획, 입면계획, 환경 및 무장애 계획

한국의 많은 농촌 마을들처럼 단산면은 고령화와 인구감소를 겪고 있다. 이러한 마을에서 행정복지센터는 주민들에게 정해진 공공서비스를 제공하는 것을 넘어 갈수록 희박해지는 사람들 사이의 만남과 소통을 위한 장소가 되어야 한다.

이웃 주민들에게 필요한 복합적인 편의를 담되 쉽고 익숙한 방식으로 그들의 삶에 다가가는 건축을 제안한다.

층별 세부용도 및 면적표

층별	용도	면적 (m²)	비고
총 계		1073.78	
지상1층	소 계	1002.71	
	프로그램실	100.26	준비창고 9.7m²포함
	위원장실	23.76	
	체력단련실	84.02	
	민원사무실	62.62	
	면장실	13.86	
	상담실	10.20	
	탈의실	14.60	
	문서고	20.79	
	통신실	7.25	
	예비군사무실	29.34	
	예비군장비고	19.35	
	면대장실	18.46	
	대회의실	141.04	
	주민창고	107.98	
	홀	178.12	
	방풍실/복도	100.93	
	청소도구실	5.20	
	남녀 화장실	64.93	
지상 2층	소 계	71.07	
	기계실	71.07	보일러실

건축개요

항 목		설계내용	비 고
건 물 명		단산면 행정복지센터	
건축개요	대지위치	경상북도 영주시 단산면 옥대리 199-3외8필지	
	지역지구	계획관리지역, 상대보호구역, 자연취락지구	
	도로현황	북서측 6m 도로, 북동측 10m 도로 접도	
	용 도	업무시설	건축법상 용도
	대지면적	2544 m²	
	연 면 적	1073.78 m²	기준면적의 97.36%
	지상연면적 (용적률산정용)	1073.78 m²	지상1층: 1002.71m² 지상2층: 71.07m²
	건축면적	1002.71 m²	
	건 폐 율	39.41%	법정: 60% 이하
	용 적 률	42.20%	법정: 100% 이하
	구 조	철근콘크리트조	
	층 수	지상 2층	
	최고높이	6.6 m	
	주요외장재	타일	
조 경 개 요		식재면적 약 350 제곱미터 (대지 내 불법건축물 존치 상태로 정확한 식재면적 산정 불가)	법정조경의무 면적 없음
주 차 개 요		16대	법정: 8.85대 장애인2대, 전기자1대
오 수 처 리 시 설		오수합병 정화조	
주 요 설 비 개 요		태양광 패널, BIPV(전창), EHP	
기 타			

한적한 농촌 마을의 길 위에서

작고 낮은 건물들

단산면의 건물들은 대부분 1~2층 규모로 낮고 폭이 좁다. 작고 단순한 건물의 모음으로 이루어진 이 가로에서는 행인 누구나 건물의 용도를 쉽게 인지할 수 있다.

캐노피와 평상 - 휴식과 소통의 장치

마을의 많은 건물 앞에는 캐노피와 평상을 볼 수 있다. 가게나 식당이 주인뿐만 아니라 누구나 이용할 수 있는 이 장치들은 주민들에게 그늘과 휴식을 제공하며, 서로 소통할 수 있는 계기를 만들어 준다.

길과 맞닿아 있는 집과 상점

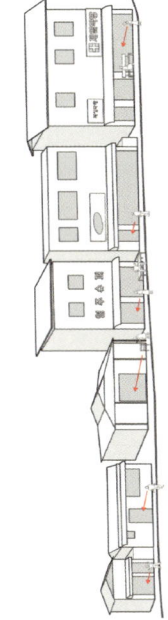

집과 상점들은 좁은 미서기문 한 겹만을 사이에 두고 직접 길과 맞닿아 있다. 길은 이동을 위한 통로 이상으로 건물 앞 화단이자, 창고이자, 쉼터로서의 확장된 공간적 의미를 갖는다. 이 길을 걷다 보면 언제라도 가게 주인이 문을 드르륵 열고 손짓하며 말을 건넬 것 같다.

흩어진 시설들

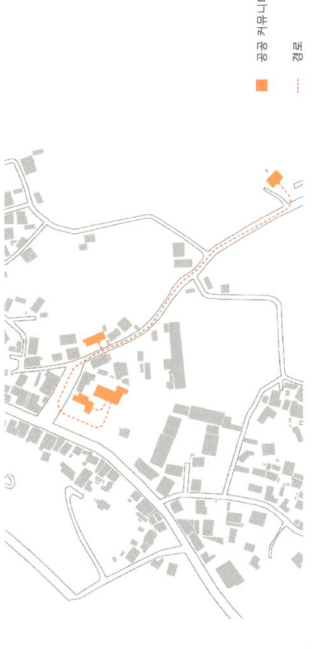

단산면의 공공 커뮤니티시설들은 흩어져 있다. 낮은 인구 밀도를 가진 마을 안에서 여러 건물로 사용자가 분산되면 커뮤니티 공간으로서의 집중도가 낮아지고, 마을회관처럼 제대로 쓰이지 않게 된다.

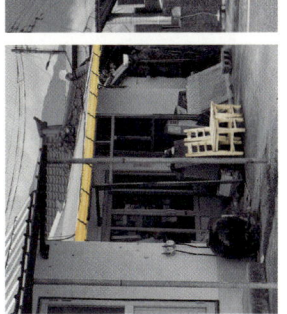

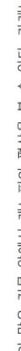

새 행정복지센터

단층 건물들의 모음

우리는 이 마을에 오래 살아온 주민들에게 이 건물이 익숙하고 편안하게 받아들여지기를 기대한다. 작은 건물들이 모여 있는 듯한 이 건물은 민원실, 프로그램실, 체력단련실 등 서로 다른 용도의 시설이 모여 있다는 사실을 직관적으로 인지시켜준다.

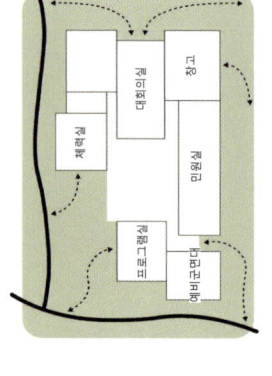

- 홀
- 행정복지센터
- 예비군면대
- 주민시설

길과 맞닿아 있는 주민시설

단층 건물은 대부분의 기능실들에 거리로부터의 직접 출입이 가능성이 열려 있다. 길을 걷다 슈퍼나 철물점 앞 평상에 잠시 걸터 앉듯 기둥샆에 들르고, 창 안으로 보이는 이웃들에게 인사하고 잠들 수 있다.

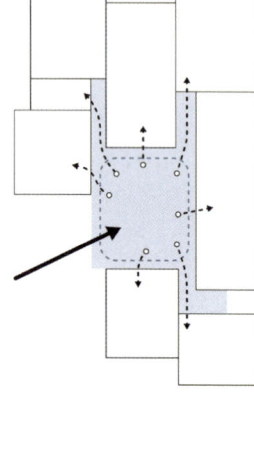

모든 주민시설이 1층에 있어 거리에서의 직접적 접근이 쉽다.

집중된 홀, 자연로 만나지는 곳

(기계실을 제외하고는) 한 층으로 구성된 이 행정복지센터에는 좋이 하나 뿐이다. 민원실, 취미교실 등 다양한 프로그램이 사용자가 모두 이 홀에 모인다. 인간관계가 반가운 주민들에게 이곳은 가깝 이웃을 만나게 되는 장소가 된다.

홀은 한 곳으로 집중시켜 모두가 모이는 공간이 된다.

캐노피와 평상 - 휴식과 소통의 장치

주요실들이 바깥에 부착되는 캐노피와 동네마당에 놓인 평상 등은 마을 길에 있는 휴식과 소통의 장치에 대한 직접적 차용이다. 이 장치들을 주민들이 익숙한 방식으로 건물의 내외부를 사용할 수 있게 해준다.

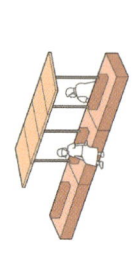

건물 곳곳에 캐노피와 앞을 곳을 만들어 누구나 자연스럽게 머물다 갈 수 있다.

-4-

동네마당과 사방의 통로

건물의 전입 공간이자 메인 외부 공간인 동네마당은 두 길이 만나는 크너에 배치하였다.

남쪽 인접대지 및 초등학교와의 연계를 고려해 동측을 따라 대지의 동측으로 보행로를 연장하였다. 이로써 대지와 인접한 북서측과 북동측의 두 길, 주차장과 맞닿은 면, 동측면까지 건물이 사면이 모두 보행로에 닿아 있게 되어 면 주민들이 건물 곳곳에 직접 접근하기가 더 쉬워진다.

주차는 남측 대지경계를 따라 배치하여 서측 도로로부터의 차량진입을 유지하면서도 주차장이 거리와 건물 사이를 가로막지 않도록 하였다. 주차장이 가장 깊숙한 부분에는 창고를 배치하여 하역 시 정차된 차량이 다른 차량의 통행에 차장을 길게 막지 않게 만들었다.

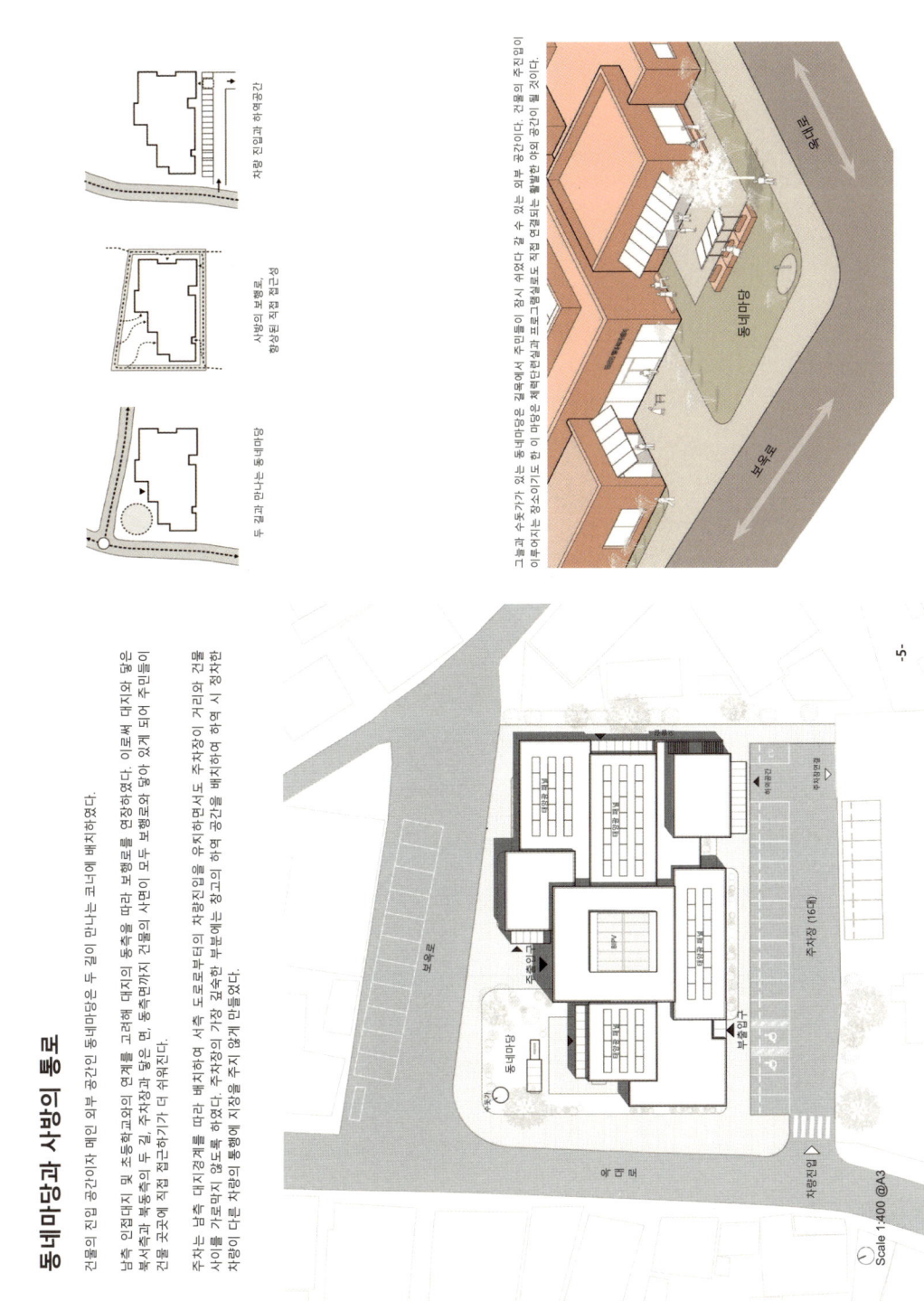

-5-

Scale 1:400 @A3

모두 모이는 곳

건물의 로비, 민원대기실, 대회의실 및 프로그램실의 전이공간 등을 하나로 통합하여 중심에 배치했다. 이로써 이 행정복지센터에는 여러 개로 나뉜 작은 공간이 아니라 하나의 큰 중심 공간이 형성되고, 많은 사람들이 모이는 한 장소가 만들어진다.

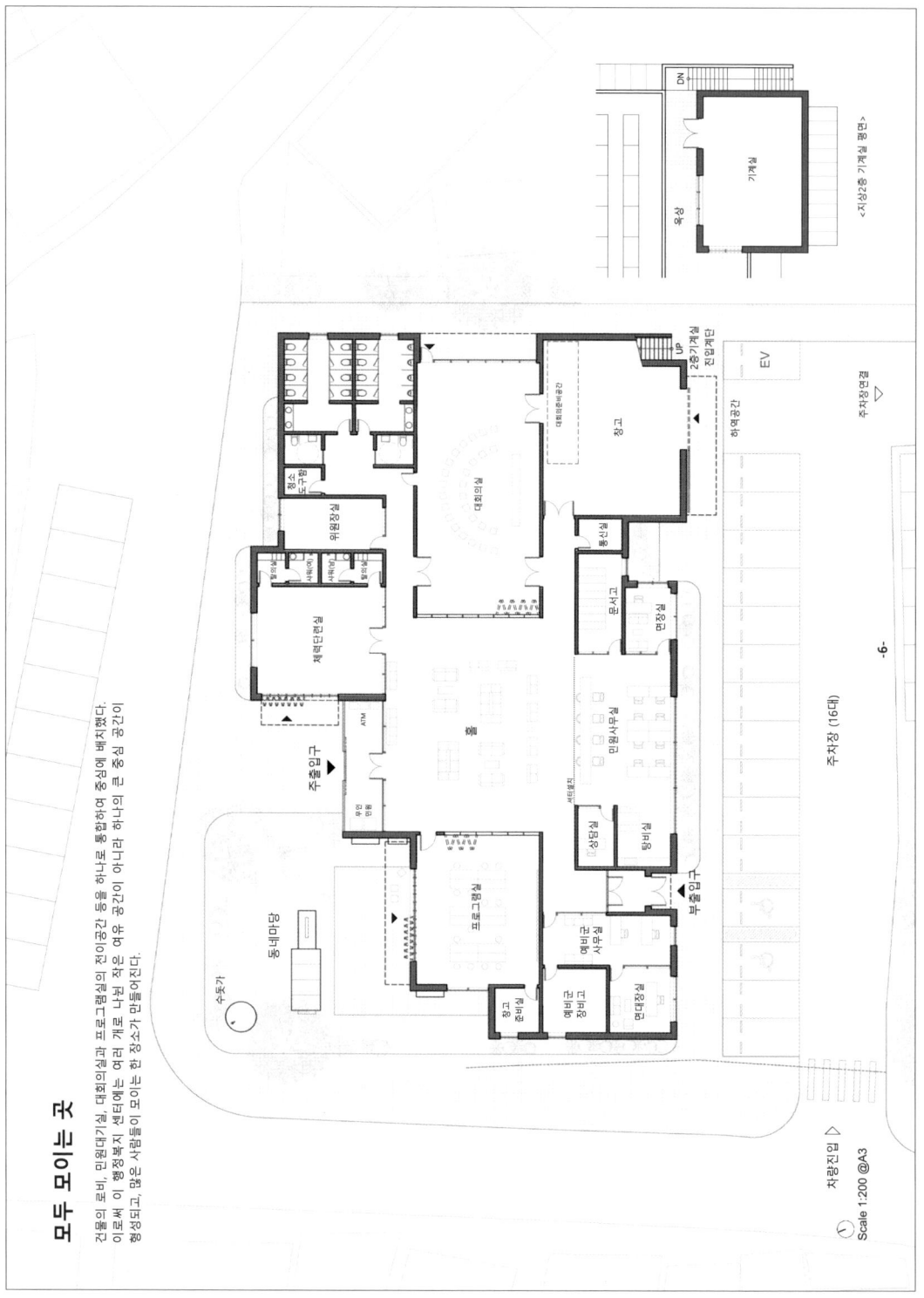

행정시설에서 마을의 커뮤니티 공간으로

홀은 양 측면으로 대회의실 프로그램실과 맞닿아 있다. 주민을 대상으로 하는 공개적 행사가 있을 때, 대회의실은 전시장, 행사장 등으로 사용될 수 있다. 명절이나 동네잔치가 열리는 날에는 대공간으로 프로그램실까지 모두 개방하여 마을 사람 모두를 위한 대공간으로 쓰일 수 있다.

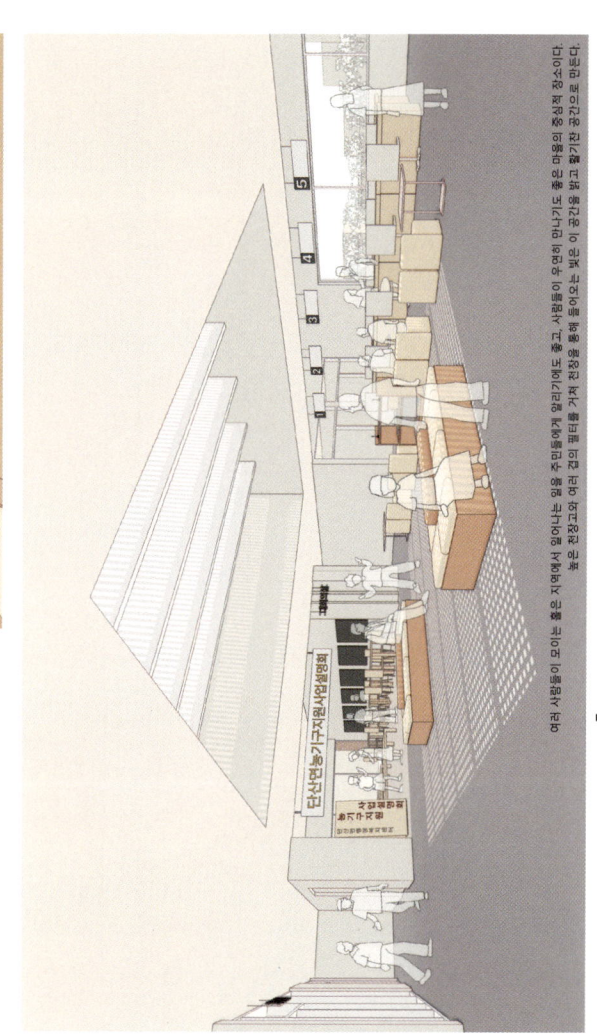

홀은 주민들이 모이는 지역에서 열어나누는 주민들의 앞 뜰이 되어 주며, 사람들이 마을의 중심적 장소이기에 만나기도 좋고 우연히 만나기도 좋다. 계획된 만남이든 우연한 만남이든 사람들이 모여서 앉고 쉴 공간과 이야기를 나눌 공간을 계획했고, 사람들의 경의 뒷 뜰이 되어 여러 천장을 거쳐 전장을 통해 들어오는 빛은 이 공간을 밝고 활기찬 공간으로 만든다.

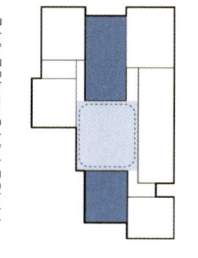

여러 기능실의 대기 장소로 사용할 때의 홀

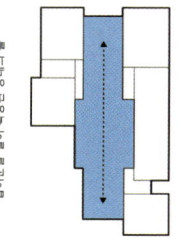

전이공간 역할 홀이 대미의 축이 되어

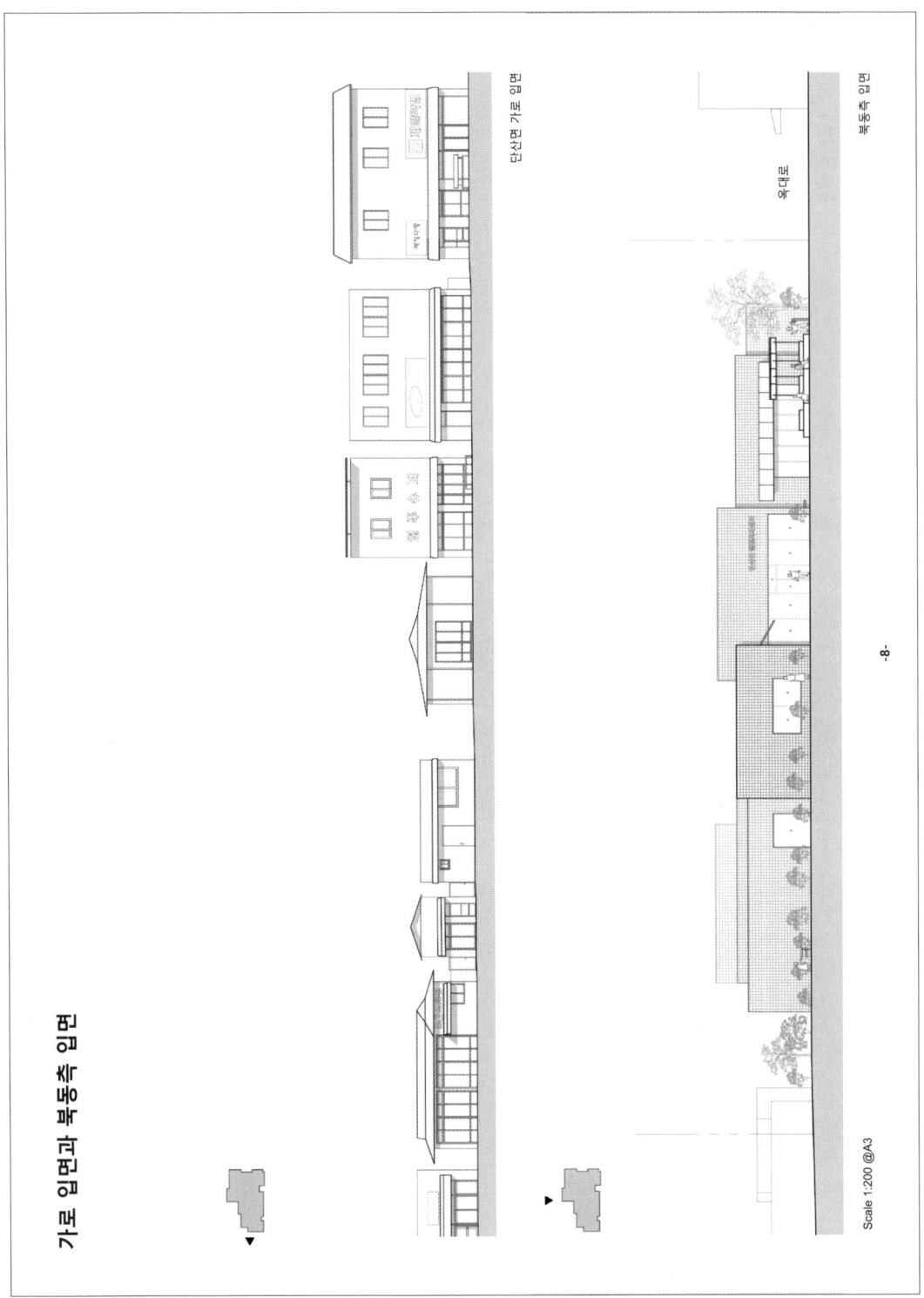

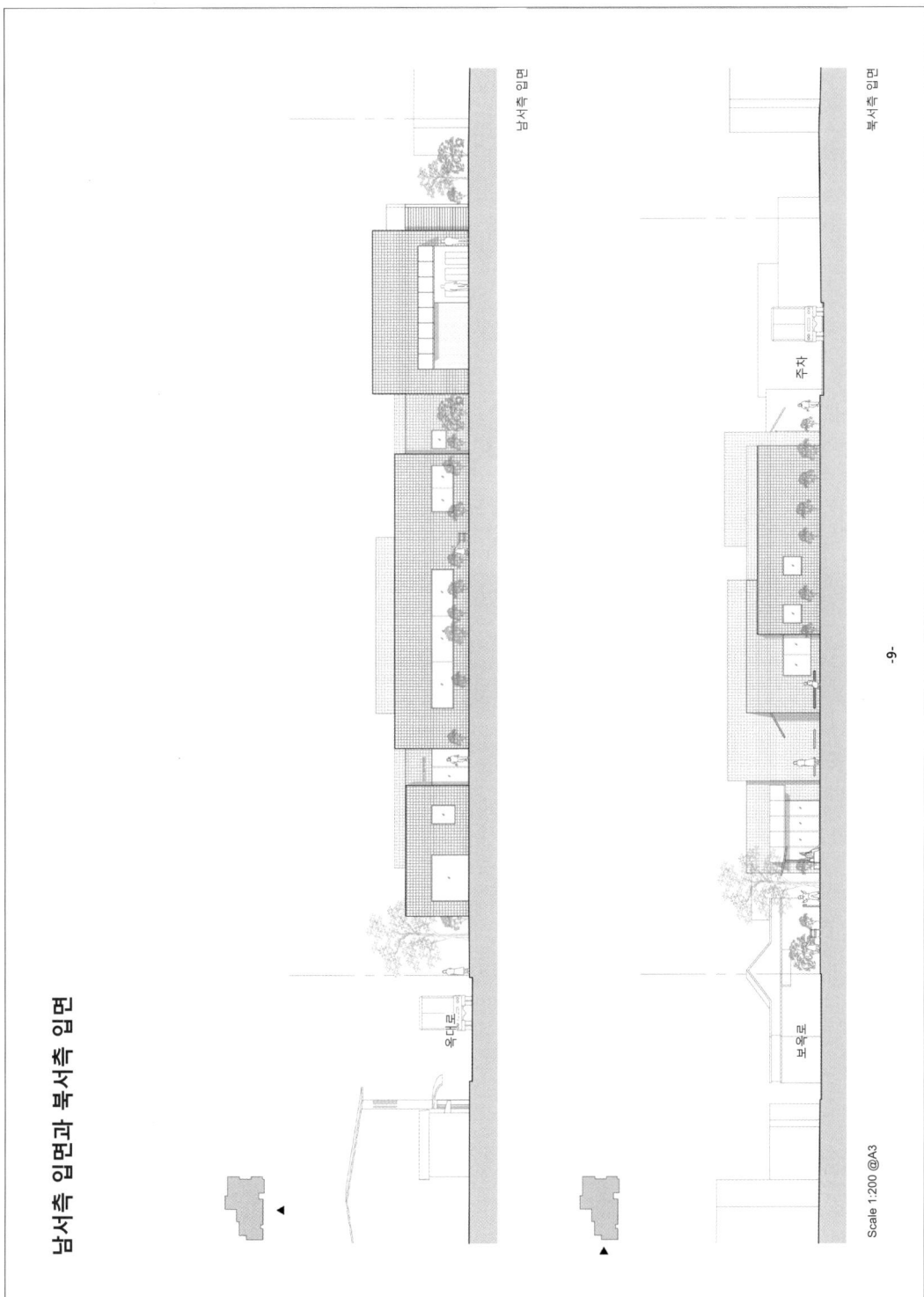

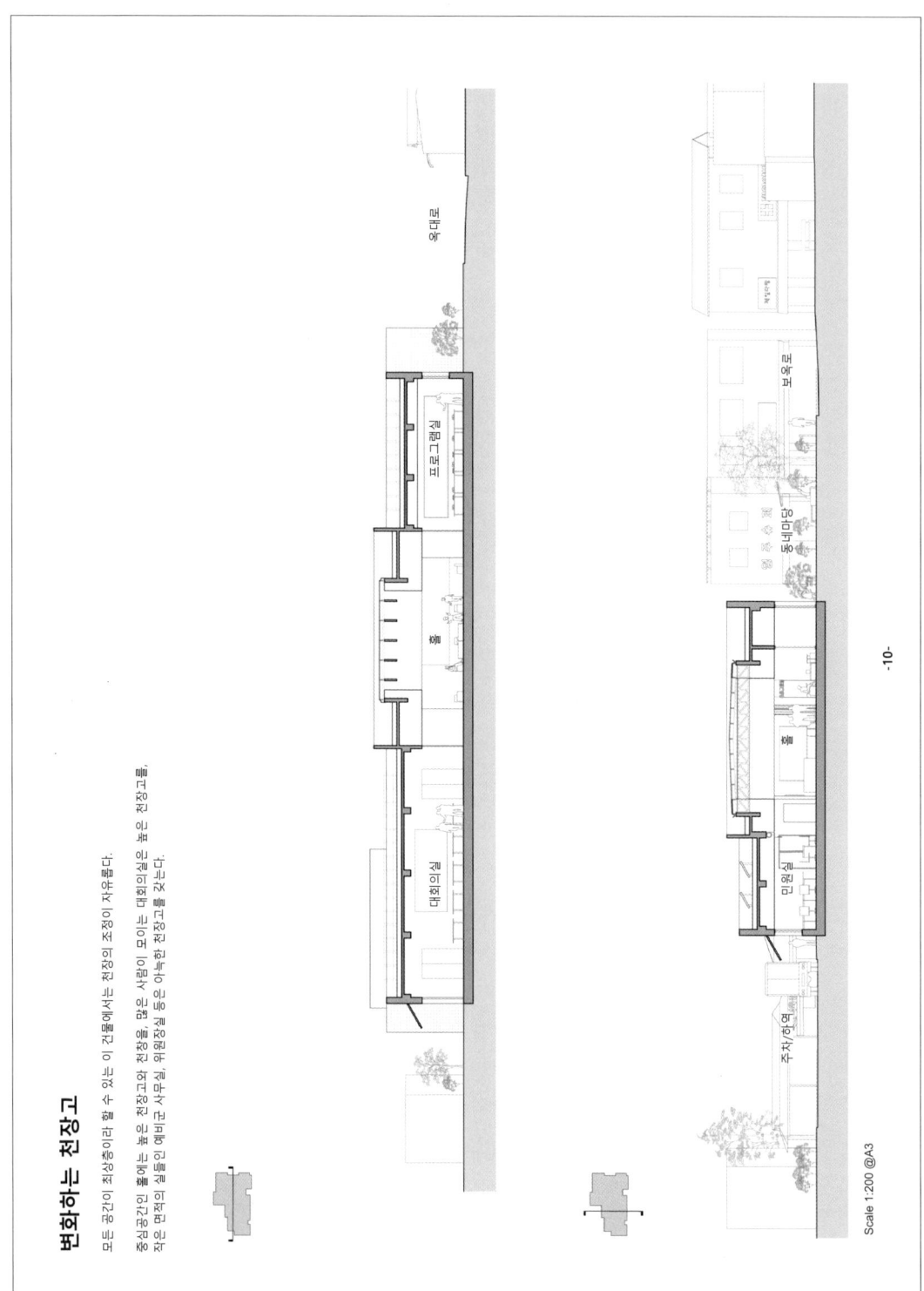

환경 계획

신재생에너지 인증 등 친환경 기준을 충족하기 위해서 본 건물의 기본 배치는 남측에 지붕에는 태양광 패널이 설치된다. 건축면적/지붕면적이 넓은 본 계획은 태양광 패널을 충분히 설치할 수 있는 최적의 여건을 제공한다.

본 건물의 중심적 공간은 홀은 많은 사람들이 자연스럽게 드나드는 공간으로서 공간이 충분한 천장고를 확보하였고 아이디 분위기를 실내로 들여오는 천장을 계획하였다. 천창을 북측 우리 내에는 BIPV 모듈을 적용하여 에너지 효율을 높이고, 동시에 실내 공간이 과열되거나 현휘가 발생하는 것을 방지한다. 덧붙여, 실내측에 설치되는 차양은 일사를 선반시켜 실내 환화를 더욱 억제한다.

장소편의 천창을 지지하는 구조 부재는 평행선이 그림자를 만들어 태양이 움직임에 실내로 느끼지게 하고, 직사광선을 가려 주는 역할을 한다. 이 구조 부재를 사이 실내 공간이 가장 높은 지점에 급배기구를 설치하여 실내 공간 전반에 대류를 촉진하여 환기 장치의 부하를 저감한다. 마을 행사 등으로 더 많은 사람이 모이며, 대회의실로 프로그램실까지 개방설비의 있을 때는 홀 안으로 더 많은 공기가 유입되어 환기가 촉진될 것이다.

에너지, 채광, 구조, 환기 성능에 대한 고려가 결합된 중심 홀의 천창부 단면 다이어그램

개방형의 구조와 천창을 활용한 대류와 교차 환기 (cross ventilation)

무장애 계획 - 단층의 구조와 출입구의 설계

본 계획안은 주민 사용시설 전체를 1층에 배치함으로써 노약자의 장애물인 계단을 원천적으로 배제하였다. 노령 인구의 비중이 높은 단산면의 상황을 고려할 때, 휠체어가 한 대만 들어갈 수 있다는 장애인용 엘리베이터는 무장애 환경을 위한 충분한 대안이 될 수 없다.

무단차 출입구를 탄성공포로 되지 않기 위해서는 북우기 빈번한 한국의 기후환경에 대한 고려가 필요하다. 출입구 주변에는 캐노피를 적용하거나, 적합한 우수 트렌치를 방지할 수 있도록 상부에 충분한 깊이의 캐노피를 적용하거나, 적합한 우수 공간의 방풍실을 활용함으로써 무단차 계획과 실내 공간의 보호를 모두 달성하고자 한다.

덧붙여, 본 계획안에는 남녀 장애인용 화장실과 장애인용 주차구획을 배치하였으며, 여유로운 복도와 문의 너비를 확보하였다.

출입구 무단차 계획을 위한 장치들과 주요 장애인 편의시설

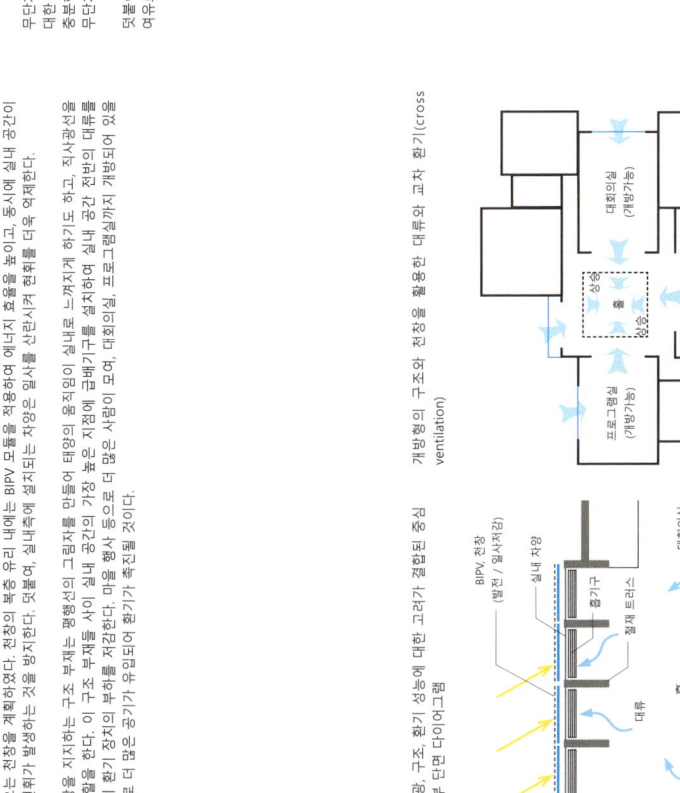

competition 4

흥천1동 행정복지센터

1st 건축사사무소 오브

2nd 수와선 건축사사무소

interview pp.75–92

공모개요

유형	일반 설계공모
위치	경북 영주시 휴천동 703 외 4필지
지역지구	제2종 일반주거지역
규모	지상 3층 이내 (지하층 금지)
연면적	998.10m² (±5% 범위 내 조정 가능)
대지면적	1,168.90m²
설계비	약 2억 원 (204,036,000원)
공사비	약 33.5억 원 (3,348,290,000원)

일정

공고	2023. 06. 20
심사	2023. 08. 16

심사위원

강정은	건축사사무소 에브리아키텍츠
김효영	김효영 건축사사무소
손경민	볼드아키텍츠 건축사사무소
이기철	아키텍케이오 건축사사무소
이진욱	이진욱 건축사사무소

심사결과

당선	건축사사무소 오브
2등	수와선 건축사사무소
3등	와이앤디 건축사사무소
4등	구중정아키텍츠 건축사사무소 + 차하 건축사사무소
5등	화이트그라운드 건축사사무소

architects 건축사사무소 오브

prize 당선

contents 조감도, 공간별 특화계획, 건축개요, 계획의 주안점, 배치계획, 1층 평면도, 2층 평면도, 3층 평면도

조감도

마을로 열린 행정복지센터

행정복지센터는 휴천동 지역과 호흡하고, 주민들의 일상을 공유하는 장소로 계획되었다. 휴천동 주변 환경에 순응하며, 열린 공간구조를 구성하여 마을 공동체 형성을 위한 플랫폼으로 작동한다. 투명하게 비워진 저층부는 행정복지센터의 상징이 되어 소통과 협력, 회합을 위한 장소가 된다. 전면 도로를 향해 층별로 배치된 다양한 도시마당은 지역 주민들의 커뮤니티를 위한 거점이 되어 도시 공공시설의 네트워크를 이룬다.

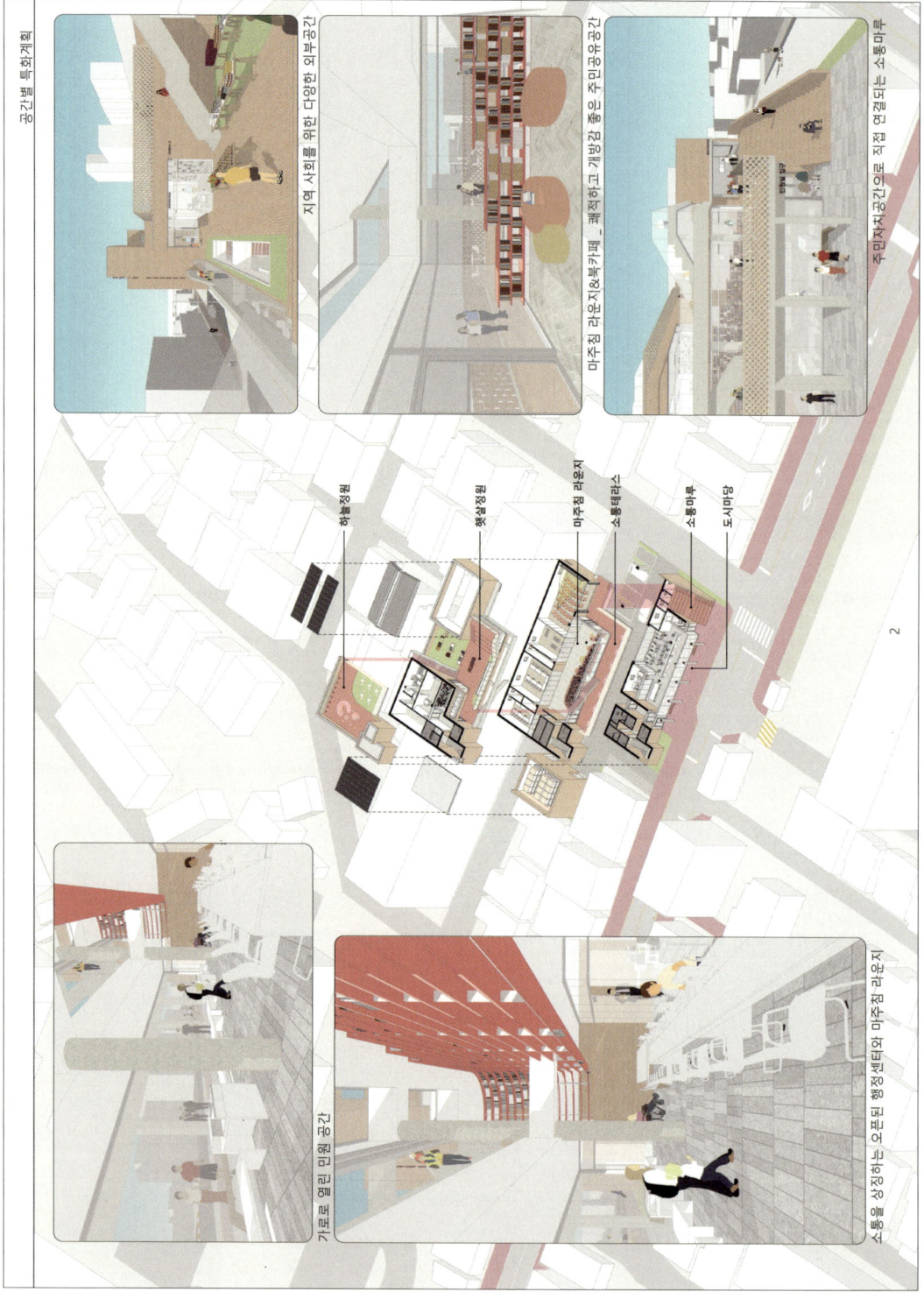

건축개요

설계개요

구 분		설 계 내 역	비 고
건물개요	건물명	후천1동 행정복지센터	
	대지위치	경북 영주시 후천1동 703외 4필지	
	지역지구	2종 일반주거지역	
	도로현황	북측 15M도로, 서측 7M도로, 동측 2.5M 막다른 도로	
	용 도	1종 근린생활시설	
	대지면적	1,164.70 m²	지참 상 1,168.9m² (막다른 도로 확폭면적=4.2m²)
	총연면적	976.81 m²	지첨의 97.78%
	지상면적 (용적률 산정용)	지상1층 406.08 m²	
		지상2층 407.07 m²	
		지상3층 163.66 m²	
	건축면적	660.82 m²	
	건 폐 율	56.74 %	법정 60 %이하
	용 적 율	83.87 %	법정 250 %이하
	구 조	철근콘크리트구조	
	층 수	지상3층	
	최고높이	11.7 m	
	주요외장재	0.5B 치장벽돌:THK24 로이 복층유리, 노출콘크리트,	대지면적의 6.1% 법정:1,164.7×0.05 = 58.24
조경개요		71.21 m²	
주차개요		16 대	법정 8대 이상 (976.81/150 = 6.5대) -장애인1대, 전기자1대, 확장형2대
오수처리시설		단독정화조	
주요 설비개요		EHP 냉난방 시스템, 열회수 환기장치, 친환경 급수설비, 태양광 집열판, CCTV설비	
기타사항		에너지성능지표 7개 항 이상 재로에너지건축물 인증 4등급, 장애인시설안전환경 인증 우수등급, 신재생에너지 공급비율 34% 이상	

시설 면적표

층별	구분	용 도	면 적 (m²)	비고
지상1층	총 계		976.81	지첨의 97.78%
	소 계		406.08	
	민원행정	민원공간	99.13	7명 근무
		사무공간	28.64	6명 근무
		자료실(상담실)	9.52	
		탕비실	5.60	
		개방형 회의실	22.99	모밤 랙 설치
	옥외공간	동장실	20.36	
		비품창고	19.58	
		창고	6.63	
		직원전용 화장실	5.18	
		옥외청소	72.52	하역 동선 확보
	공용공간	홀, 코어 및 화장실 등	115.95	도시마당: 공용코어, 장애인 화장실 등
지상2층	소 계		407.07	
	민원행정	제1회의실	61.43	범 프로젝터, 준비실 및 창고
		제2회의실	39.98	준비실 및 창고(등)
	주민자치센터	제1강의실	55.58	가변형 벽, 마을복카페, 공용코어 등 포함
		제2강의실(다목적실)	92.63	가변형
	공용공간	홀, 코어 및 화장실 등	157.45	마주칠 라운지, 마을복카페, 공용코어, 화장실 등
지상3층	소 계		163.66	
	주민자치센터	주민자치사무실	22.23	
	예비로 중대	중대본부	89.70	중대장실, 중대본부 사무실, 중대창고
	공용공간	홀, 코어 및 화장실 등	51.73	공용코어, 화장실 등

p.89

계획의 주안점

분절된 볼륨 _ 주변 맥락에 대응하는 방식

소규모 건축물이 주를 이루고 있는 마을에 새롭게 건립되는 행정복지센터는 프로그램과 기능에 따라 적절하게 분절되고 지역사회에 열린 도시마당을 조성하면서 주변 맥락에 조응하는 볼륨과 개방감 있는 공용체가 된다.

확장된 공공성 _ 다양한 레벨의 도시마당

행정복지센터의 각 층은 도시마당과 프로그램이 기능별로 조직되면서 주민들이 다양한 일상을 담아낸다. 도시마당은 주민들의 접근성을 높이는 매개공간이자, 지역적 연대와 소통이 이루어지는 마을의 건강한 개방형 오픈스페이스가 된다.

질서가 만드는 유연함 _ 효율적인 공간구성

각 층은 기능과 용도별로 질서있는 공간이 조직된다. 주변 환경에 순응하고, 다양한 쓰임새와 요구에 대응할 수 있는 열린 공간이 된다. 구성된다. 효율적으로 조직된 전용과 공용공간은 지속가능한 행정복지센터를 조성하는 원동력이 된다.

4

244   당선   건축사사무소 오브

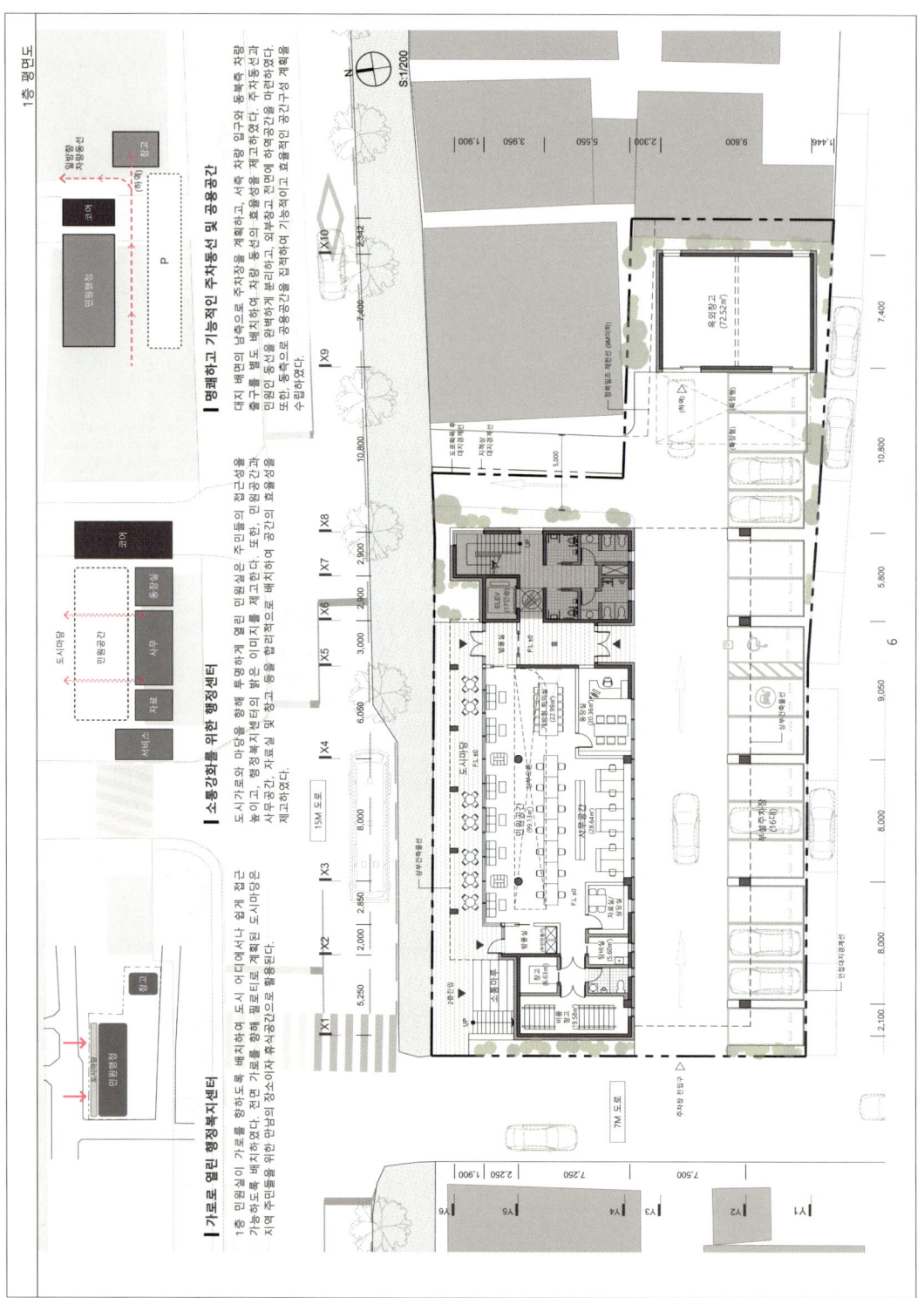

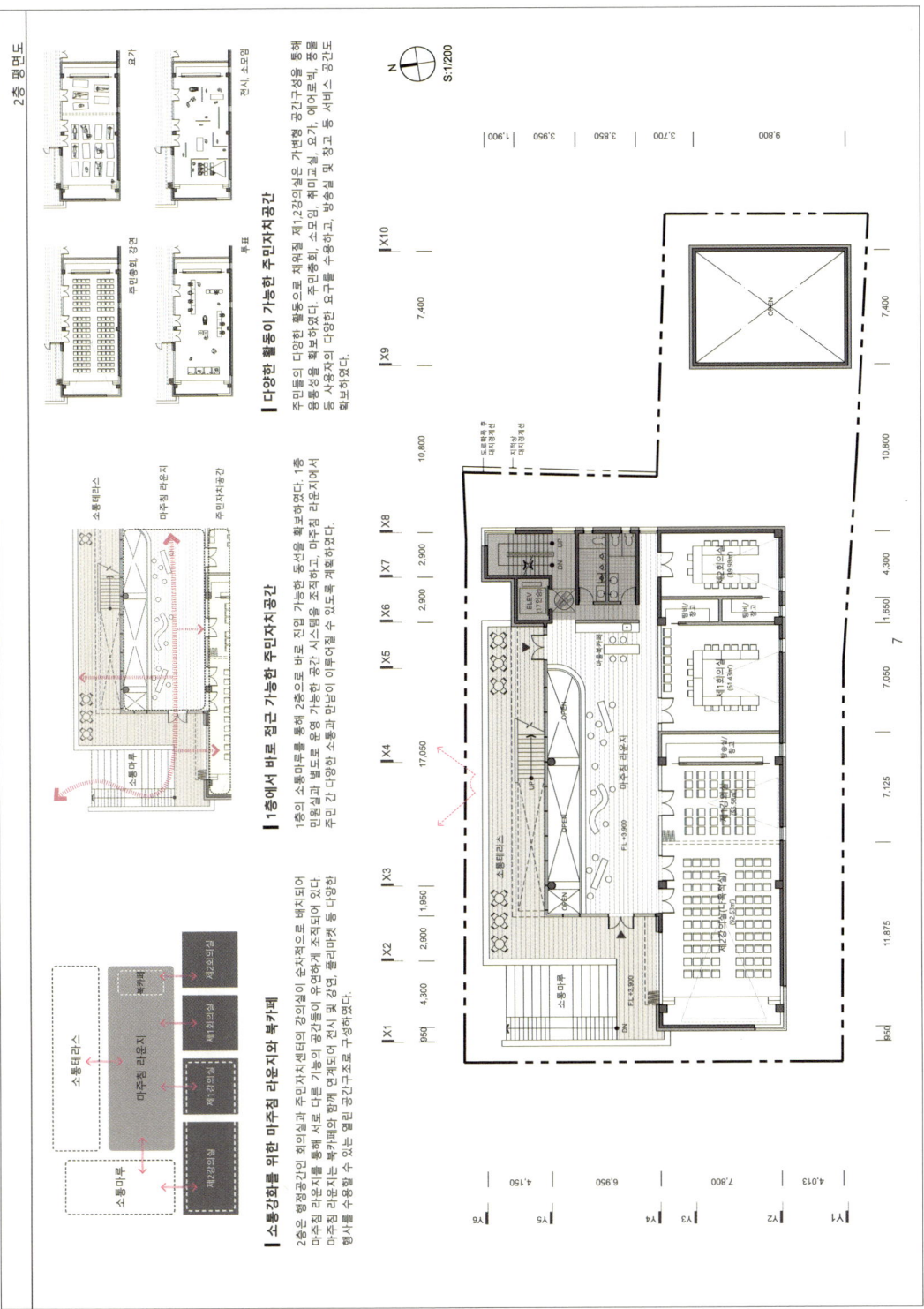

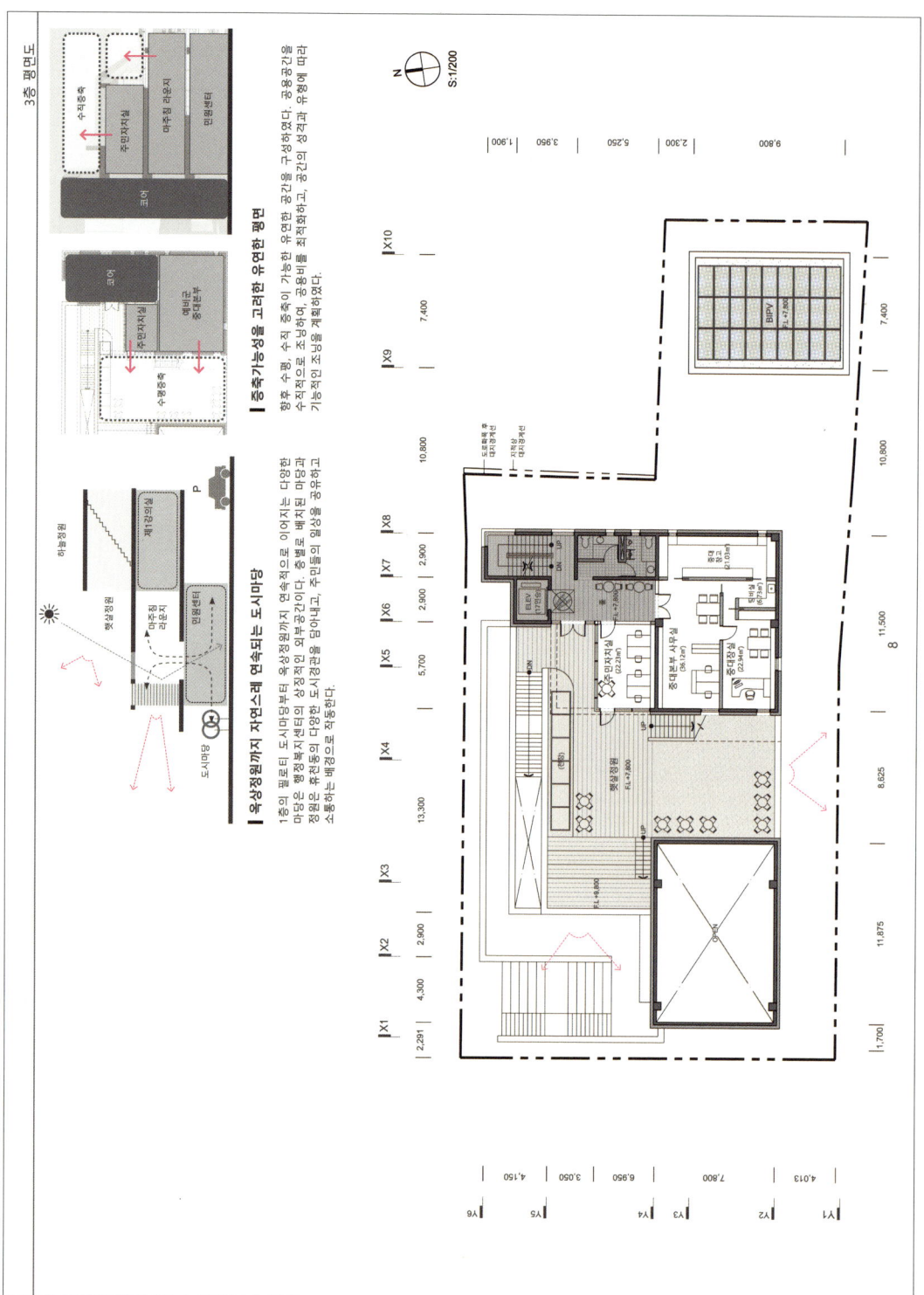

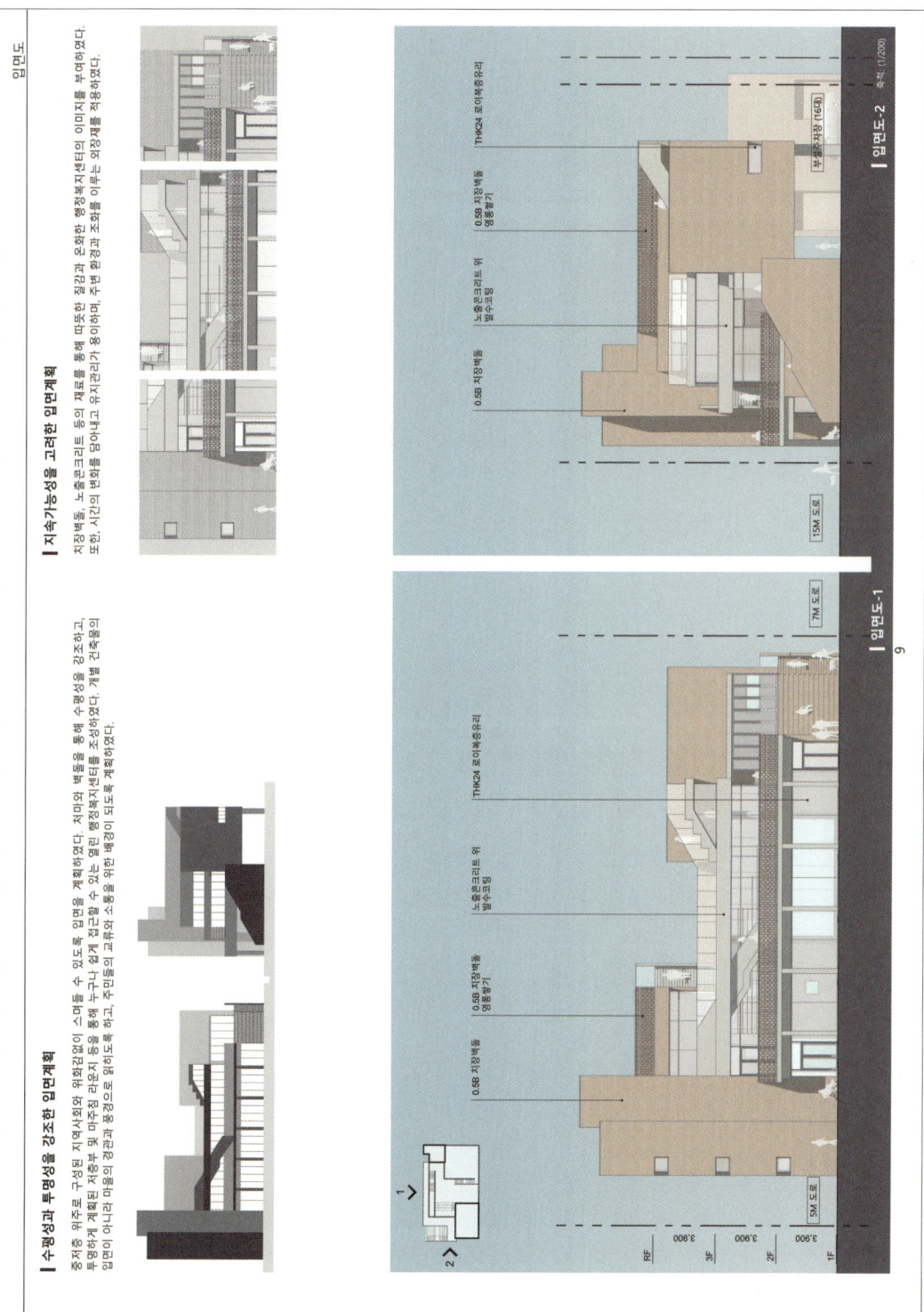

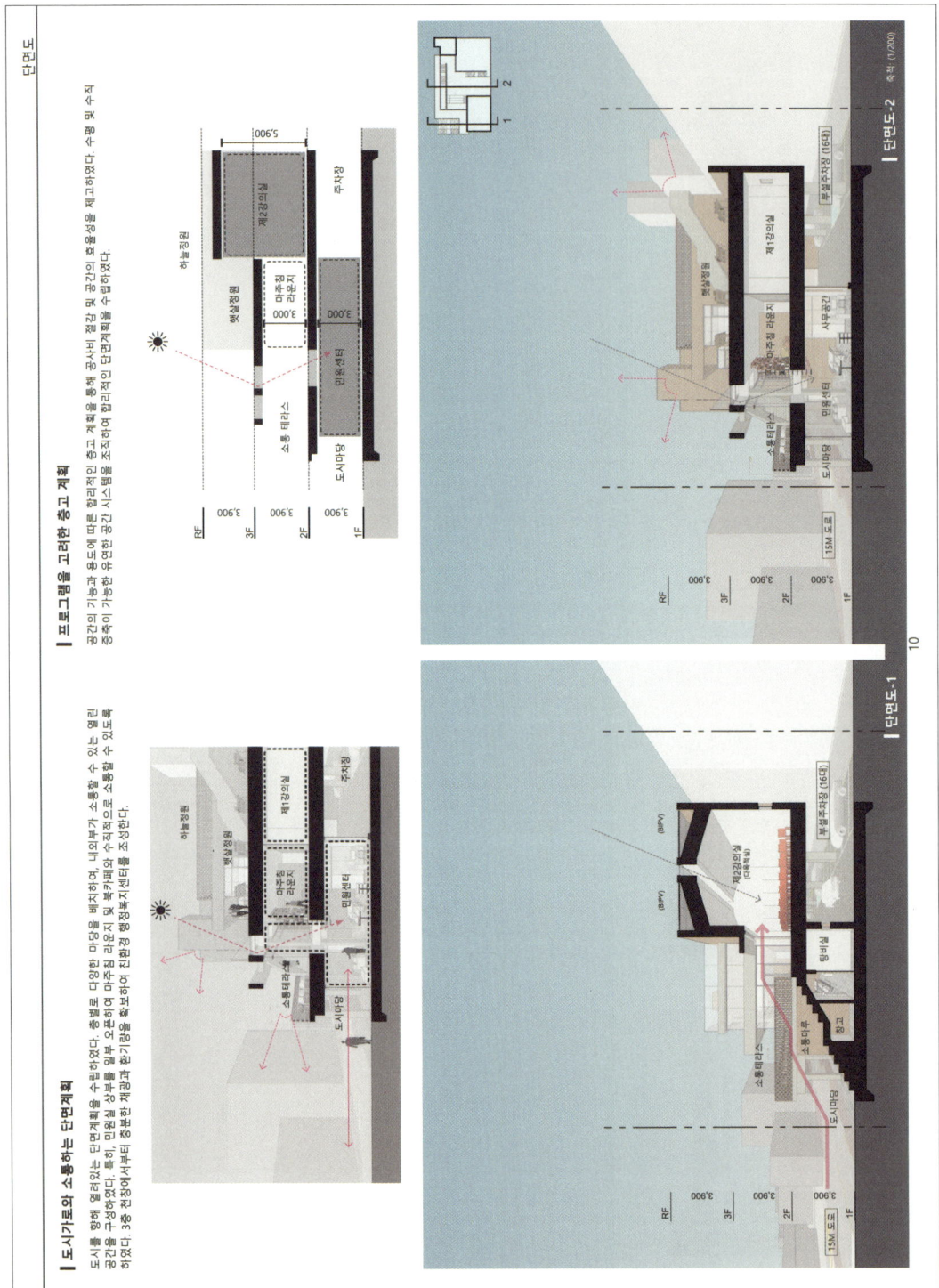

단면도

도시가로와 소통하는 단면계획

도시를 향해 열려있는 단면계획을 수립하였다. 층별로 다양한 마당을 배치하여, 내외부가 소통할 수 있는 열린 공간을 구성하였다. 특히, 민원실 상부를 일부 오픈하여 마주침 라운지 및 북카페와 수직적으로 소통할 수 있도록 하였다. 3층 전경에서부터 충분한 채광과 환기량을 확보하여 진판을 밝혀보여주는 행정복지센터를 조성한다.

프로그램을 고려한 층고 계획

공간의 기능과 용도에 따른, 합리적인 층고 계획을 통해 공사비 절감 및 공간의 효율성을 제고하였다. 수평 및 수직 증축이 가능한 유연한 공간 시스템을 조직하여 합리적인 단면계획을 수립하였다.

단면도

동선계획

3층
2층
1층

합리적인 층별 조닝

계단실과 화장실, 복도 등 공용공간을 최적화하고 수직적으로 조닝하여 공용비를 최소화하였다. 각 층은 기능과 사용성을 바탕으로 행정공간과 주민자치공간으로 적절하게 분리 및 연계할 수 있도록 조닝하였다. 행정공간 상부는 일부 오픈하여 마주칠 다운지와 수직적 소통이 이루어지고, 각 층별로 다양한 마당을 조성하여 내외부가 적극적으로 연계하는 열린 공간구성을 조직하였다.

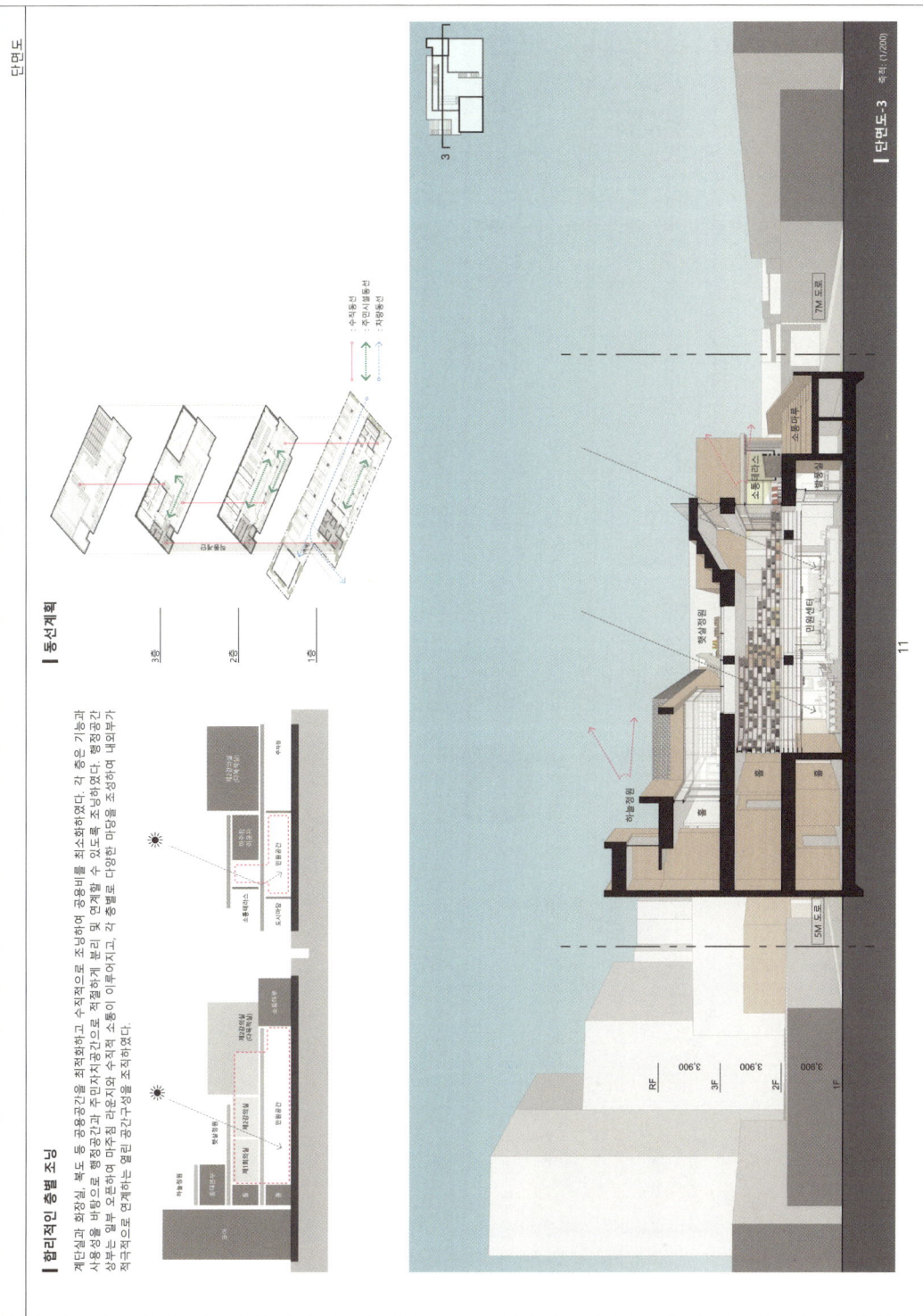

단면도-3 축척 (1/200)

competition 4   휴천1동 행정복지센터

251

관련법규 검토

법령명 및 조항	대상	법적기준	설계기준	비고
국계법 제77조1항 시행령 제84조8항 시조례 53	건폐율	2.제2종일반주거지역 : 60% 이하	56.74%	
국계법 제78조1항 시행령 제85조1항 시조례 58조	용적률	3.제2종일반주거지역 : 250% 이하	83.87%	
건축법 제2조2항 시행령 제3조의5 별표 1	건축물의 종류	3. 1종 근린생활시설 바·공공업무를 수행하는 시설로서 바닥면적의 합계가 1,000㎡ 미만인 것	1종 근린생활시설	
건축법 제61조 1항 시행령 제42조1항 시조례 29조	일조 등의 확보를 위한 건축물의 높이 제한	1. 높이 9m 이하 : 인접대지경계선으로부터 1.5m 이격 2. 높이 9m 초과 : 인접대지경계선으로부터 해당 건축물의 각 부분의 높이의 2분의 1이상 이격	적법하게 이격	
건축법 제42조1항 시행령 제27조2항 시조례 제10조1항	대지안의 조경	3. 1,000㎡ 미만 건축물 : 대지면적 5%이상	6.10%	
건축법 제48조 시행령 제32조2항	구조안전 확인	1층 수가 3층 이상	구조안전확인대민으로 적법하게 반영함	
건축법 제49조1항 시행령 제34조1항	직통계단	1 보행거리 50m이하	최장거리 24m로 적법하게 반영함	
건축법 제49조1항 시행령 제34조2항	직통계단 2개소	4. 3층 이상의 층으로서 바닥면적 400㎡ 이상	해당사항 없음	
건축법 제58조 시행령 제80조의2 시조례 제56조 2 별표2	대지안의 공지	아. 주거지역 200㎡이상 건축물 : 건축선 : 1m 이상 인접대지 경계 0.5m 이상	적법하게 이격	
장노인법 제8조1항 시행령 제4조 별표2	장애인등의 편의시설	의무사항 주출입구 접근로, 장애인전용 주차구역, 주출입구 높이차 제거, 출입구(문), 복도, 계단 또는 승강기, 대변기, 소변기, 세면대, 점자 및 피난설비, 신수대 및 작업대	관련 의무시설 모두 적법하게 설치 (BF인증 적용 대상)	
건축법 제15조1항 시행령 제2항	주차대수	3. 1종 근린생활시설 : 150㎡당 1대	16대 계획 (장애인/전기차 1대 포함) 일반 8대 이상	
공공기관 에너지이용합리화 추진에 관한 규정 제9조1항	신재생에너지 설비설치	신/재생에너지 설비 의무적으로 설치 건축하기 전에 신재생 에너지설비 설계계획서 검토	태양광 에너지설비 설치반영	

추정 공사비 내역서

(단위: 천원)

구 분	공종명	소 계	재료비	노무비	경비	계	구성비
건축공사	가설공사		1,168,830	503,496	125,874	1,798,200	54.4%
	골조공사		64,935	27,972	6,993	99,900	3.0%
	조적방수공사		324,675	139,860	34,965	499,500	15.1%
	창호공사		129,870	55,944	13,986	199,800	6.0%
	수장공사		194,805	83,916	20,979	299,700	9.1%
	마감공사		194,805	83,916	20,979	299,700	9.1%
	기타 잡공사		194,805	83,916	20,979	299,700	9.1%
	토목공사		64,935	27,972	6,993	99,900	3.0%
	조경공사		18,482	16,484	14,985	49,950	1.5%
	기계설비공사		38,961	9,990	999	49,950	1.5%
	전기설비공사		77,922	21,978	1,998	99,900	3.0%
	소방공사		163,836	35,964	3,996	199,800	6.0%
	통신공사		68,931	30,969	1,998	99,900	3.0%
합 계			103,397	46,454	149,850	149,850	4.5%
			1,640,358	665,334	299,700	2,447,550	74.1%
제 경비						856,643	25.9%
총공사 금액						3,304,193	100.0%

architects
수와선 건축사사무소

prize
2등

contents
건축개요, 층별 세부용도 및 면적표, 대지분석 및 설계개념, 외부투시도, 배치계획, 평면계획, 입면계획, 단면계획, 친환경 건축계획

건축개요

항 목		설계내용	비 고
건물개요	건 물 명	휴천1동 행정복지센터	
	대 지 위 치	경상북도 영주시 휴천1동 703 외 4필지	
	지 역 지 구	제2종 일반주거지역	
	도 로 현 황	15m 도로, 6m 도로 인접	
	용 도	제1종 근린생활시설	건축법상 용도
	대 지 면 적	1,168.90 m²	
	연 면 적	996.14 m²	기준연면적의 99.7%
	지상연면적 (용적률산정용)	지상1층 399.85 m²	
		지상2층 321.01 m²	
		지상3층 275.28 m²	
	건 축 면 적	614.04 m²	
	건 폐 율	52.53%	법정 60% 이하
	용 적 률	85.22%	법정 250% 이하
	구 조	철근콘크리트조	
	층 수	지상3층	
	최 고 높 이	15.40 m	
	주요외장재	지정목재패널, 알루미늄 루버, 로이산화유리 등	
조경개요		계획: 66.35 m² / 법정: 58.45 m² (1168.9 x 0.05 이상)	
주차계요		계획: 16대 (장애인주차 1대, 경형주차 1대 포함) / 법정: 7대 (996.14/150=6.64)	
오수처리시설		시오수관로에 연결	
주요설비개요		시스템에어컨, 전열교환기, 태양광패널 등	
기 타		-	

층별 세부용도 및 면적표

층 별	구 분	용 도	면 적(m²)	비 고
총 계		소계	996.14	기준연면적의 99.7%
지상 1층		소계	399.85	
	행정공간	민원공간	95.4	
		사무공간	24.84	
		자료실(상담실)	11.61	
		탕비실	7.65	
		개방형회의실	26.73	
	공용공간	동장실	23.22	
		비품창고	11.7	
	옥외창고	창고	7.65	
지상 2층		소계	321.01	
	공용공간	공용	90.54	
		기계전기실	19.51	
		옥외창고	81	
	행정공간	제1회의실	57.96	
		제2회의실	39.24	
	예비군중대	중대본부	97.2	
	공용공간	공용	126.61	
지상 3층		소계	275.28	
	주민자치센터	주민자치사무실	48.6	
		제1강의실	48.6	
		제2강의실(다목적실)	97.2	
	공용공간	공용	80.88	

대지분석 및 설계개념

철도에 의해 분리된 영주 도심 전경

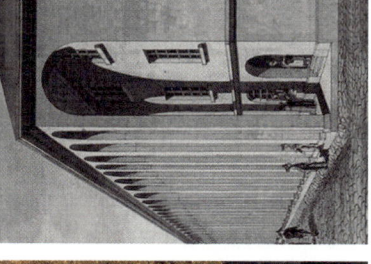
남간로 조림, 가로수들의 모습

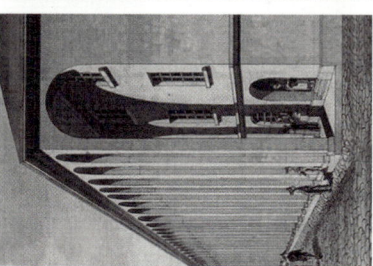
F.Weinbrenner의 회랑

가로와 건물 사이의 하나의 켜(layer)

도시-건축, 행정복지센터

영주의 도심지는 철도에 의해 3등분되며, 이를 경계로 서로 다른 특성을 가진다. 이러한 도시적 한계를 극복하기 위해 여러 도시적 전략이 일어나고 있으며, 서천과 원당천을 연결하는 보행네트워크, 실자리 녹색자리를 만드는 것이 그 중 하나이다.

부지가 속한 철도의 동측 영역은 학교가 군일하게 분포되어 있어, 상업시설보다는 주거시설 위주로 발전해왔고, 기존 저층주택과 고층아파트가 대조적인 도시경관을 형성하고 있다. 이를 가로로 연결하는 보행네트워크의 일부로 부지가 연계되어 있다. 이를 도심을 가로지르는 도시를 연결하는 보행네트워크 중 한 부분에 위치한 행정복지센터는 건물에서 나아가, 도시건축으로서의 잠재력을 만든다.

가로수, 회랑, 가로경관

행정복지센터는 건물이면서 동시에 도시를 잇는 보행네트워크의 일부로서 역할을 해야 하며, 이를 위한 건축적 구성 방식 또한 도시와의 일부로서 다루어져야 한다.

남간로는 좁은 도로에 일정한 톤의 가로수들이 줄지어 있고, 뒤로는 다양한 볼륨의 건물들이 있다. 가로수들은 자로와 보행로, 도시와 건축 사이에서 거리를 조정하고 시각적 질서를 부여한다. 회랑과 같이 연속적인 톤의 가로수들처럼 새로운 행정복지센터는 반복되는 질서와 비례, 리듬감으로 도시가로의 일부가 되고자 한다.

구조와 질서가 만드는 풍경

합리적인 간격으로 반복되는 기둥들, 남간로 자 북측 아파트와의 시선을 조절하는 일루미네 루버, 경제적인 크기의 창호 프레임과 간격 이러한 질서의 기능, 경제성의 관계가 그대로 드러나는 입면은 시간에 따라 다양한 음영을 만든다. 반복되는 여러 요소들이 만드는 선과 그림자는 자연스럽게 도시의 일부가 된다.

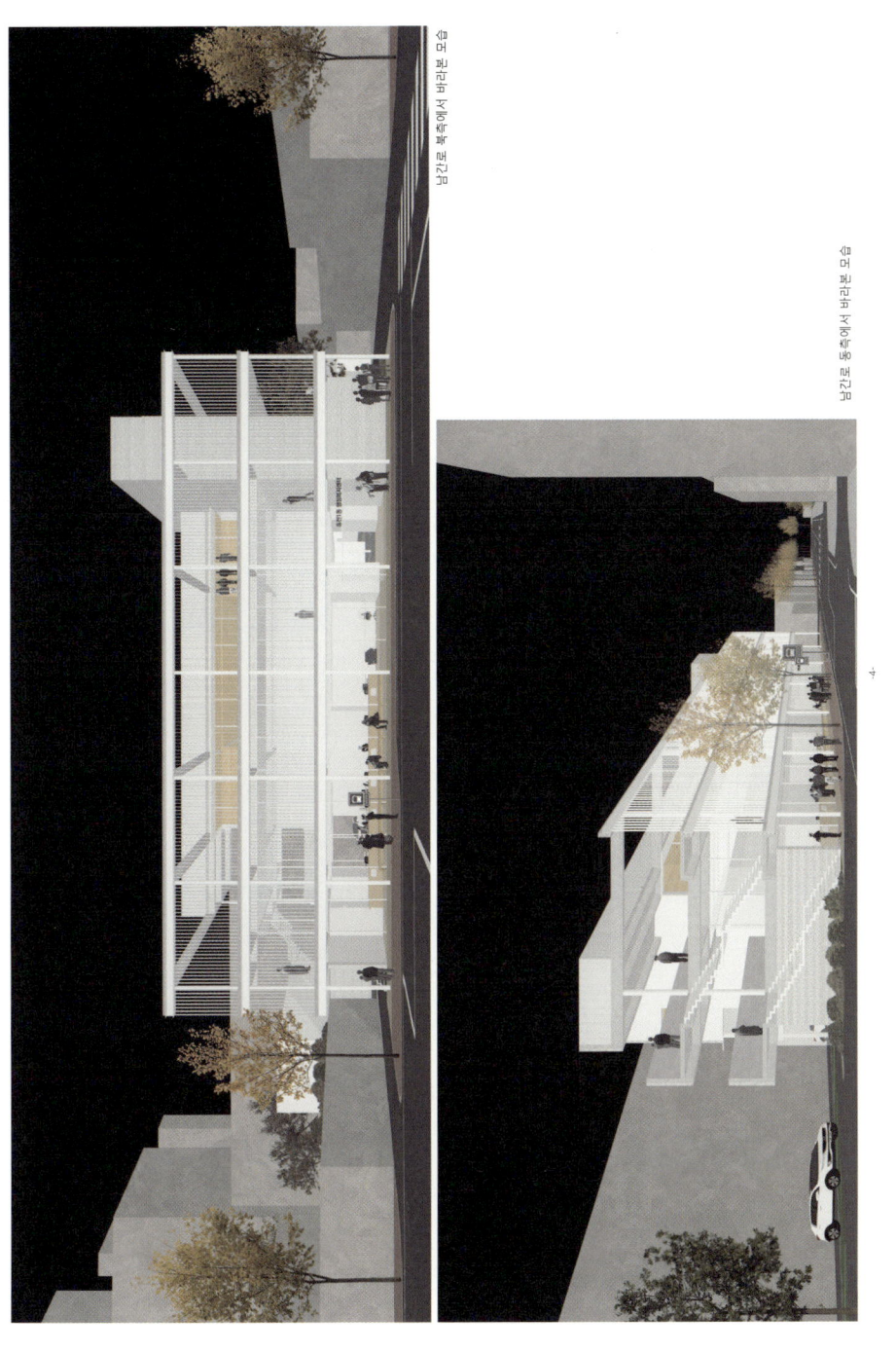

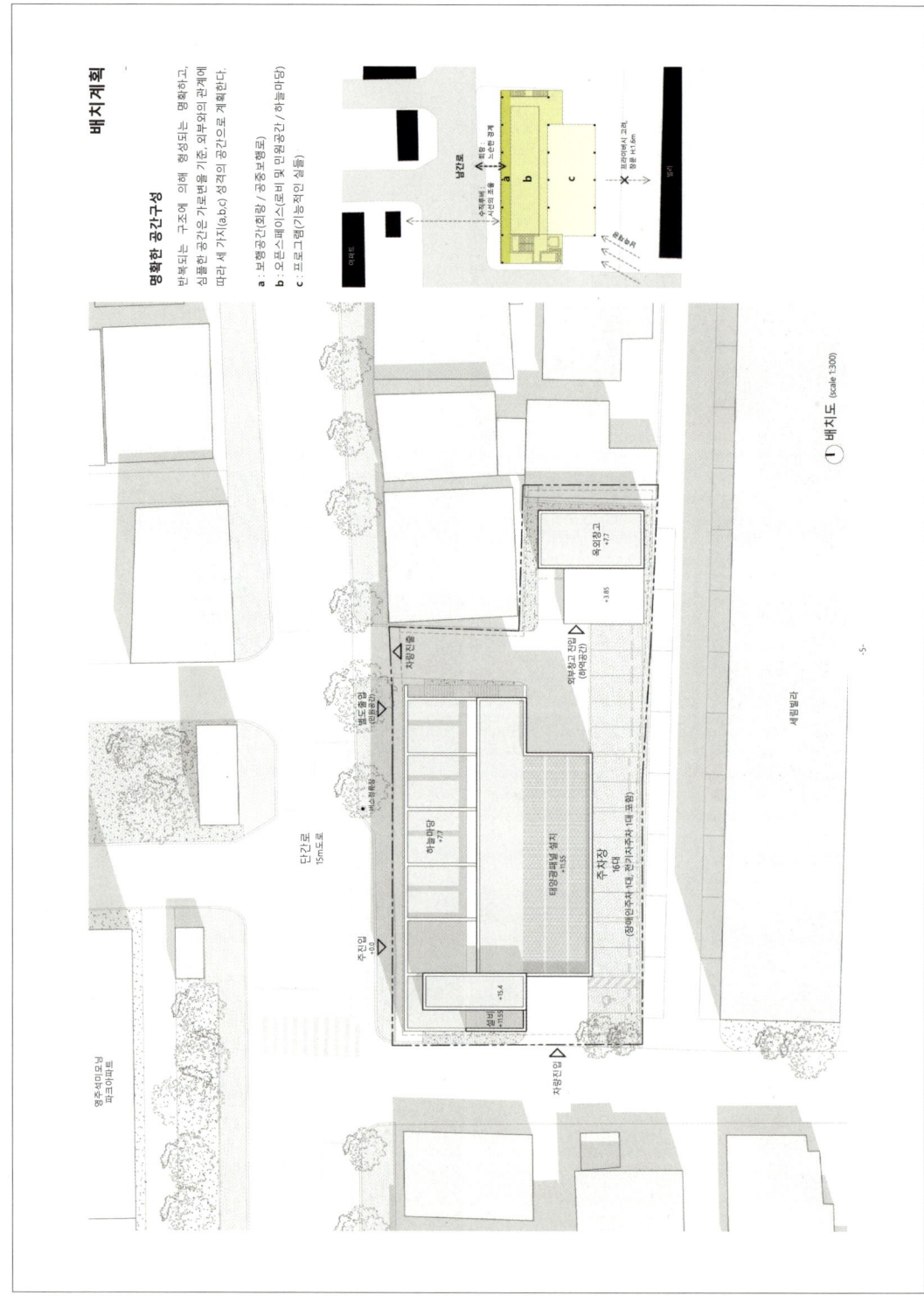

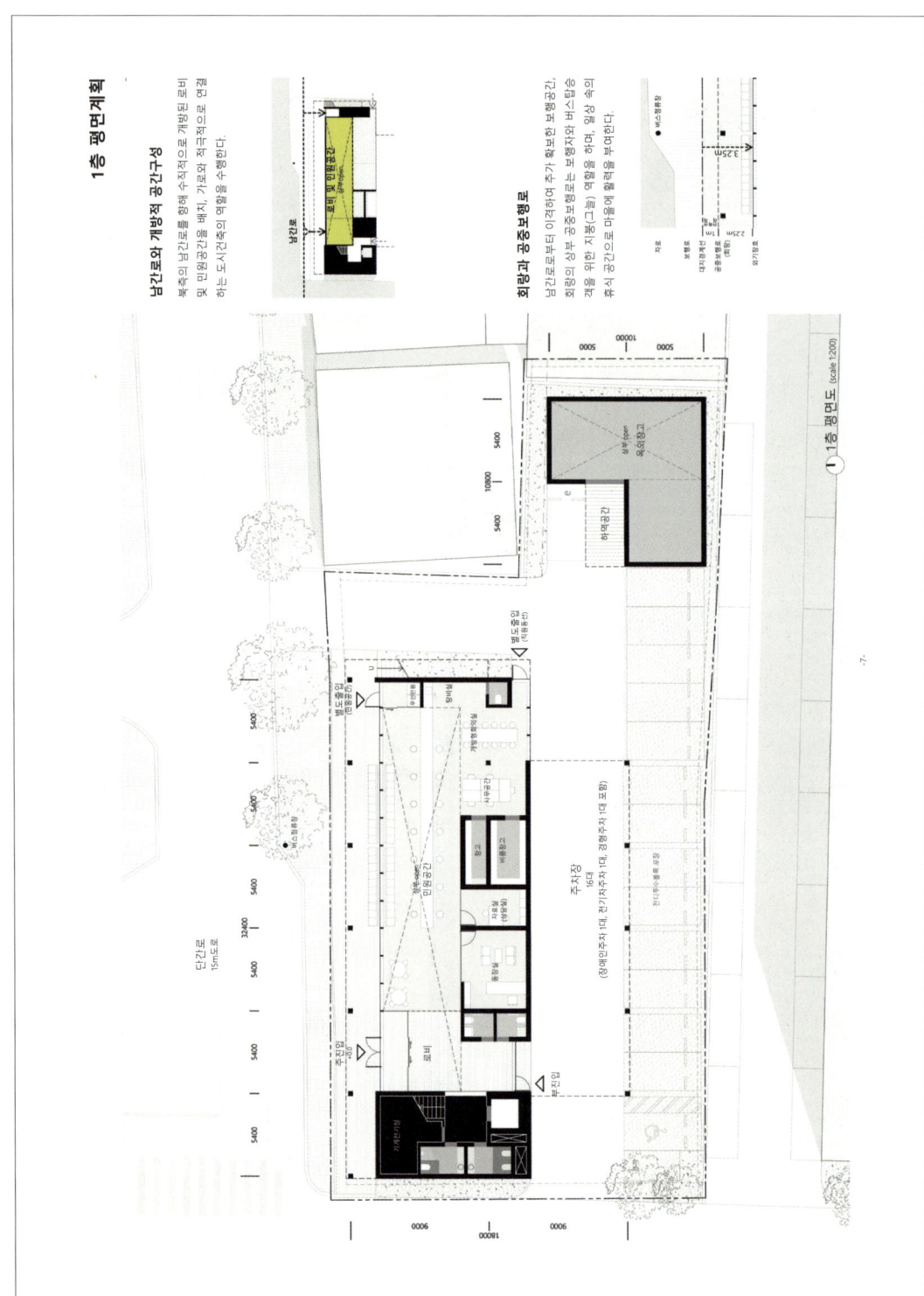

2층 평면계획

공중보행로(발코니)

서측 내부계단과 동측 외부계단을 잇는 공중보행로(발코니)는 전면 가로의 동선을 수직적으로 끌어올려 입체적으로 연장함과 동시에, 각 프로그램별 입체적 독립동선을 제공한다.

유연한 평면

제한된 조건에서 경제적인 형태와 합리적인 구조를 통해, 미래의 변화를 수용할 수 있는 유연한 평면을 확보한다.

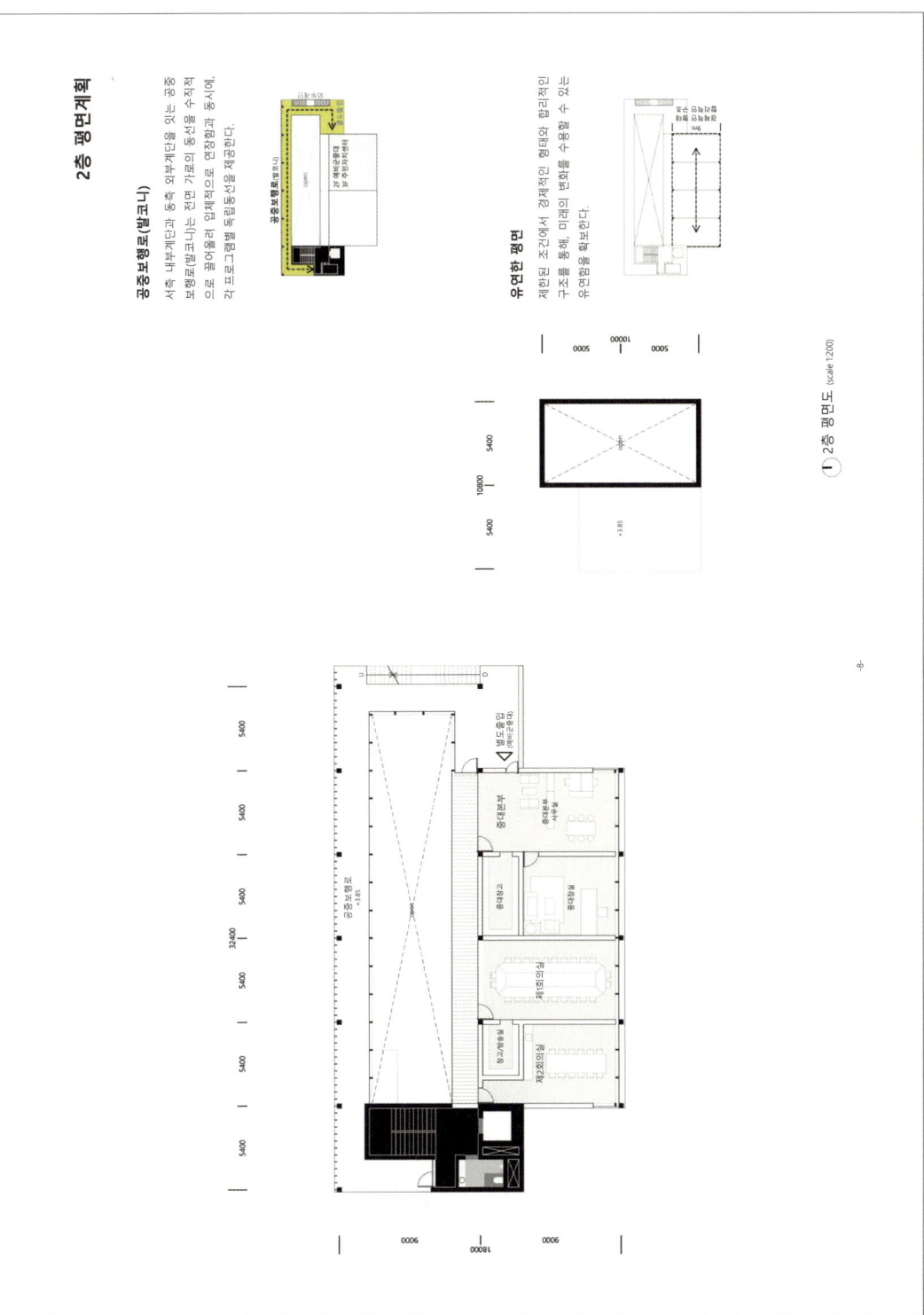

2층 평면도 (scale 1:200)

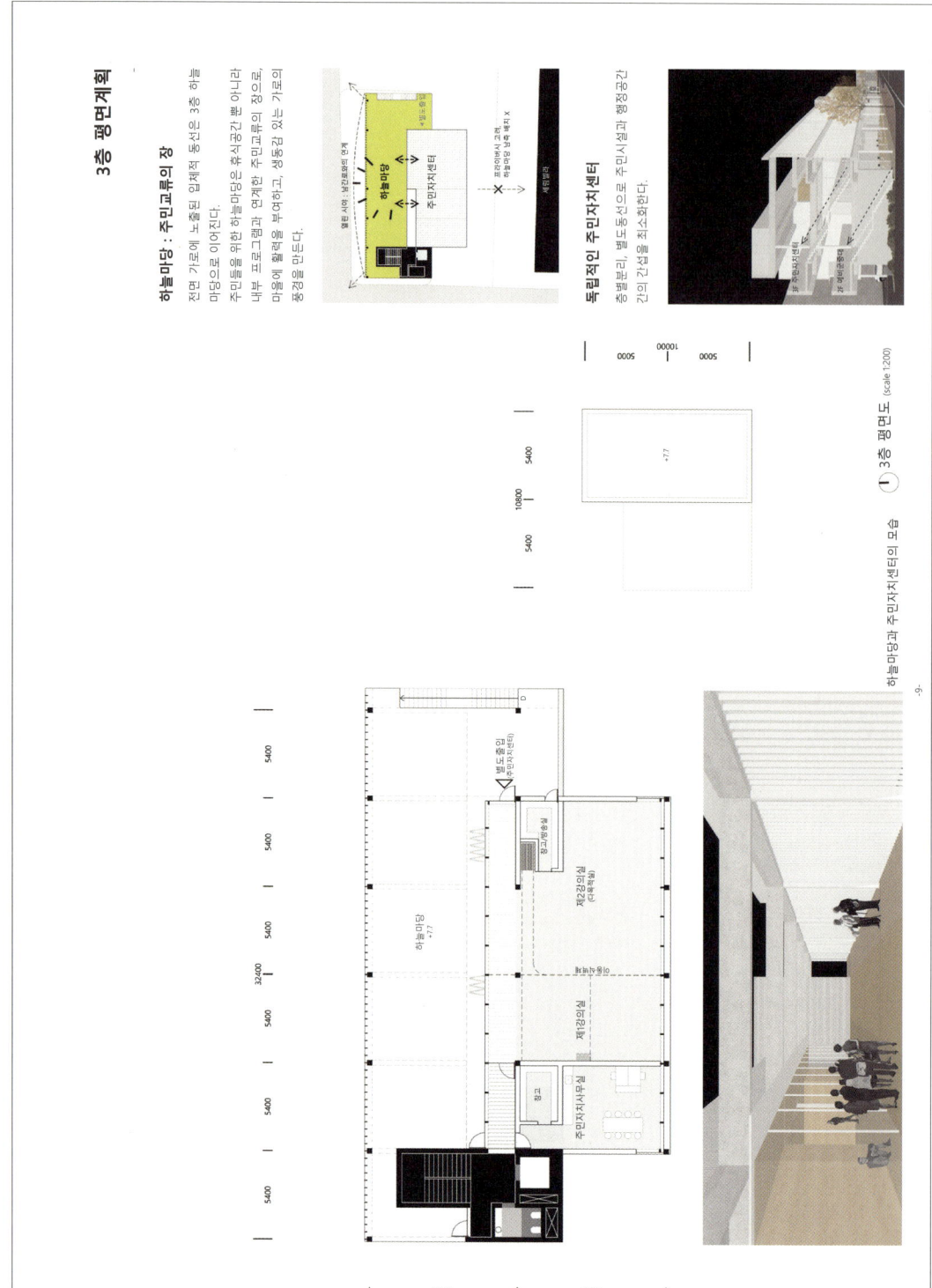

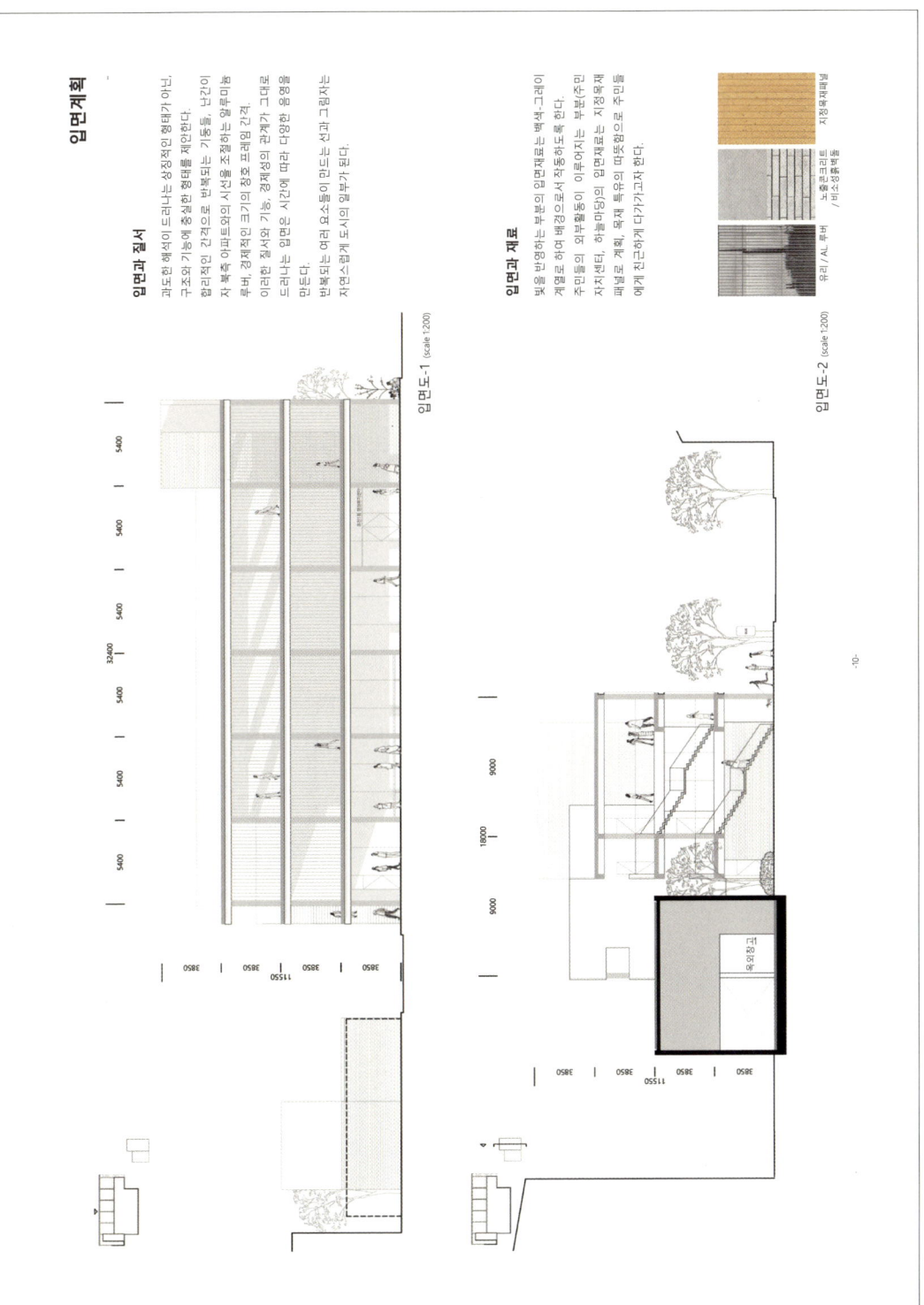

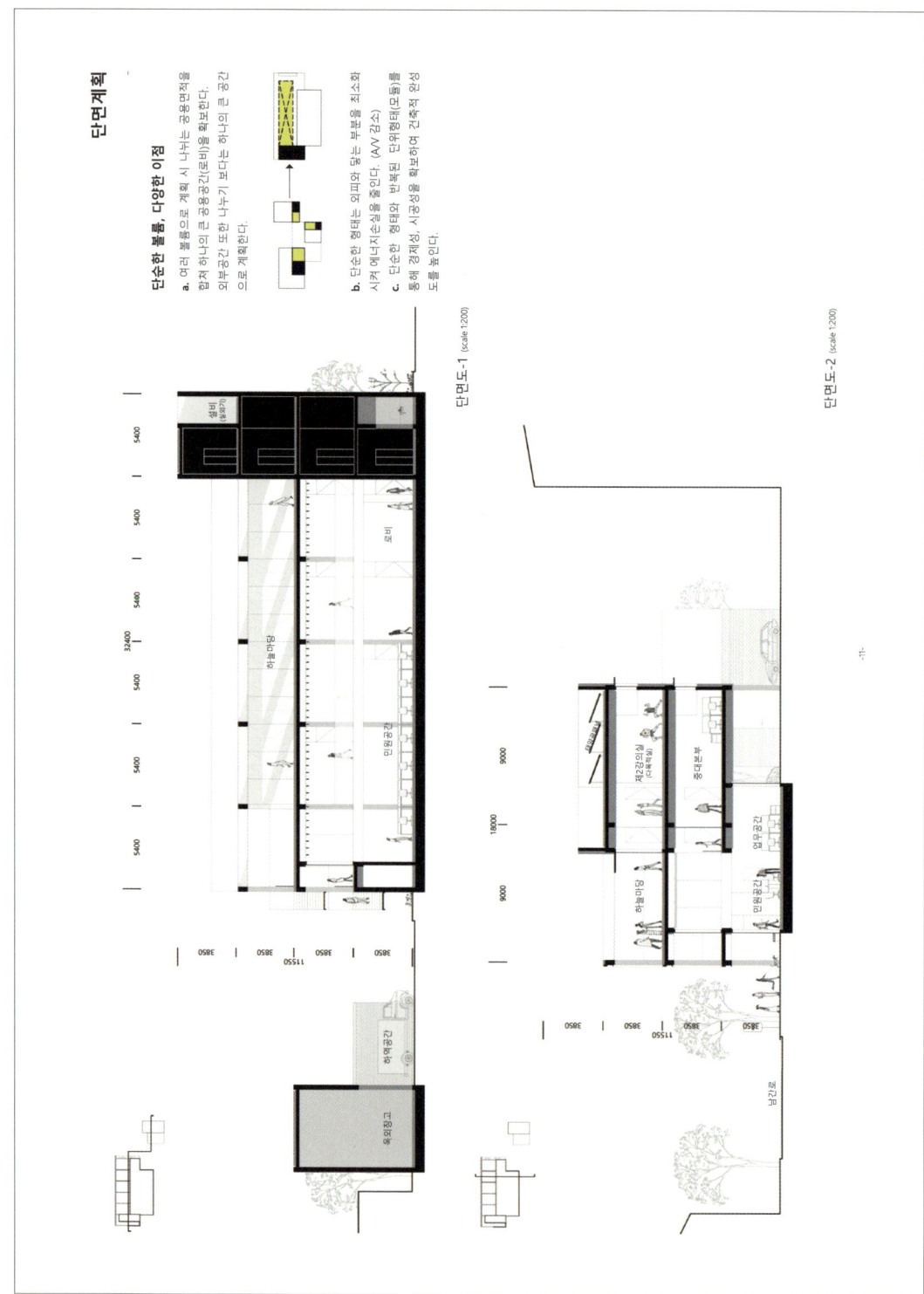

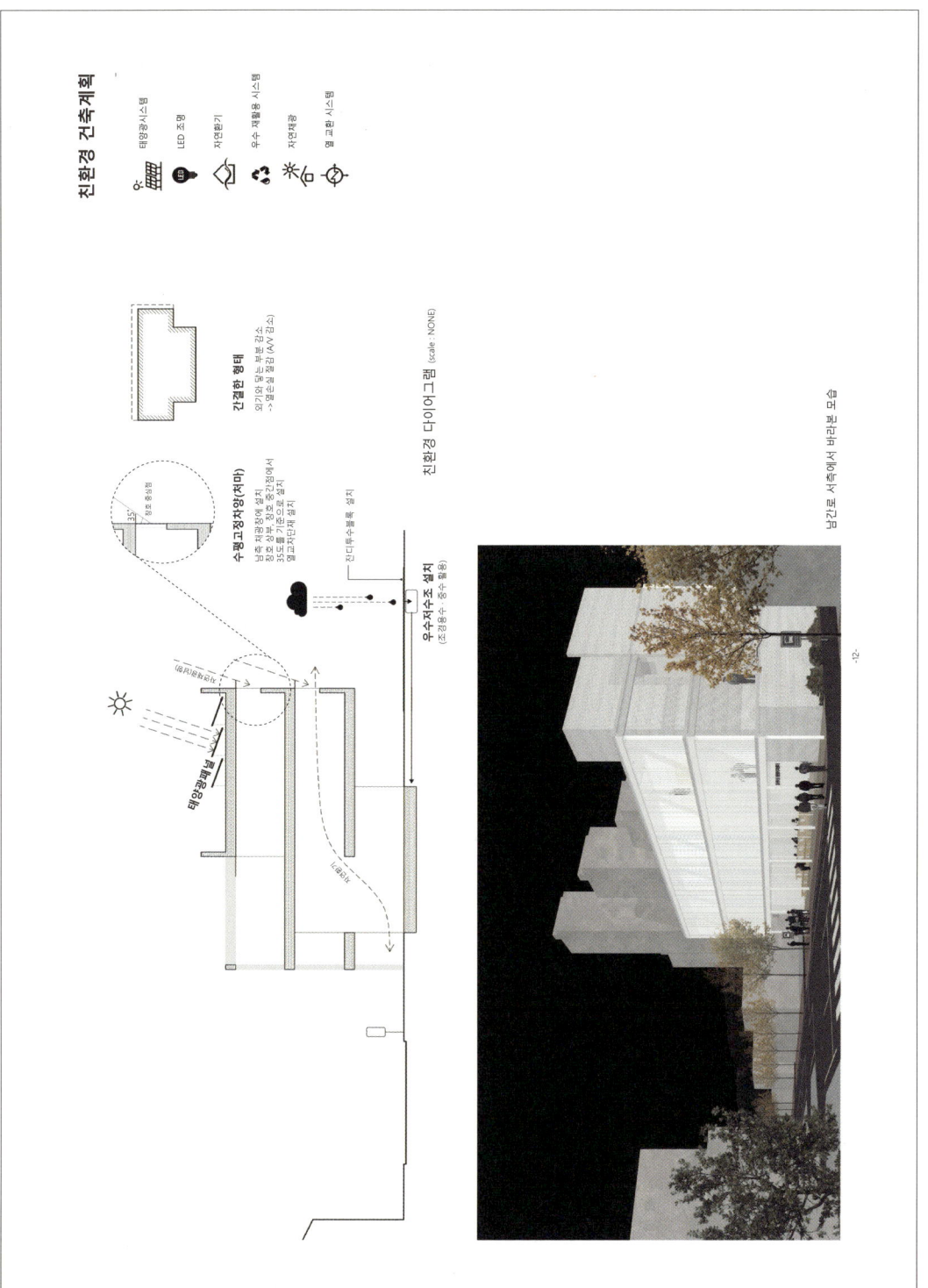

competition 5

문경시 아동청소년 어울림센터

1st 수조 건축사사무소 + 스와 건축

2nd 건축사사무소 이안서우

interview pp.93–108

공모개요

유형	일반, 국제 설계공모
위치	경상북도 영주시 단산면 옥대리 199-3 외 8필지
지역지구	계획관리지역, 자연취락지구, 상매보호구역
규모	지상 2층 이내 (지하층 금지)
연면적	1,102.93m² (±5%m² 범위 내 오차 허용)
대지면적	2,544.00m²
설계비	약 2.4억 원 (238,752,000원)
공사비	약 40.3억 원 (4,032,710,000원)

공모일정

공고	2023. 06. 16
심사	2023. 08. 16

심사위원

이은경	이엠에이 건축사사무소
정이삭	에이코랩 건축사사무소
최연웅	아파랏체 건축사사무소
최정인	일상 건축사사무소
남성훈	남곳 건축사사무소

심사결과

당선	에스티피엠제이+아뜰리에준 건축사사무소
2등	건축사사무소 감남
3등	건축사사무소 시도건축
4등	818건축
5등	오엔엘 건축사사무소

architects 수조 건축사사무소 + 스와 건축

prize 당선

contents 설계개념, 조감도, 투시도, 평면도, 단면도, 입면도

도시정원을 담은 어울림쉼터

외부 및 자연과의 연계 + 도시로부터의 보호

일반상업지역 내 건물들로 둘러싸인 자기의 도시적 컨텍스트의 대지에서 건물이 경계부를 상대적으로 내향적인 (내부로 깊게 파고드는 방식의) 외부공간과 수직 정원이 도시 주거공원으로 어린이와 청소년을 위한 창의적 공간이 항상 외부 및 자연과 적극적으로 연계되며 동시에, 주변 도시로부터 시각적, 심리적으로 적절히 보호받을 수 있는 건축적 방식을 제안한다.

대지위치	경남 김해시 삼방동 77-1일 271-1
지역	일반상업지역 및 준주거지역(지구단위계획구역)
대지면적	917.30 ㎡
건축면적	1,374.42 ㎡ (건폐율 59.28%)
연면적	488.86 ㎡
건폐율	77.02 %
용적률	231.36 %
규모	지상 3층, 지하 1층
최고높이	18.3 m
공공시설	어린이집, 지역아동센터, 다함께돌봄센터

로이어 지너 개별 외부공간

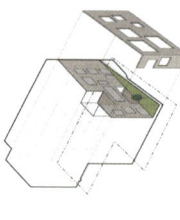

각 프로그램 별로 독립된 사용이 가능한 6개의 개별 외부공간을 제안한다. 경계부에서 내부로 파고드는 (드라이에어리어 방식) 형태의 충분한 유리창을 가지도록 계획하여 외부공간을 통해 서로 다른 프로그램들과 부지장을 통해 서로 다른 프로그램들과 자유 성격과 성향에 맞는 외부 활동이 가능하게 한다. 정원별로 충분한 자연채광과 자연환기가 가능해지며, 프로그나이 진행되지 않을 시에도 반외부로 대응 가능하다.

가로에 면한 수직 정원에 커

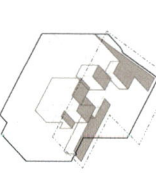

가로의 경계에 면한 수직 정원에는 커튼을 제안한다. 개방감 있는 입면과 하늘로 열린 마당으로 구성하되, 수직정원은 성원복지센터, 돌봄센터, 내부 활동이 시각적 노출을 적절히 조절하여, 심리적 안정감을 제공하는 공간적 조율에 이루도록 한다. 성부층에서 시각적으로 수직정원을 공유하여, 2층 돌봄센터에서는 수직정원을 추가하는 사각에서 직접 이용하도록 계획하였다.

당선 수조 건축사사무소+스와 건축

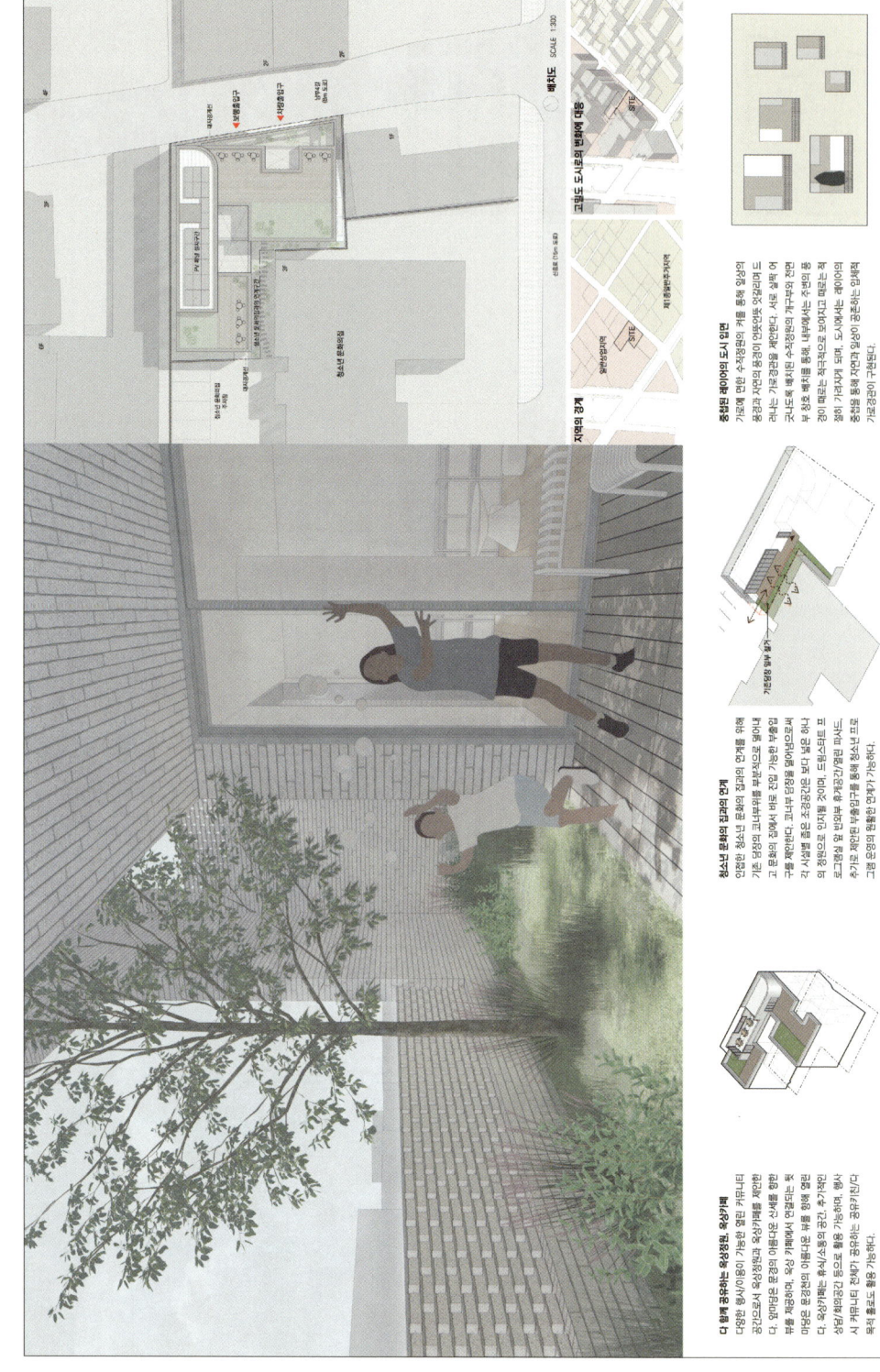

architects 건축사사무소 이안서우

prize 2등

contents 설계개념, 조감도, 투시도, 평면도, 단면도, 입면도

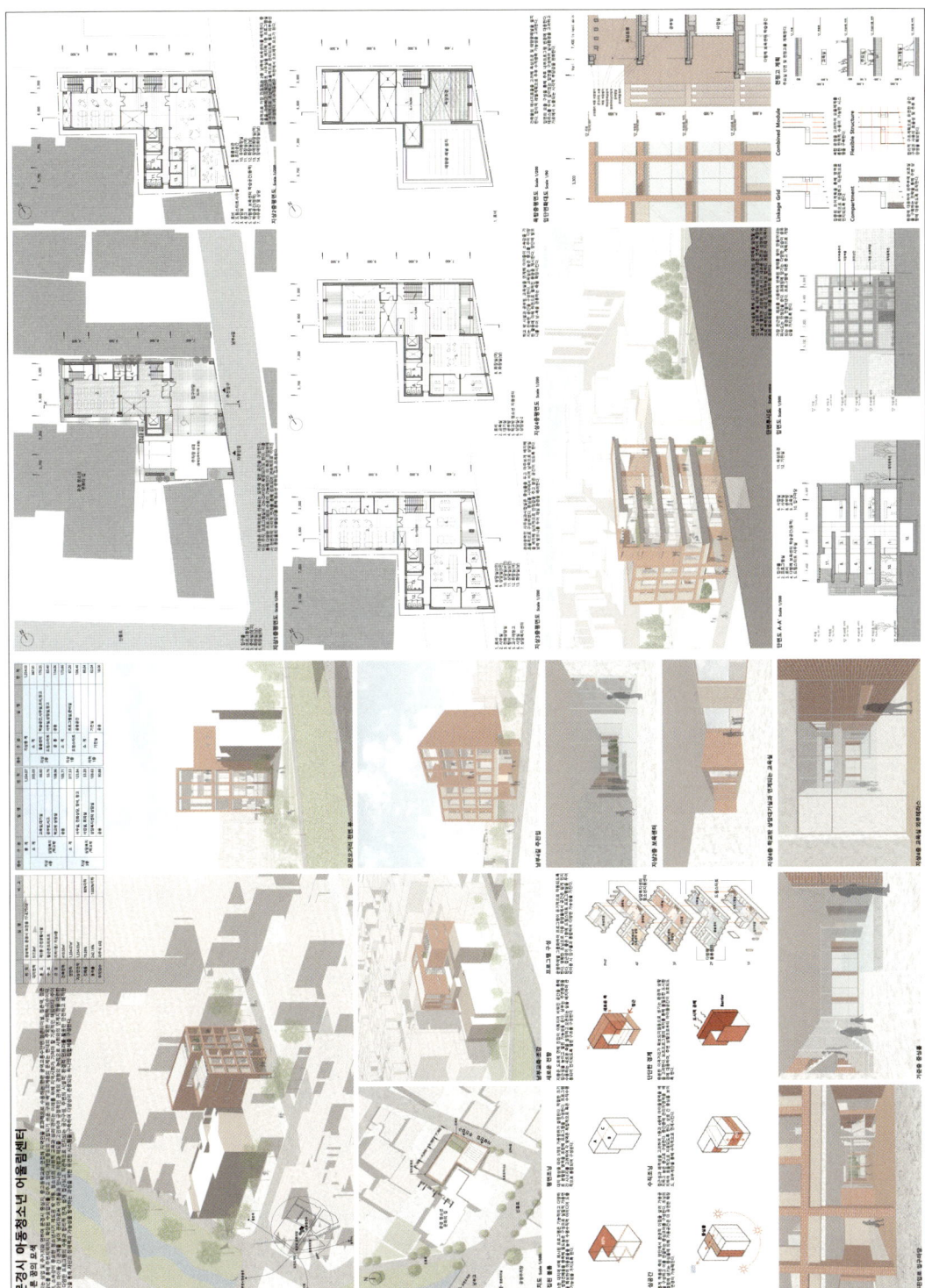

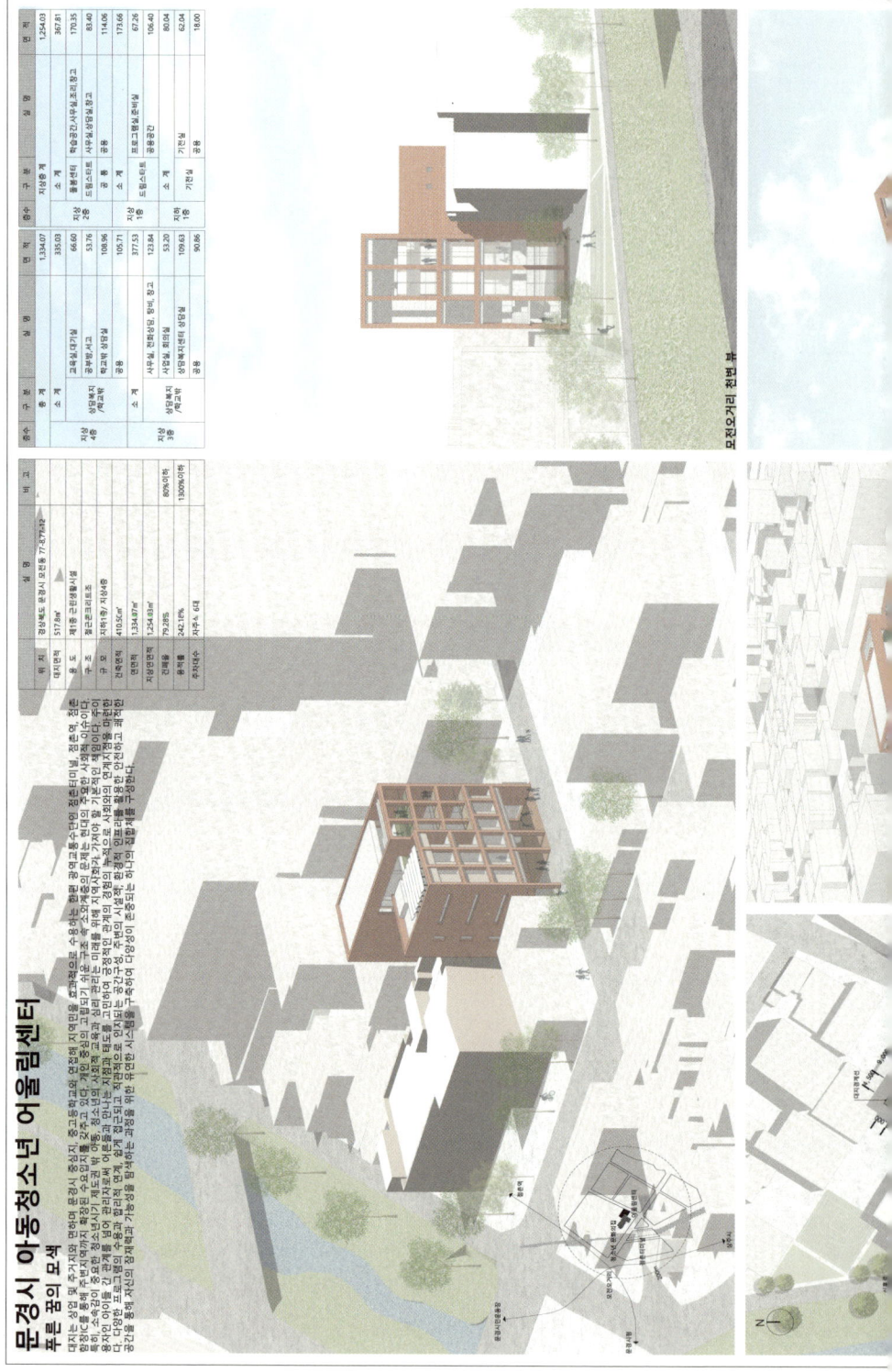

문경시 아동청소년 어울림센터
푸른 꿈의 모색

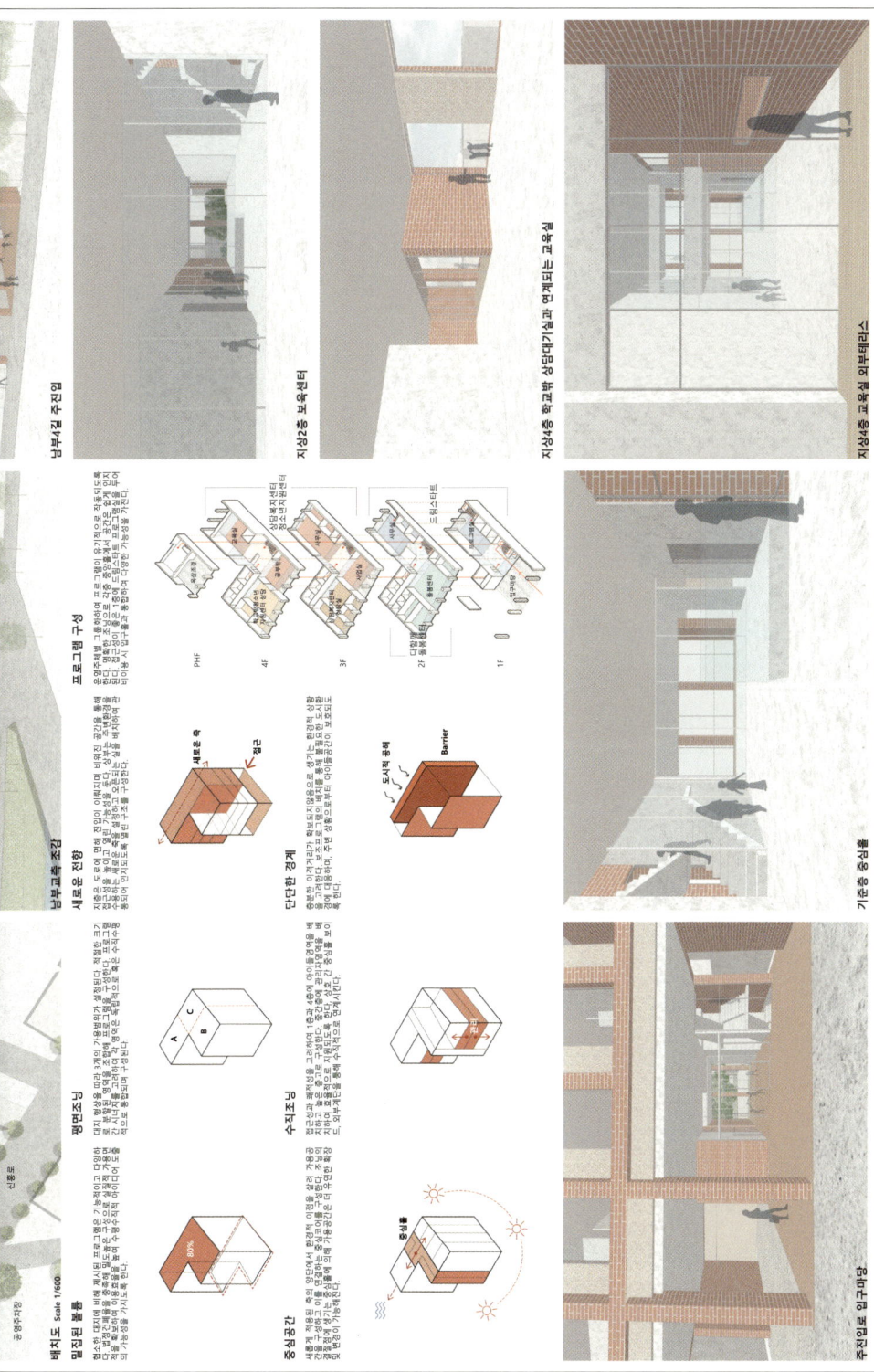

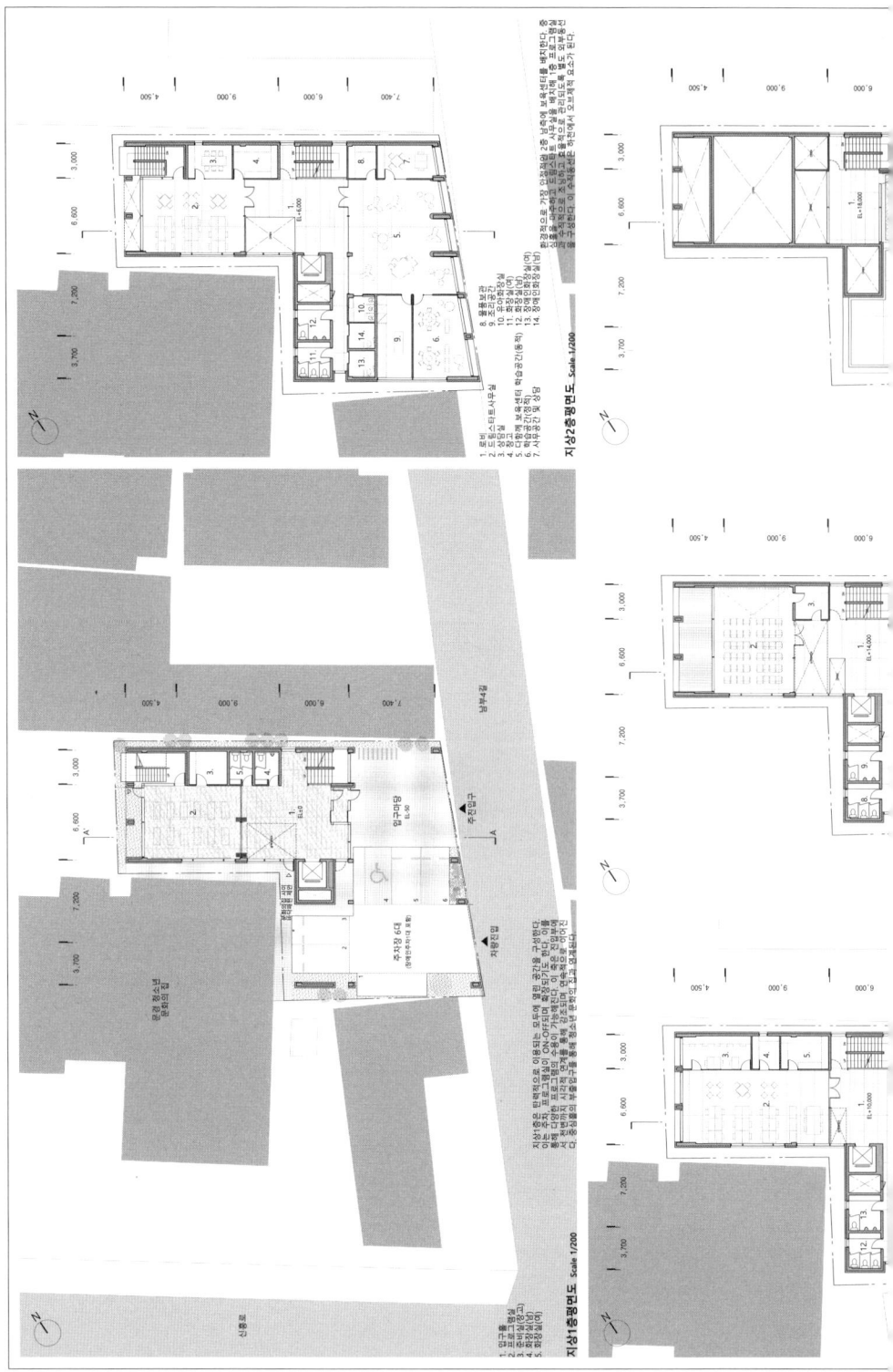

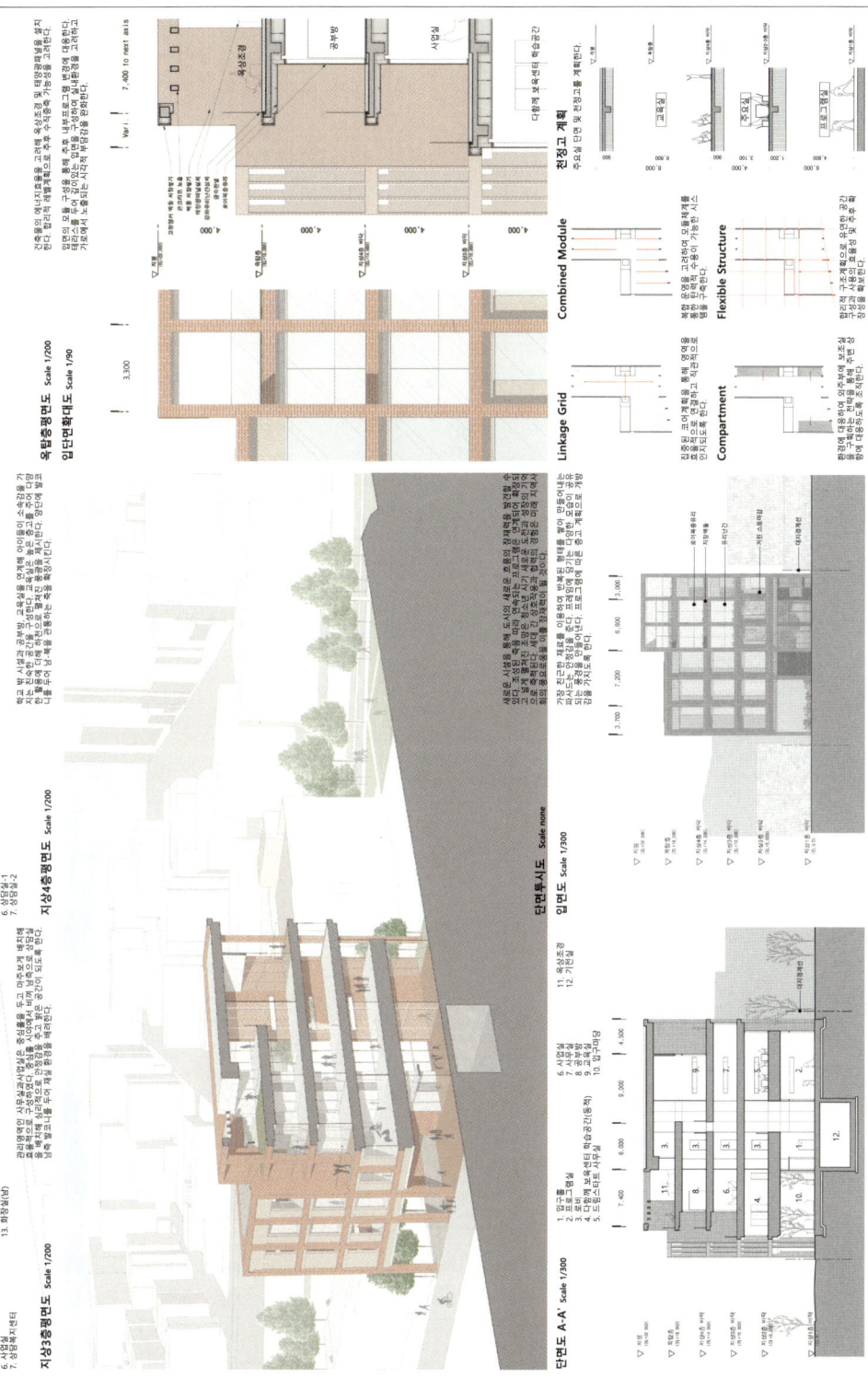

competition 6

시림화성 실버드림센터

1st 서로 아키텍츠 + 탈 건축

2nd 건축사사무소 적재

interview pp.109-126

공모개요

유형	일반 설계공모
위치	경기 화성시 향남읍 하길리 1513
지역지구	제2종 일반주거지역, 택지개발지구
연면적	5,400m² (±10% 범위 내 세부시설 조정 가능)
대지면적	4,218m²
설계비	약 10.3억 원 (1,030,000,000원)
공사비	약 207.5억 원 (20,754,000,000원)

일정

공고	2023. 08. 18
심사	2023. 11. 08

심사위원

김주영	숨비 건축사사무소
나승현	소오플랜 건축사사무소
이소진	건축사사무소 리옹
조경찬	티미널7 아키텍츠 건축사사무소
임근풍	에이아이엠 건축사사무소

심사결과

당선	서로 아키텍츠+탑 건축
2등	건축사사무소 석재
3등	금성종합건축사사무소
4등	건축사사무소 오삼일비
5등	데오 건축사사무소+보리 건축사사무소

architects 서로 아키텍츠 + 틸 건축

prize 당선

contents 설계개요 및 면적표, 기본계획방향, 대지현황분석, 배치도, 층별 평면도, 입면도, 단면도, 조경 및 외부공간, 특화계획, 친환경 에너지 절약계획 및 무장애 공간계획

아흔 개의 봄 : 시립화성 실버드림센터

'아흔 개의 봄'은 역사학자 김기협이 일흔의 어머니를 간병하며 쓴 시병일기이다. 우리는 한 개인이 맞이하는 아흔 번의 봄이라는 의미로 일반적인 요양시설을 건강과 노화에 대한 단순한 거주의 장소로써가 아닌 노인의 거주지가 맞이하는 **이흔 번의 봄이** 의미 있는 순간을 영위할 집이 공간을 경험하게 되는데 단순히 주어진 공간이 아닌 자신의 결정권이 제한을 의미한다. 시설이 아닌 집이라는 단어가 주는 차이점의 상실이며 사회적 관계의 단절, 자기결정권의 제한을 의미한다. 노인들이 관리나 돌봄의 대상이 아닌 각자의 삶을 이어가는 주체가 되기 위하여 노인요양시설은 생활을 위한 시설에서 **삶의 장소**로서 전환이 필요하다.

우리는 개인적, 준개인적, 준공용적, 공용적 성격의 공간들을 곳곳에 배치하고, 마을길, 공원길 두 개의 루트 (산책로)로 준개인적 공간들을 연결하여 자신만의 생활영역을 구성할 수 있도록 하였다. 이들 통해 시립화성실버드림센터가 자기존엄과 경험의 확장, 일상적 삶이 지속되는 세 번째 주거지가 되길 바란다.

01 기본계획
0. 목차
1. 설계개요 및 면적표 ... 02
2. 기본계획방향 ... 03
3. 대지현황분석 ... 04
... 05

02 건축계획
1. 배치도 ... 06
2. 층별 평면도 ... 07-10
3. 입면도 ... 11
4. 단면도 ... 12
5. 조경 및 외부공간 ... 13
6. 특화계획 ... 14-16

03 분야별 계획
1. 친환경, 에너지절약계획 / 무장애공간계획 ... 17
2. 관련법규 검토서 / 예상공사비내역서 ... 18

01 기본계획

구분		설계내용	비고
	사업명	시흥행정복지센터 신축사업	-
	대지위치	경기도 파주시 행신동 하길리 1513	-
	지역지구	제2종일반주거지역, 행신2 지구단위계획구역	-
	대지면적	4,218m²	-
	건축면적	1,875.19m²	지침 5,400m³
건축개요	연 면 적	5,863.44m²	
	지하	1594.56m²	
	건폐율	4,268.88m²	법정 60%
	용적률	44.46%	법정 230%
	구조	101.21%	
	층수	철근콘크리트 구조	
	최고높이	지하1층, 지상3층	법정 5층 이하
	지상	16.80m	
주차개요	계	44대 (일반 36, 장애인 4, 특수 4대)	법정 22대 / 지정 35대
	지하	6대	
설비개요		EHP시스템, 태양광발전시스템(BIPV)	
	외벽재료	點운백돌, 3D 무몰구부 싱곤크리트	
기타개요	조경면적	1,091.12m² (대지면적의 25.87%)	
	주요 옥외	금봉 화강석 12.60m²	
	주차장 면적		법정 대지면적의 15%
	기타사항	1,363.68m²	-

1. 설계개요 및 면적표

구분	세부시설	면적(m²)	비율(%)	비고
	소계	1,555.70	26.53	
	모임실,자매결연실	807.12	13.66%	
	건조사실	18.10	0.31%	
	모임연주사실	27.09	0.46%	
지상3층	물리치료실	51.12	0.87%	
	프로그램 코너	154.79	2.64%	
	공용화장실	12.60	0.21%	
	옥상피난안전구역	15.51	0.26%	
	공용면적	23.03	0.39%	
	공용면적	452.34	7.71%	
	소계	1566.34	26.71%	
	모임시설,일반사실	827.85	14.12%	
	모임연주사실	25.17	0.43%	
지상2층	강의사실	17.60	0.30%	
	프로그램 코너	18.71	0.32%	
	공용화장실	51.12	0.87%	
	계단/E.V홀	153.76	2.62%	
	공용면적	15.51	0.26%	
	공용면적	435.04	7.42%	

구분	세부시설	면적(m²)	비율(%)	비고
	소계	1146.84	19.56%	
	주민서비스 일반	308.30	5.26%	
	주민지부모 센터_자매결연	124.39	2.12%	
	식당/카페	138.80	2.37%	
지하1층	조리실	58.90	1.00%	
	사무실	88.08	1.50%	
	자원봉사자실	16.05	0.27%	
	강당	72.77	1.24%	
	기계 거실(전원실)	47.09	0.80%	
	공용면적	292.46	4.99%	
	소계	1594.56	27.19%	
	주차장	1363.68	23.26%	
	기계/전기/발전기실	85.25	1.45%	
지하1층	방재실	14.57	0.25%	
	세면/건조실	18.91	0.32%	
	청소방역	25.50	0.43%	
	계단,ELEV홀	18.29	0.31%	
		68.36	1.17%	
총계	전용면적	3,089.04		
	공용면적	2,774.40		
		5,863.44	100%	

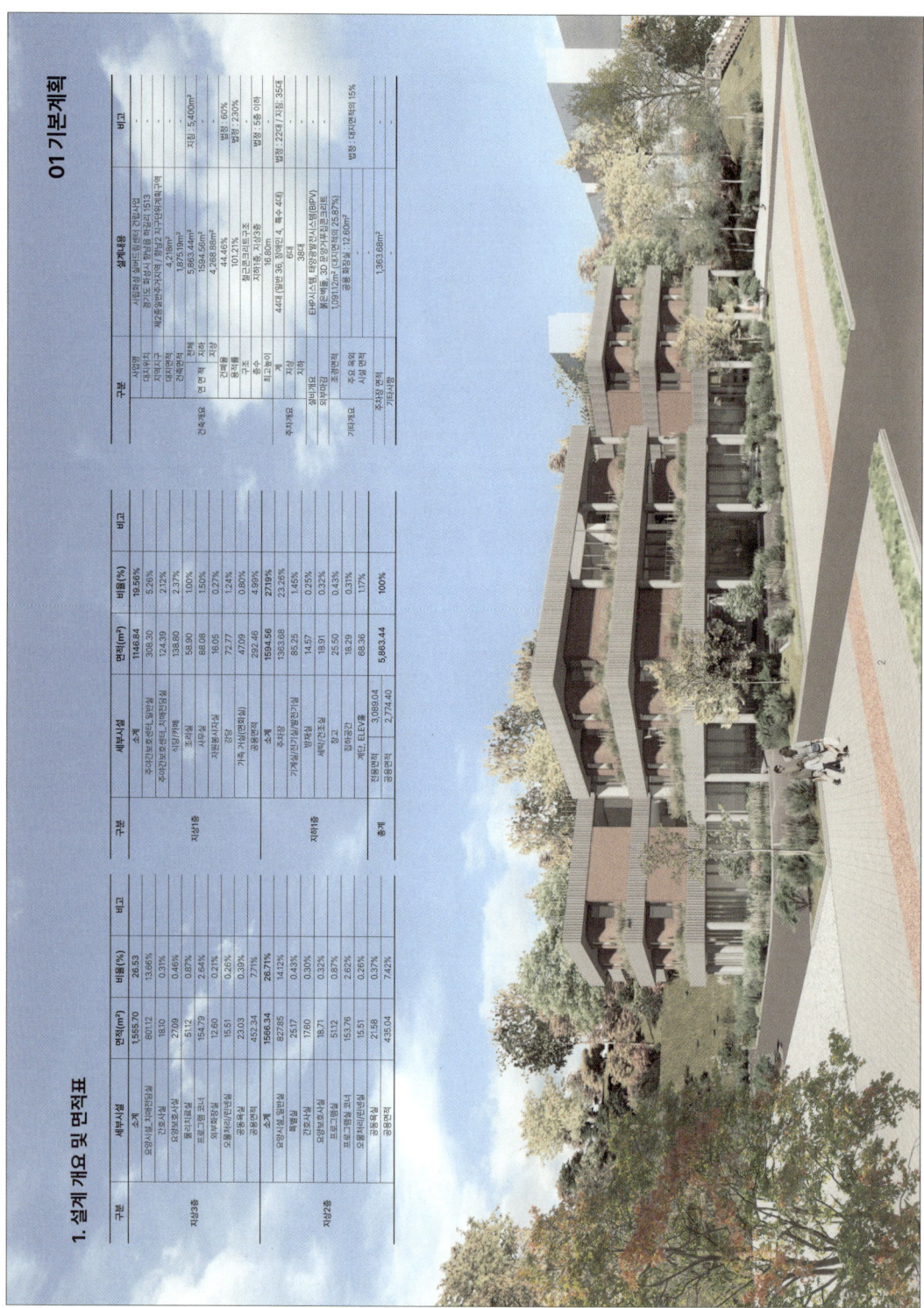

284 당선 서로 아키텍츠+탈 건축

01 기본계획

3. 기본계획방향

하나의 시설이 아닌 '집'들의 모임

- 삶의 일상성 회복을 위한 개인 공간, 집, 마을이 주는 거실 + 식당 + 침실 + 테라스가 하나의 유닛으로 구성된 진속된 주거의 '집'들의 모임

사계절을 느낄 수 있는 공간

- 사계절의 풍경이 관망되는 중정과 공용공간
- 자기만의 풍경을 가질 수 있는 개인 영역의 창
- 화성 노인도 연속된 계절을 느낄 수 있는 외부테라스와 조경

산책하며 마주치는 다양한 일상

- 단조로운 복도 배치가 아닌 산책하는 듯한 순환동선
- 주요 동선에 배치된 크고 작은 사회적 공간
- 자연스런 참여를 유도하는 커뮤니티 프로그램

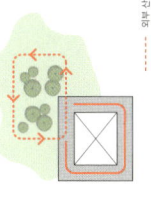

두 개의 산책 루프 _ 마을길과 공원길

- 마을길은 2층과 3층에서 공원길과 일차적으로 연결
- 마을길과 일기와 관계없이 산책 가능한 내부 순환로
- 공원길 가족, 친구, 요양사와 함께 산책 가능한 루프

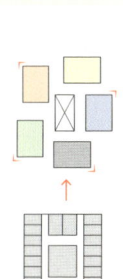

01 기본계획

4. 대지현황분석

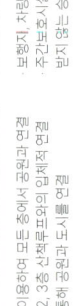

지역친화적 프로그램

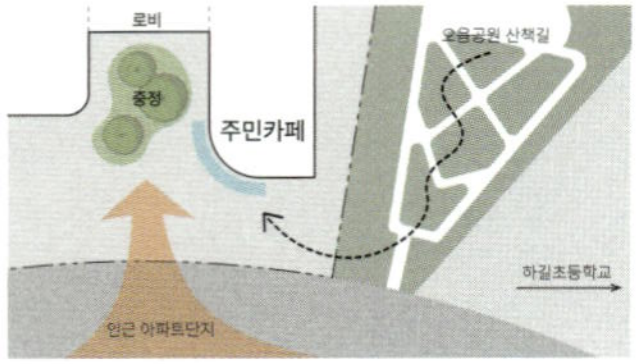

개방적 중정과 로비는 음악회, 재롱잔치, 벼룩시장 등 주민과 거주자가 함께하는 다양한 프로그램들의 공간. 카페와 식당은 주민들과 공간지 및 장서적 공유를 유도

차량과 보행자 동선의 분리

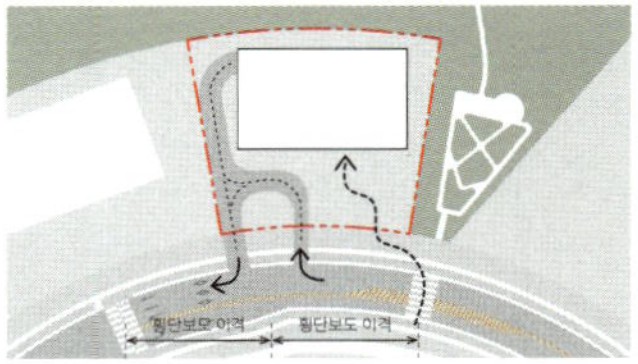

보행자, 차량 동선의 분리로 안전한 지상 환경 조성
주간보호시설 사용자들은 일조로를 이용, 일기 영향을 받지 않는 승하차의 동선

지형을 이용한 입체적 연결

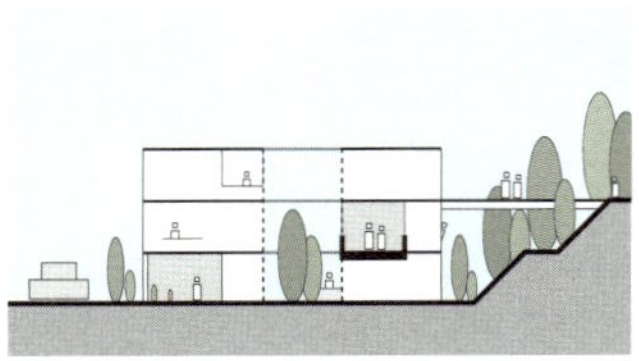

지형의 레벨을 이용하여 모든 층에서 공원과 연결
공원 내 산책로와 2, 3층 산책루프와의 입체적 연결
중앙 필로티를 통해 공원과 도시를 연결

향과 조망을 고려한 매스와 배치

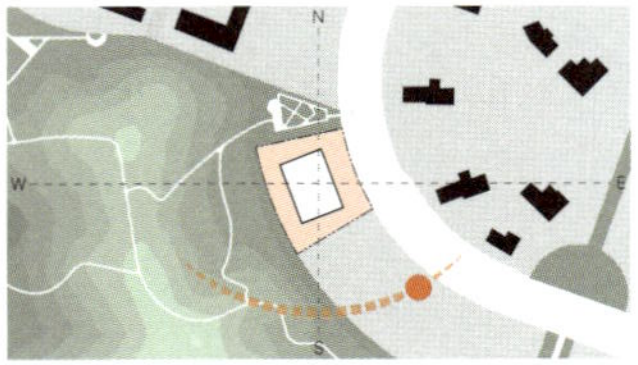

남서쪽의 공원 조망을 고려한 매스와 배치
동북 도시 풍경을 끌어들이는 매스와 배치
개방 우측들에서 최대한 남향의 조망을 확보

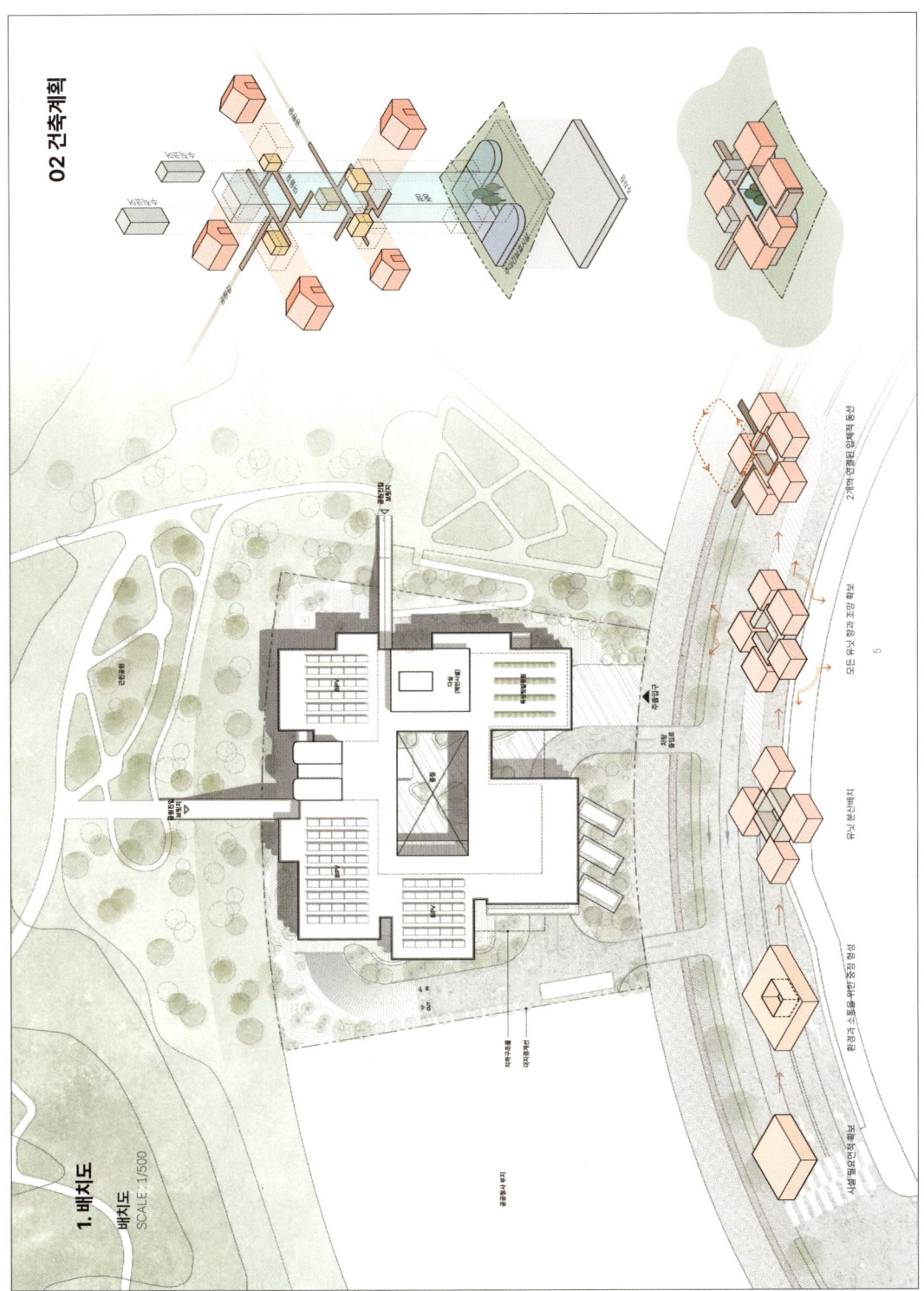

02 건축계획

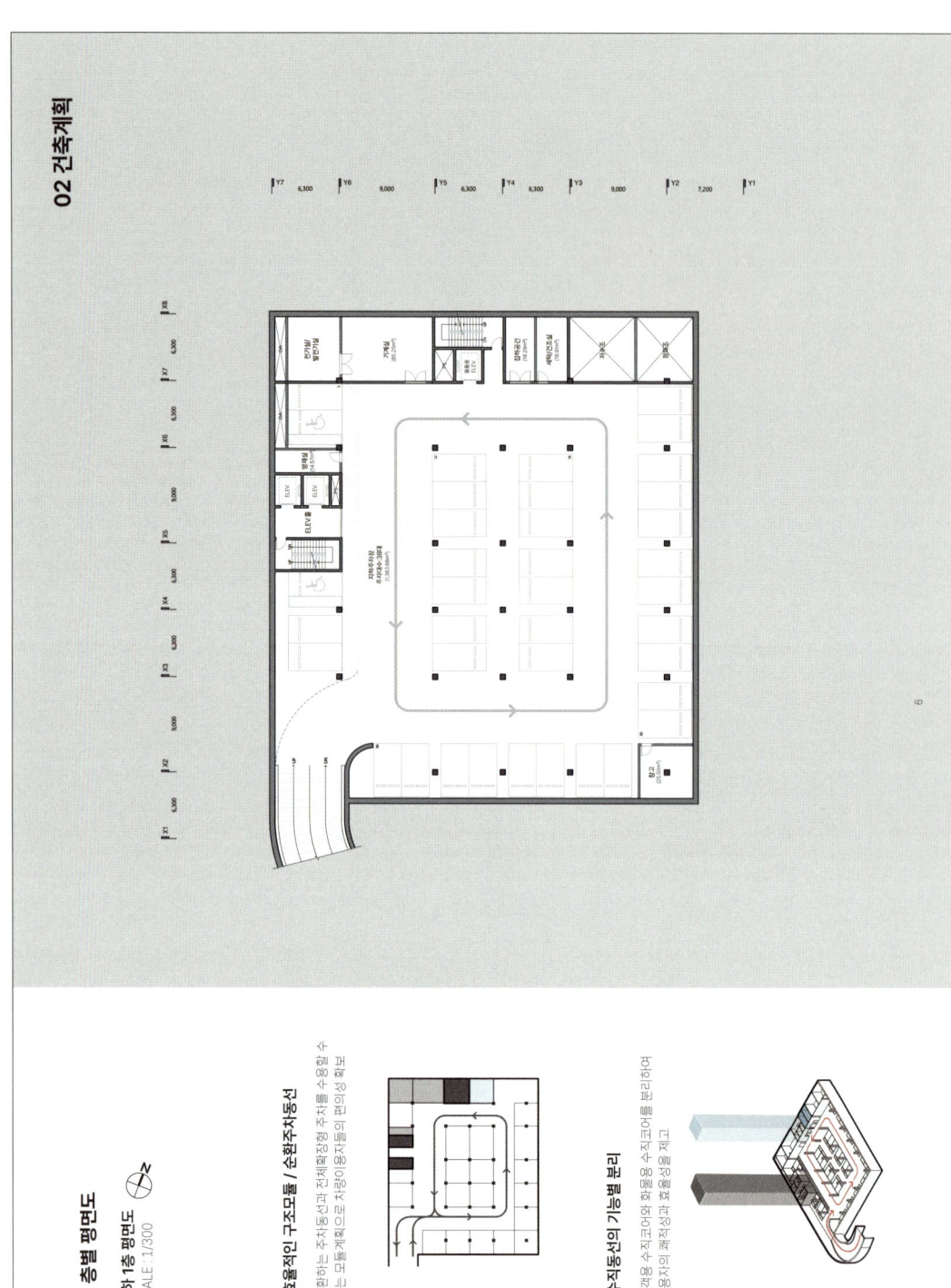

2. 층별 평면도
지하 1층 평면도
SCALE 1/300

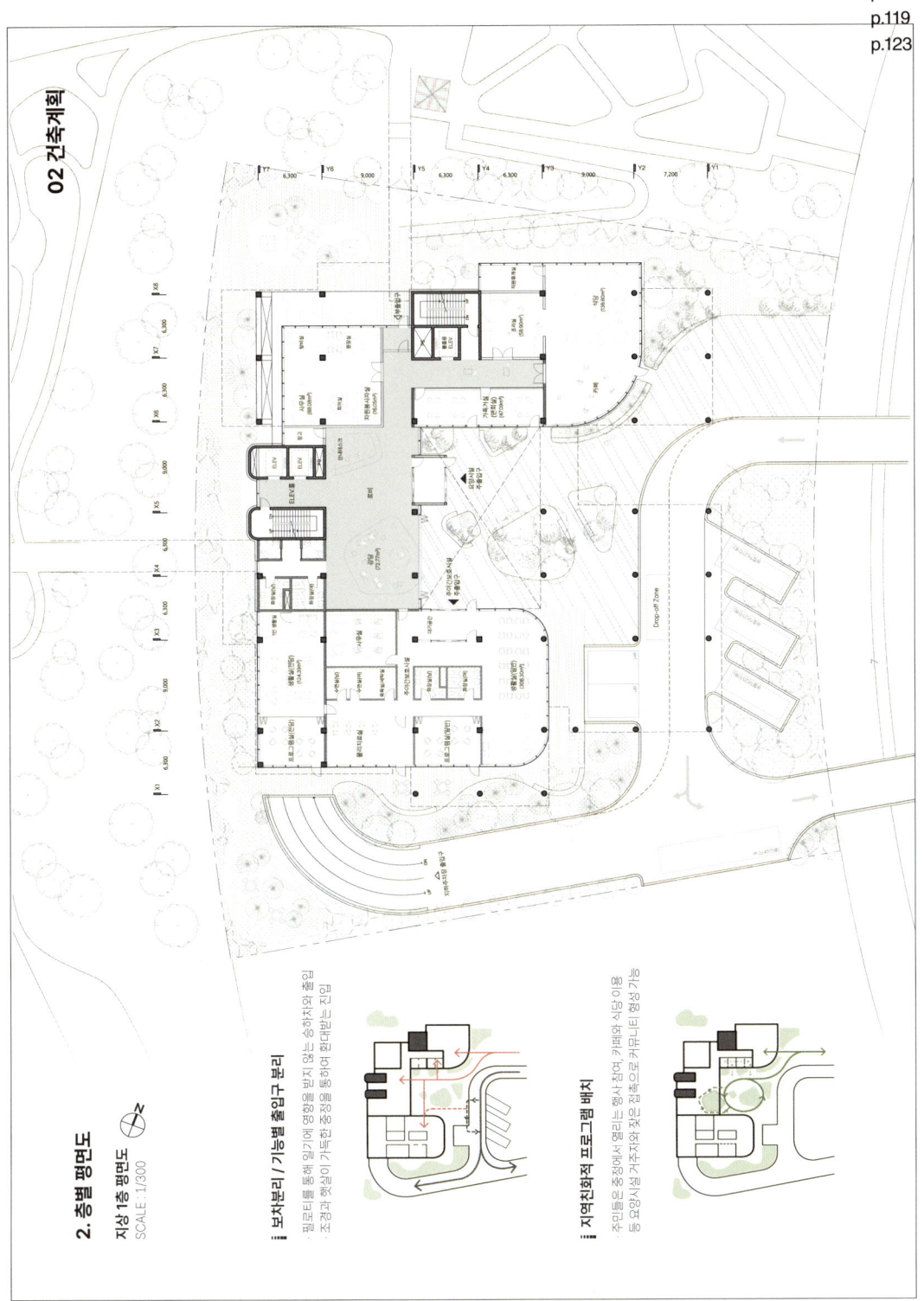

p.115

02 건축계획

2. 층별 평면도

지상 2층 평면도
SCALE 1/300

유닛과 공용기능 배치전략
- 유닛은 향과 조망이 좋은 외주부에 배치, 공용기능은 마을길에 인접배치하여 자연스런 사회적 연결을 유도

느슨한 경계와 다양한 프로그램
- 입주자 사이에 최대한의 연결을 위한 유닛과 마을길, 주위 커뮤니티 프로그램 사이의 느슨한 경계

290 당선 서로 아키텍츠+탈 건축

02 건축계획

2. 층별 평면도

지상 3층 평면도
SCALE : 1/300

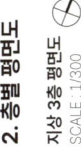

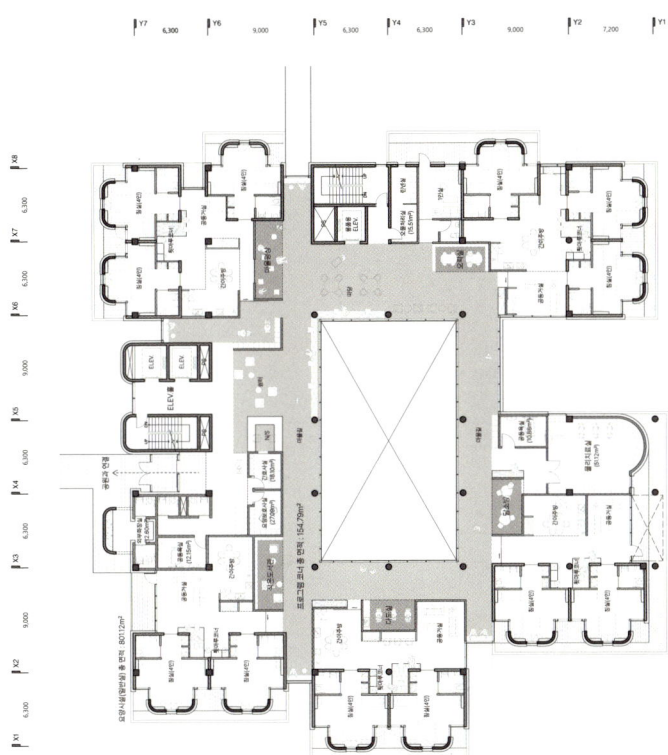

인지가 쉬운 명확한 공간체계
유닛과 배후동 사이의 경계를 명확하게 구성하여 치매노인들이 불안을 해소

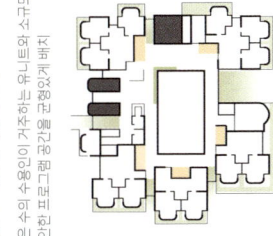

작은 스케일의 치유적 환경
작은 수의 수용인이 거주하는 유니트와 소규모의 편안한 프로그램 공간을 균형있게 배치

competition 6   시립화성 실버드림센터

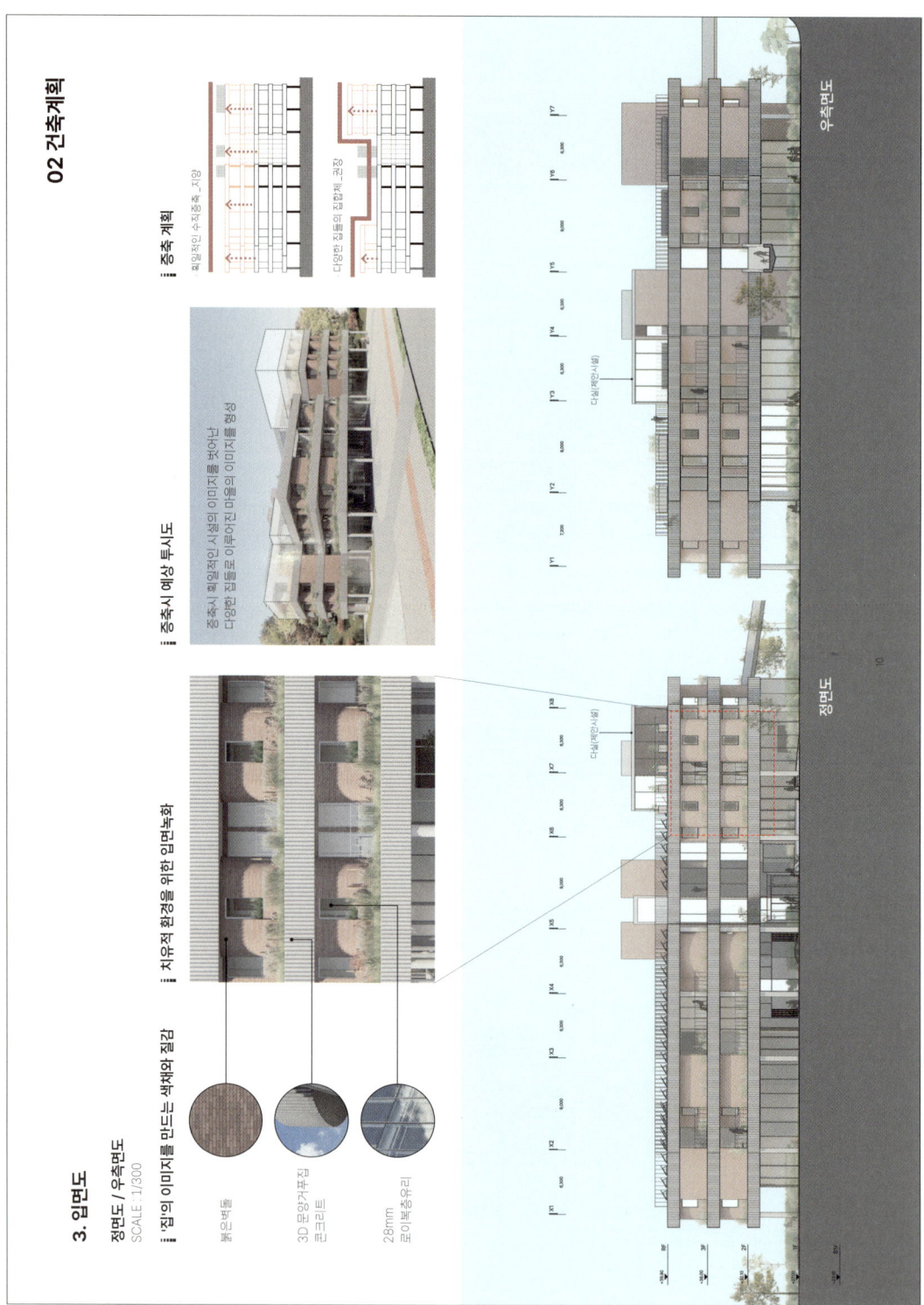

02 건축계획

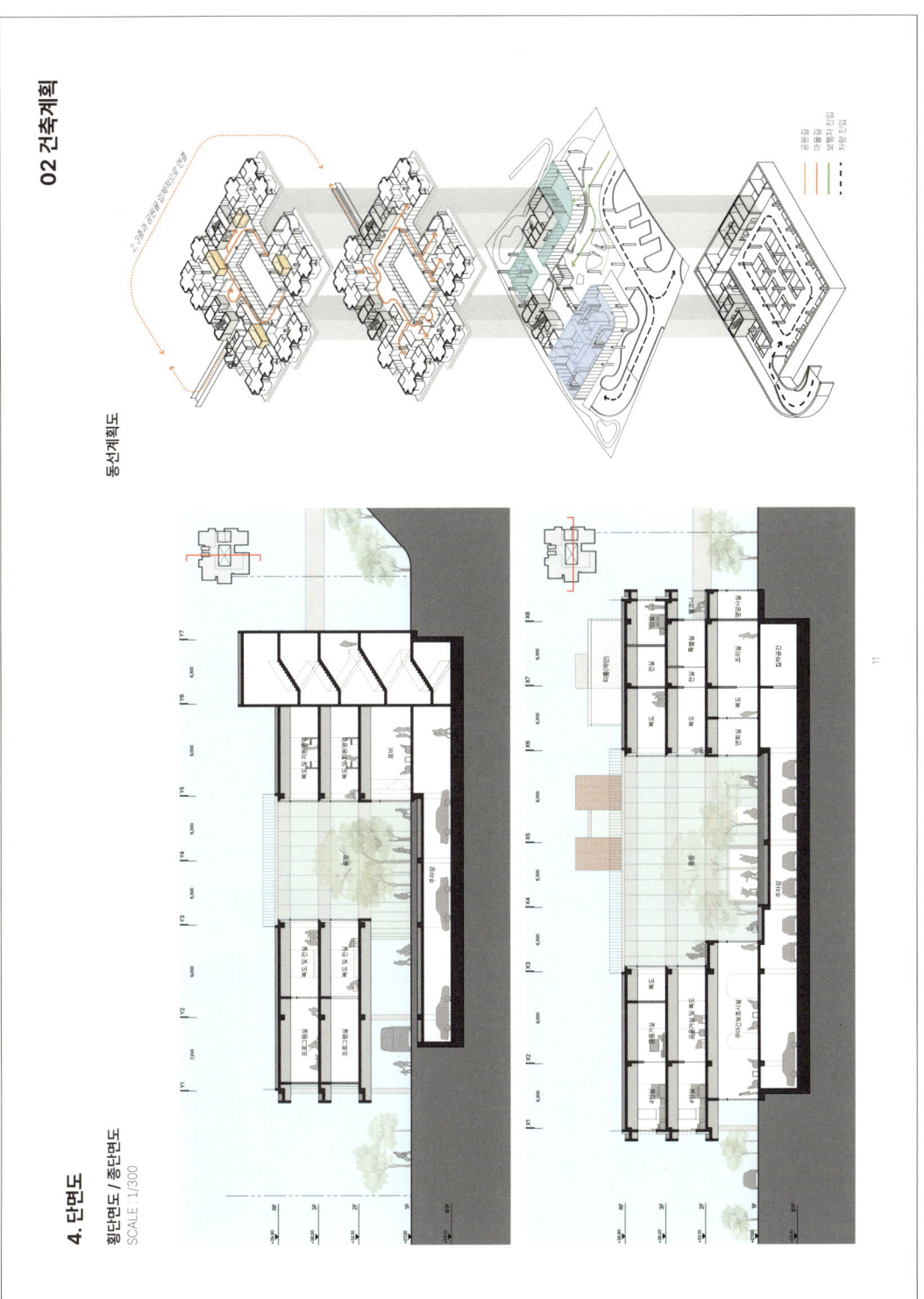

동선계획도

4. 단면도
횡단면도 / 종단면도
SCALE 1/300

02 건축계획

6. 특화계획 _ 내부순환동선

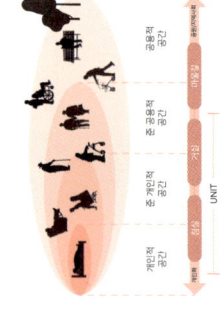

느슨한 경계와 프라이버시

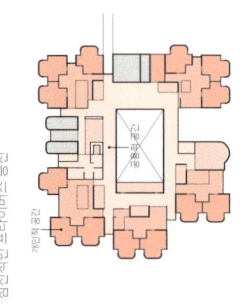

중정에 면한 공용공간에서 각 유닛 내의 개인공간으로 갈수록 점진적인 프라이버시 증진

마을길 투시도

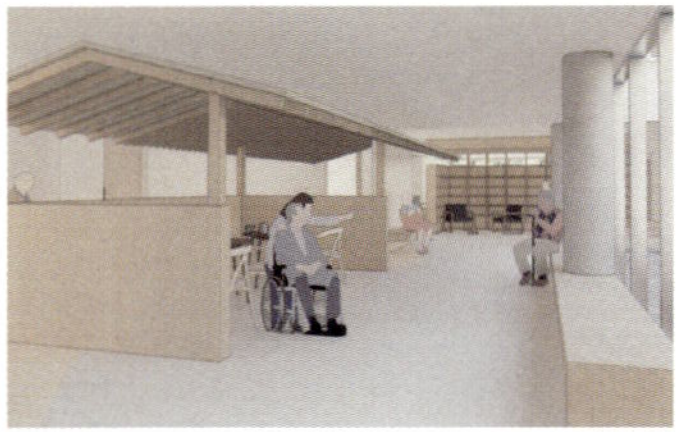

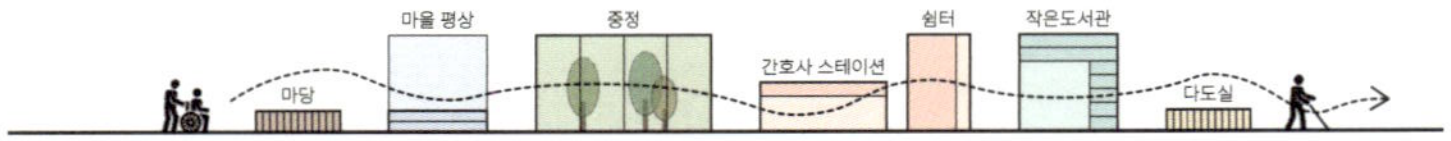

6. 특화계획 _ 유니트계획

복도공간으로 연결되는
기존 요양원 공간체계

세분화된 공용공간으로 연결되는
새로운 공간체계

개인화 요소 :
침대, 캐비넷, 선반 + 창, 풍경

자신만의 창과
가구를 갖춘 개인공간

실을 공유함과 동시에
개인 코너를 갖는 4인실 구성

14

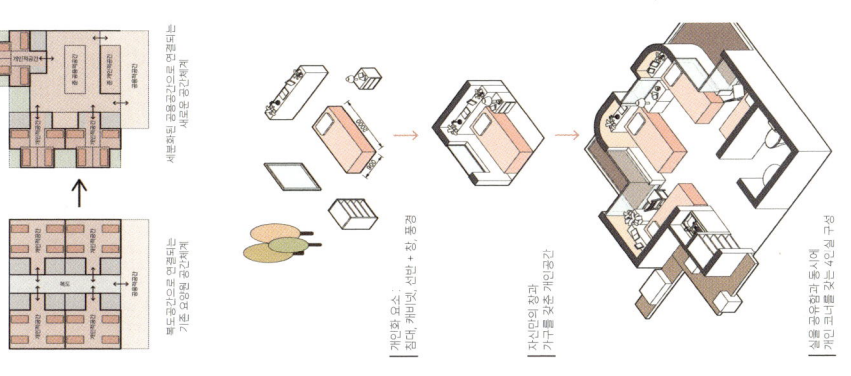

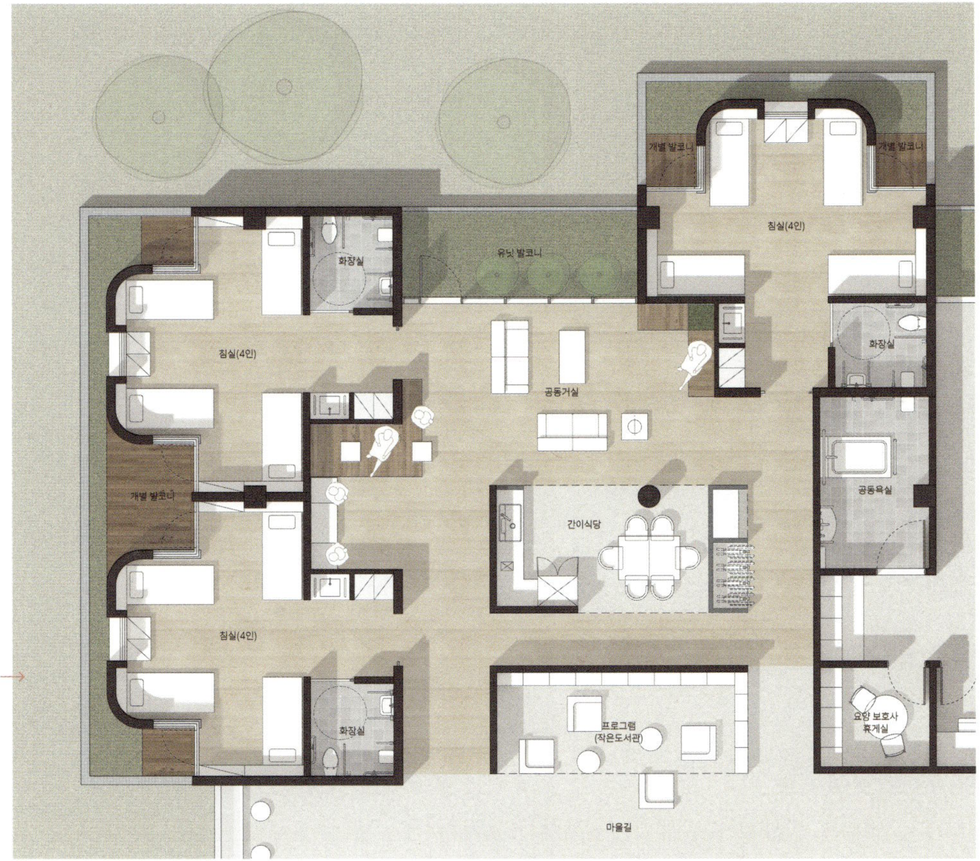

03 분야별 계획

1. 친환경 건축 및 에너지 절약 계획, 무장애 공간계획

친환경 / 신재생 에너지 계획
녹색건축물 에너지효율등급인증(1++이상), 제로에너지건축물 인증(5등급), 녹색건축물 인증(일반등급)

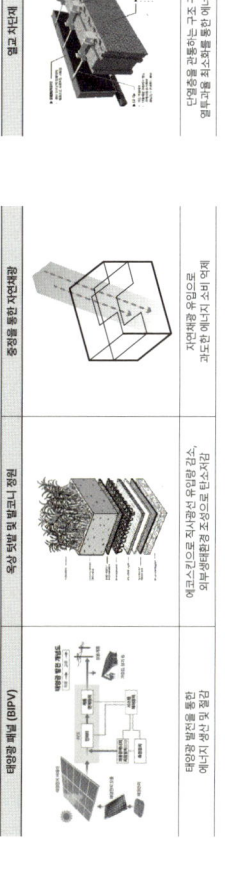

에너지 절약 계획

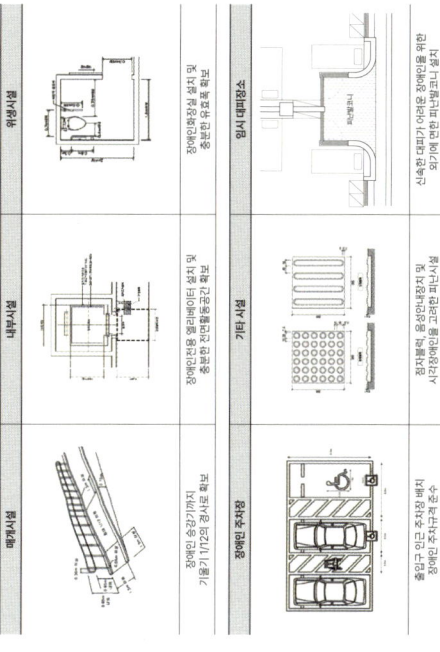

무장애 공간계획

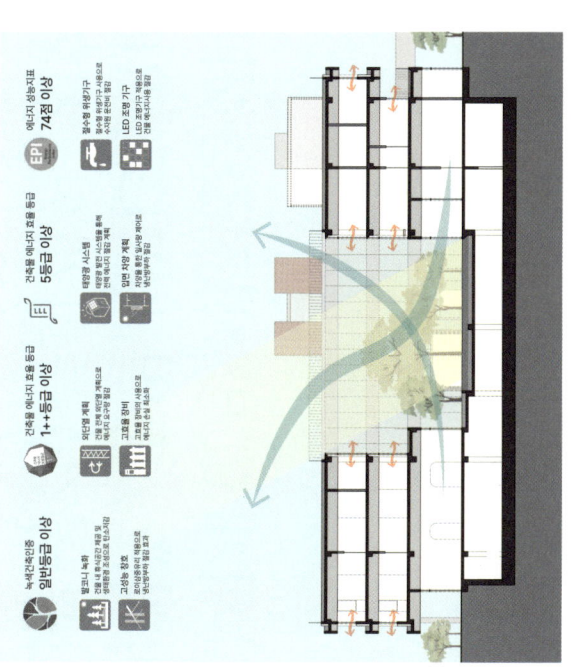

architects
건축사사무소 적재

prize
2등

contents
설계개요 및 면적표, 기본계획방향, 대지현황분석, 배치도, 층별 평면도, 입면도, 단면도, 조경 및 외부공간, 특화계획, 친환경 에너지 절약계획 및 무장애 공간계획, 설계개요 및 층별면적

시립화성 실버드림센터

Life must go on +

몸과 정신이 약해져 크고 작은 도움이 필요한 것일 뿐 인간으로서 존엄이 상실되는 것은 아니다. 때문에 실버드림센터는 관리자 시점에서 효율성을 높이는 수용시설이 아니라, 이곳에 머무는 사람들이 또 다른 삶을 살아갈 수 있는 공간으로서 접근이 필요하다. 이어나갈 질을 높이기 위한 고려가 선행되어야 하며, 생활공간으로 기능해야 한다.

이를 위해 다양한 성격을 갖는 공유공간을 계획했다. 선을 조망하기도 하고 도시를 볼 수도 있다. 남향 볕을 쬐어 공용소를 나누다가 외부 활동 공간을 산책하며 바람을 쐬기도 하고, 보호사의 도움 하에 공원까지 활동영역을 확장할 수 있을 것으로 기대한다.

신자형의 건물은 각 공간에 다양성을 부여하며, 중앙에 집중된 관리영역을 통해 효율적인 운영이 가능하다. 단순하지만 향에 따라 조금씩 변형된 입면은 자연광을 끌어들이기도 하며, 인접한 곳으로부터 시선을 차단하여 사생활을 보호하는 역할을 한다.

대부분 차량으로 접근될 것으로 예상되는 시설의 특성을 고려하여, 차량 동선 및 운영차량의 주차 등을 시 주차장의 추가 활용도 가능하도록 이분의 공간을 두었다.

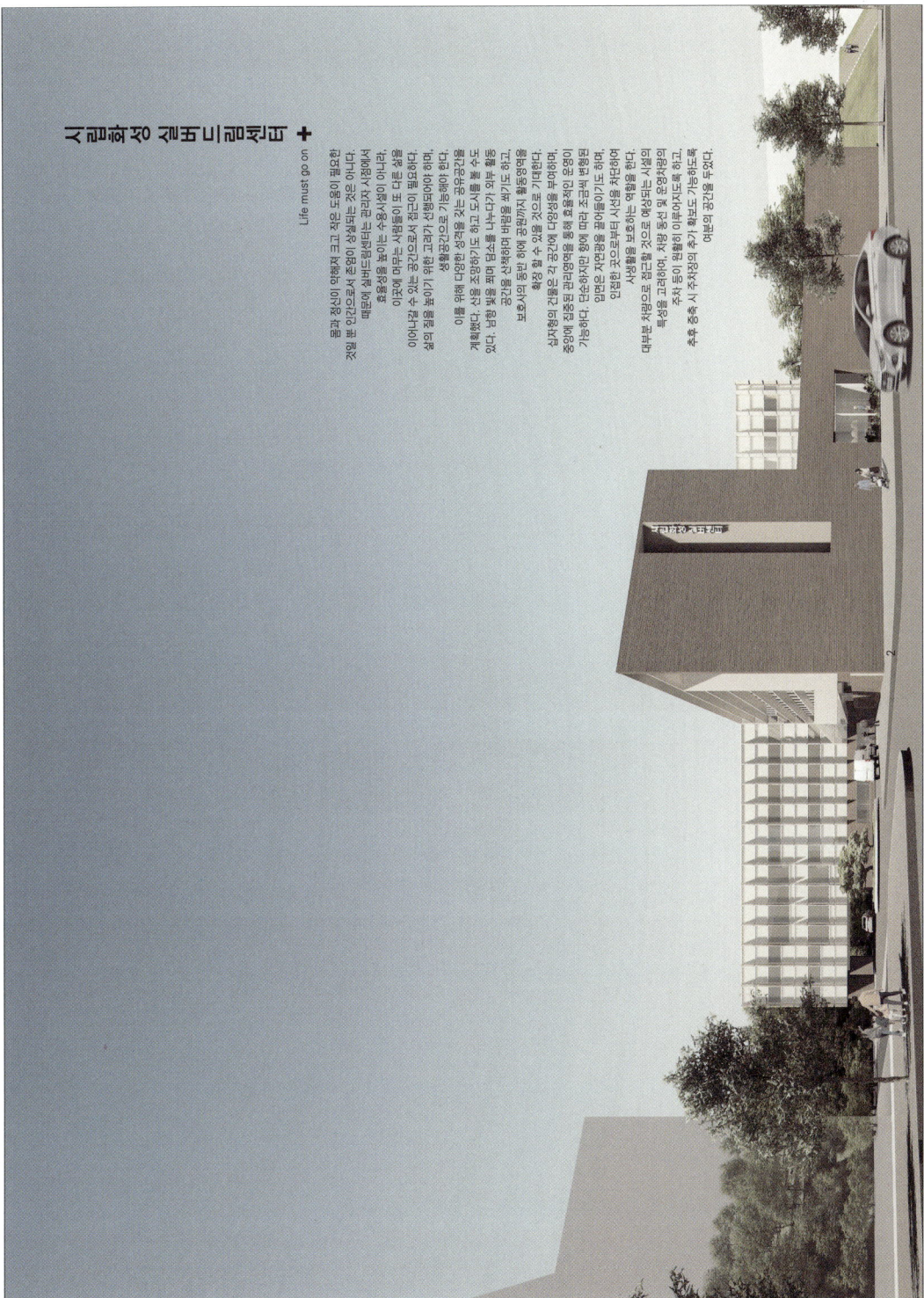

competition 6   시립화성 실버드림센터

299

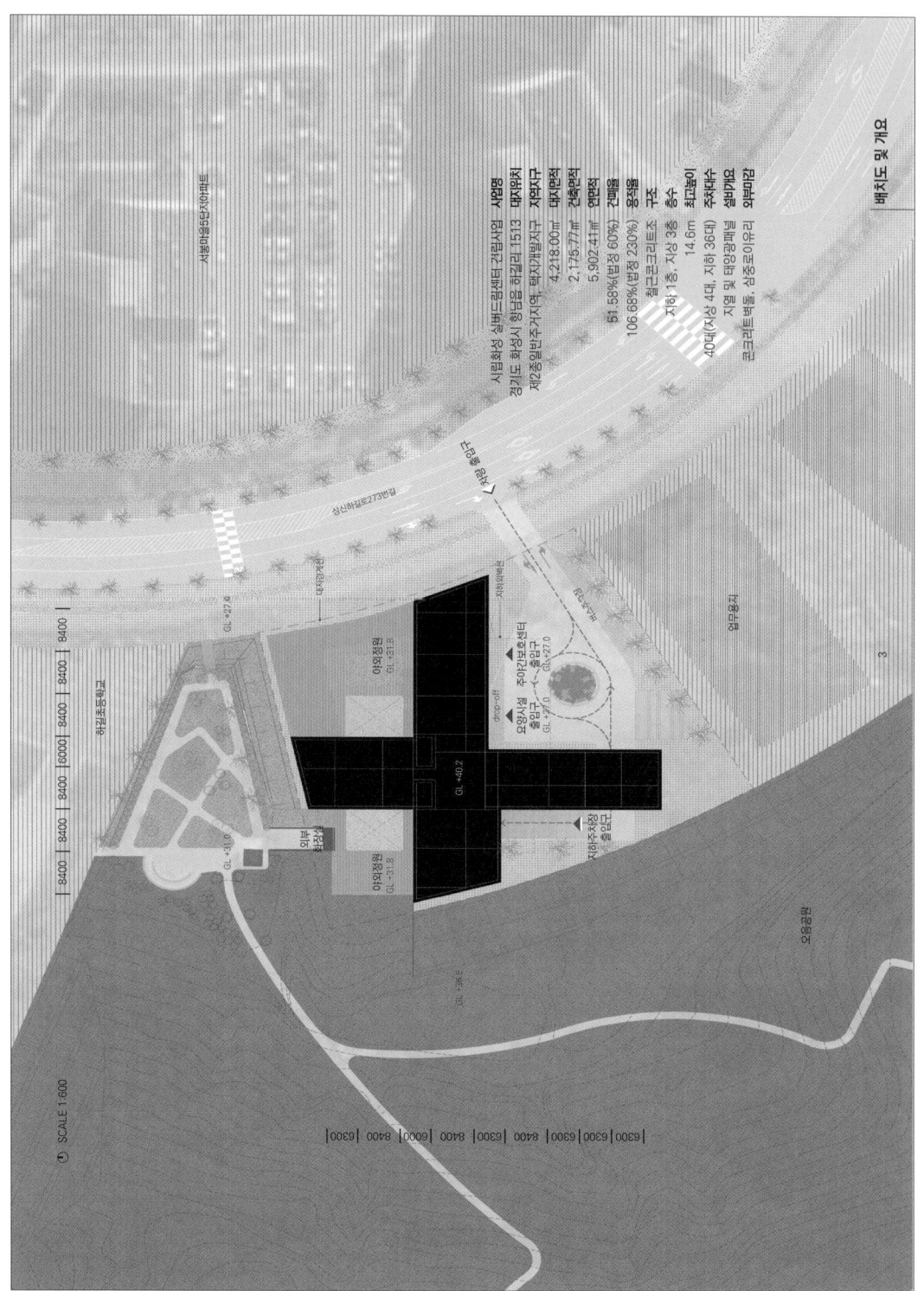

배치 및 외부공간계획

건축적 대응 십자 배치를 통해 각 영역과 관계를 갖도록 하고, 정남향으로 최대의 연출 면하게 한다. 도로에 최소의 연을 원하도록 하여 북측해있지만 않게 하면서, 휘어진 도로형태를 고려하여 주변에서 접근할 때 인지가 쉽도록 했다.

영역의 구분 주변의 상황에 대응하여 각 영역에 성격을 부여한다. 인접한 물과 도로에 면한 곳에 차량을 위한 영역을 두고 인접과 인접한 건물이 돌아싸여 서비스영역을 계획한다. 공원, 자연과도 연계되는 상황을 고려한다.

대지의 성격 예정부지는 지금도 구릉지에 접한 계통지처럼 보이나 공원과 맞닿은 두 면이 연하여 계획되어 있고, 남측 인접대지는 체물이 60%의 업무시설이 5층으로 자리할 것이다. 동측의 도로를 제외하면 세 면이 막힌 형태이다.

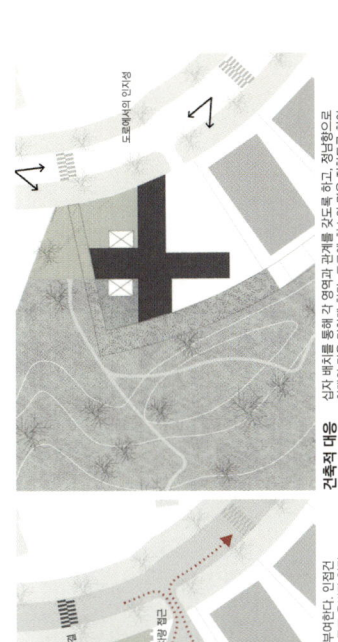

조경 영역 1층이 각 실들이 외기와 면할 수 있고, 수물을 마주할 수 있도록 부분으로 조경 공간을 형성. 공원 조성 시 계획됨 백 일부를 2층 외부공간과 자연스럽게 이어지도록 계획

차량 영역 횡단보도, 공원 출입구 등과 건물이 최소화되도록 답촉 인접대지 측에 차량 출입구 계획. 통근버스 및 구급차 등의 승하차가 원활하도록 도로체계 구축

보행 영역 차로와 구분된 보행동선을 통해 보행자가 안전하게 접근이 가능하도록 계획. 2층 외부공간에 이용자들을 위한 공간을 두고, 상황에 따라 공원까지 확장할 수 있도록 고려

competition 6 시립화성 실버드림센터

301

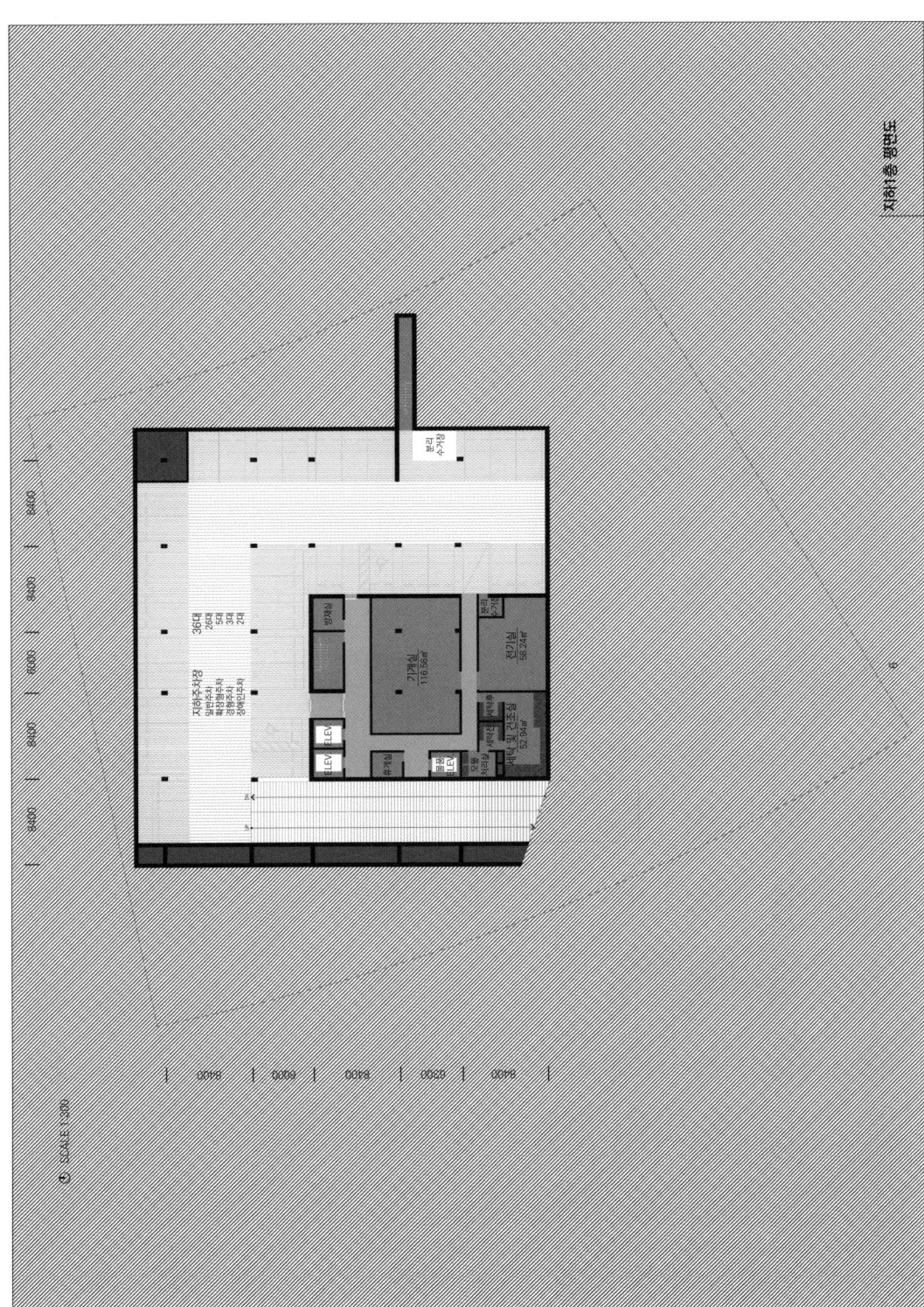

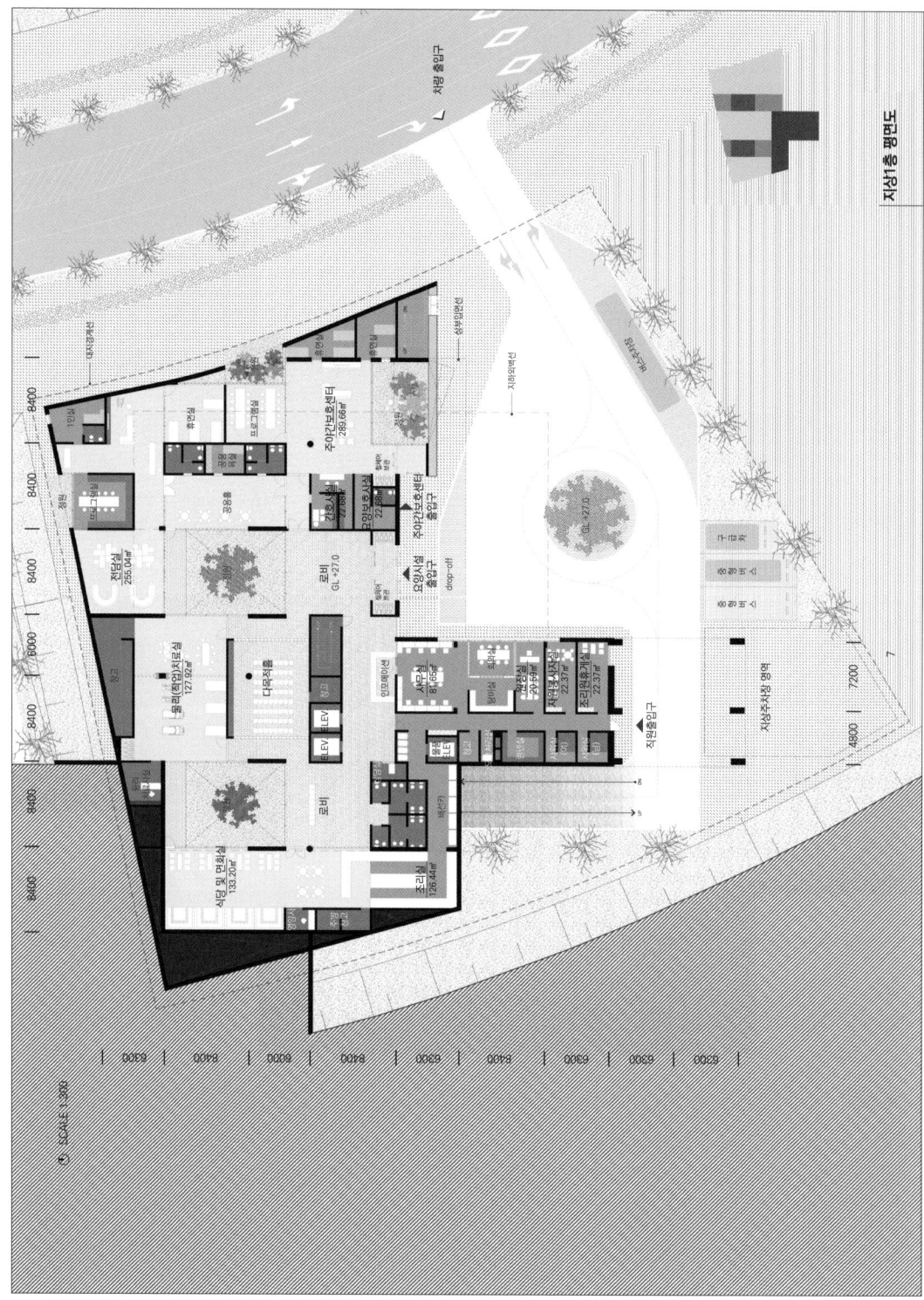

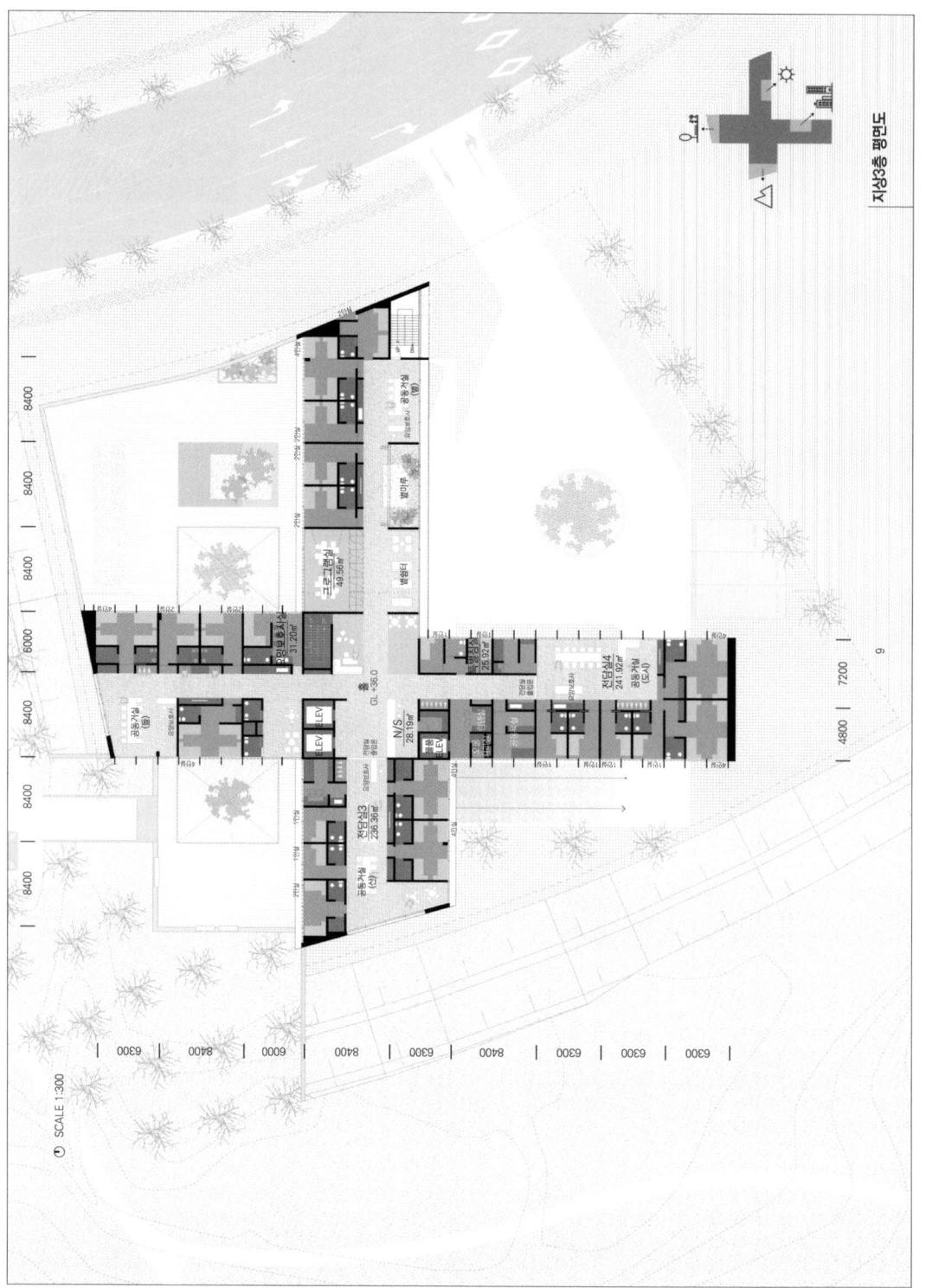

내부공간구성계획

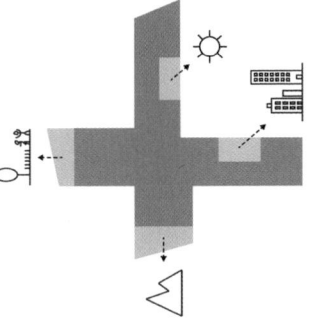

구분과 연계 층에 두 개의 중정을 기준으로 대이케어영역, 치료영역 및 만남의 영역을 구획하여 배치했다. 패쇄적인 영역이 아니라 시각적으로 개방감을 확보하여 상호 연계되는 하나의 시설로 기능할 수 있도록 했다.

주변과 관계 실버드림센터를 둘러싸고 있는 주변환경과 적극적으로 관계 맺을 수 있도록 고려했다. 2층의 회부활동영역에 각각의 성격을 부여하여 공원과 관계맺을 수 있는 영역, 경노, 신과 관계맺을 수 있는 영역을 조성했다.

거실의 성격 동서남북 각 방향을 따라 배치된 4개의 클러스터는 저마다 성격이 다른 공용거실공간을 갖는다. 해와 산, 도시와 공원 등 서로 다른 곳을 바라보는 각각의 거실공간을 오가며 다양한 변화를 느낄 수 있다.

공간계획-1

01 우천 시에도 승하차가 불편하지 않도록 캐노피를 두고, 입구에서 로비 및 중정을 거쳐 데이케어센터 공용거실까지 중첩되어 한눈에 들어오는 개방감 확보

시흥종합재활센터

02 누구의 중정을 분산 배치하여 데이케어센터, 물리치료실을 비롯하여 식당 및 면회실에서도 외기에 직접 접할 수 있도록 계획

공간계획-2

01 도시를 조망하며 시원하게 트여있는 라운지

02 실내정원과 면하여 휴식을 취하거나 담소를 나눌 수 있는 공간

공간계획-3

01 공원의 사람들을 바라보는 장소, 외부활동공간과 연계되는 공간

02 산을 향해 열려있는 거실, 계절의 변화를 느낄 수 있는 공간

13

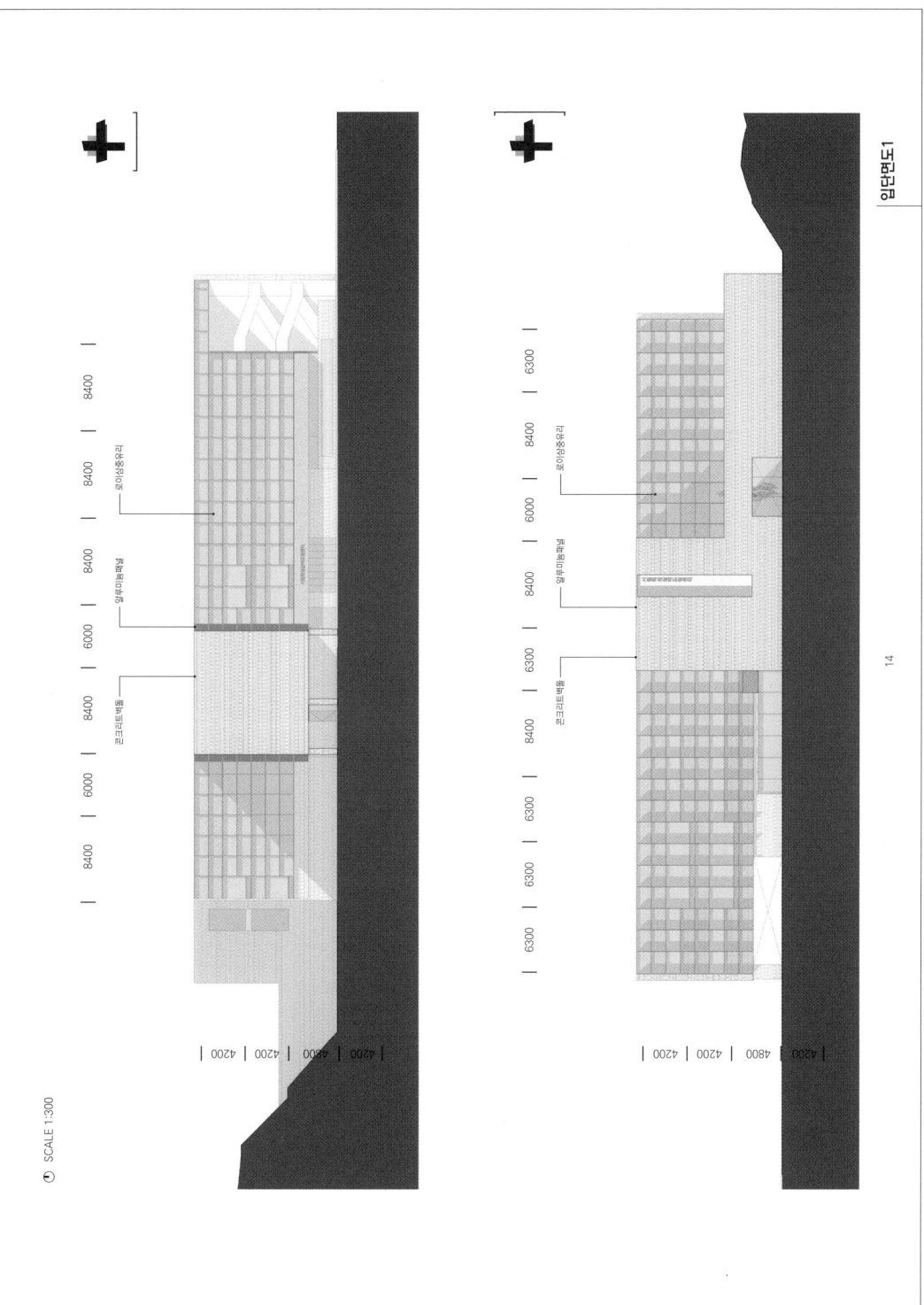

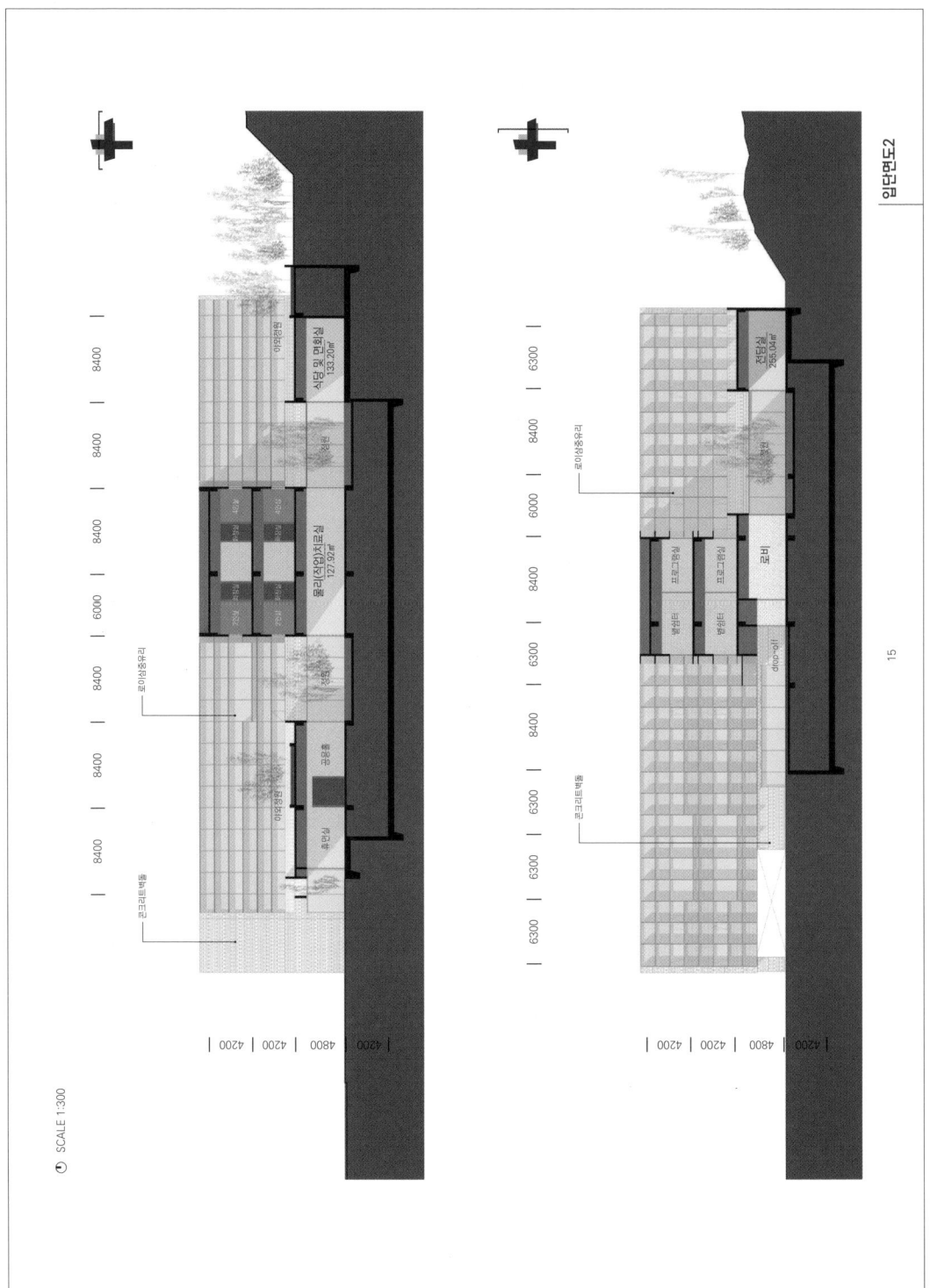

설계개요 및 시설현황

구분		내역	비고
건물개요	사 업 명	시립화성 실버드림센터 건립사업	
	대지위치	경기도 화성시 향남읍 하길리 1513번지	
	지역지구	제2종일반주거지역, 택지개발지구	
	대지면적	4,218.00㎡	
	건축면적	2,175.77㎡	
	연면적 전체	5,902.41㎡	
	연면적 지하	1,402.57㎡	
	연면적 지상	4,499.84㎡	
	건 폐 율	51.58%	법정 60%
	용 적 율	106.68%	법정 230%
	구 조	철근콘크리트조	
	층 수	지하1층, 지상3층	
	최고높이	14.6m	단면도에 층고 및 최고 높이 표기할 것
주차개요	계	40대	법정대수 주차 23대 (시설면적 200㎡ 당 1대)
	지 상	40대	
	지 하	36대	
설비개요		지열 및 태양광패널	
외부마감		콘크리트벽돌, 신중문이우리	
기타 개요	조경면적	679.31㎡	주요 옥외시설의 개략면적 기재
	주요 옥외 공원광장실 (남여 각 1개소)	19.59㎡	
	시설면적	1,031.19㎡	산출근거 표기
	주차장면적		
	기타사항		

※ 소소점 3자리에서 사사오입

층별 세부용도 및 면적

구분	바닥면적(㎡)			용도	비고
	계	전용	공용		
계	5,902.41	4,032.52	1,869.89	-	
지상1층	1,774.67	1,147.61	627.06	주야간보호센터 및 전담실 물리(작업)치료실,간호사실, 요양보호사실, 물리치료실, 사무실, 원장실, 식당 및 면회실, 조리실, 조리원휴게실, 자원봉사자실	
지상2층	1,362.59	796.54	566.05	치매전담실, 요양원, 특별침실, N/S 요양보호사실, N/S	
지상3층	1,362.59	796.54	566.05	치매전담실, 요양원, 특별침실 요양보호사실, N/S	
지하1층	1,402.57	-	-	주차장, 기계실, 전기실, 세탁 및 건조실, 오물처리실, 분리수거실, 창고	

※ 소소점 3자리에서 사사오입

설계개요 및 총별 면적

competition 7

1st 의성생낙공장 리모델링

건축사사무소 아키테토

3rd 이소건축 건축사사무소

interview pp.127-143

공모개요

유형	제안 공모
위치	경북 의성군 의성읍 도동리 769-2 외 13개 필지
지역지구	제2종 일반주거지역, 택지개발지구
연면적	2,567m² (±3% 조정 가능)
대지면적	15,037m²
설계비	6억 원 (600,000,000원)
공사비	약 96.9억 원 (9,691,850,000원)

일정

공고	2023. 08. 31
심사	2023. 10. 24

심사위원

김정임	서로아키텍츠
박성호	더 건축사사무소
배준현	동양대학교 도시문화콘텐츠학과
신민재	에이엔엘 스튜디오
이광표	서원대학교 교양대학
이훈길	종합건축사사무소 청산건축
정웅식	온 건축사사무소

심사결과

당선	건축사사무소 아키테톤
2등	건축사사무소 오마+브라이트 건축사사무소
3등	이순건축 건축사사무소
4등	에이오에이 아키텍츠 건축사사무소
5등	아이디아5 건축사사무소+아나로그아키펠 건축사사무소

architects 건축사사무소 아키텍트

prize 당선

contents 계획의 목표와 계획의 기본방향, 공간계획, 공간활용계획, 리모델링 전략, 과업수행방안

Contents 목차

2. 세부 내용에 따른 목차

01 계획방향
계획의 목표와 기본방향 3

02 주요 과제에 대한 제안
과제1 (구)성냥공장이 가진 다양한 콘텍스트를 하나로 아우를 수 있는 공간 계획 4
과제2 유휴공간 재생 사업으로서 기존 건축물의 잠재적 가치와 장제적 가능성을 고려한 공간 활용계획 5-8
과제3 기존 건물을 고려한 효과적인 리모델링 전략 제시 9

03 과업수행방안
설계일정, 계획과 과업수행 조직 10

competition 7   의성성냥공장 리모델링

3.

의성성냥공장 몽타주와 도큐멘타

계획의 목표와 계획의 기본방향

리노베이션은 완벽한 결말을 동반한 완성 중심의 결과론이 아닌 연속하게 진행되어야 하는 과정 중심의 온화하는 몽타주적 건축이 되어야 한다. 명확히 기획된 오래된 낡아진 건축물의 풍경이 연출하는 감성적 공간이 아니라, 미래에 생기있게 생성될 문화를 담는 총체적 환경으로써 작동하는 공간이 되어야 한다. 박제를 통한 건축의 대상의 않을 바라지, 산업유산에 대한 존중이 있을 숭배가 되지 않아야 한다. 그러기에 보존된 기록들을 전시관에 케이스에 모셔지게 하지보다는 원래 작동되던 위치에서 놓여져 새로운 공간과 프로그램에 자연스럽게 동화되도록 하며, 그 작동법과 생산품을 설명하고 보여주는 건조하지만 실제 작동되도록 하여, 산업적 생산품이 아닌 도큐멘타적 제품을 만들어 내길 기대한다.

내부 유적인에서 자연스럽게 외부 중정에는 경사로를 따라 마주하게 되는 작은 선큰공간이, 이 작은 전시 공간에는 옛 의성성냥공장의 기록들이 전시되기도 하고, 소멸된 근대적 산업의 기록들에 대한 기록들을 전시되기도 한다. 건축 개발이 논리에 사라진 대한민국 근대건축물이 소멸 위기의 지방 소도시 의성에서 기록된다. 과거의 박제가 아닌, 과거를 기억하고, 기록하는 공간으로 남아있는 과거를 작동하는 공간을 공간화하기 위해서 건축이 개입하고자 열망하고자 한다.

4. 산업 활동들을 기억하는 기계들이 이어주는 공간

과제1. (구)성냥공장이 가진 다양한 콘텍스트를 하나로 이어줄 수 있는 공간계획

기존 건물군

기계들을 중심으로 배치로 경계 지워진 소규모 건축물들의 집단이다. 각 건물들은 생산을 담당했던 기계들이 중요한 가치를 가진다. 그 중에서도 보호하기 위한 보호동이자 차일공간으로 작일 분산 배치되어 있다. 자기 다른 종류의 기계들을, 각기 다른 건물에 넣은 분산 배치이다. 문화재로 등록예정인 기계들을 공공이 활용 있는 것을 주 틀이나 건물들에 보존하면서 최대한 원래 위치에 보존한다.

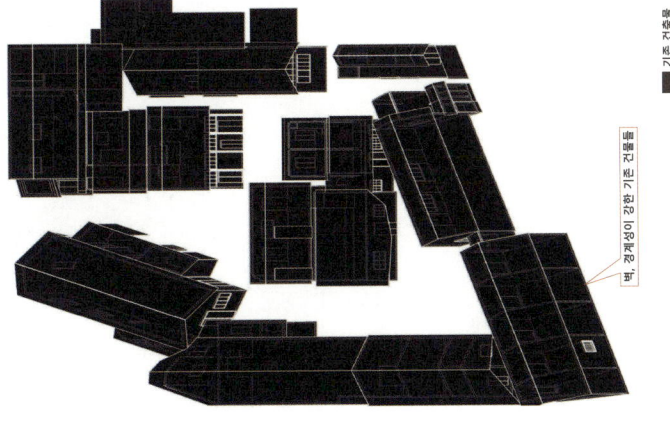

기존 건축물

기존 건물 내 기계들

성냥공장은 근대시대의 산업유산이다. 그 중에서도 보존하고 충분하게 연관되어 한 건물 경계를 확장함으로써 기존 건물들을 프로그램과 활동들에 대응하도록 한다. 새로운 공간의 기계들과, 경계벽을 참고 틀을 통하여 건물에서 빼가나 보존하면서 새로운 공간으로서 건물을 모색한다.

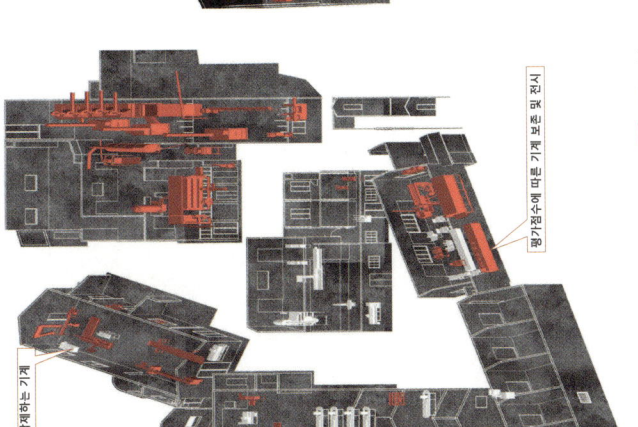

보존하는 기계
철거하는 기계

보존 기계들 + 경계의 확장과 결합

원래 위치에서 보존 틀 및 기계들을 중심으로 기존 건물들은 충분하고 연결되어 한 건물 경계를 확장함으로써 기존 건물들을 프로그램과 활동들에 대응하도록 한다. 새로운 공간의 기계들과, 경계벽을 참고 틀을 통하여 건물에서 빼가나 보존하면서 이때 기존 건축물의 위치/배치를 참조하여 신설되는 구조 새로운 공간으로서 건물을 모색한다.

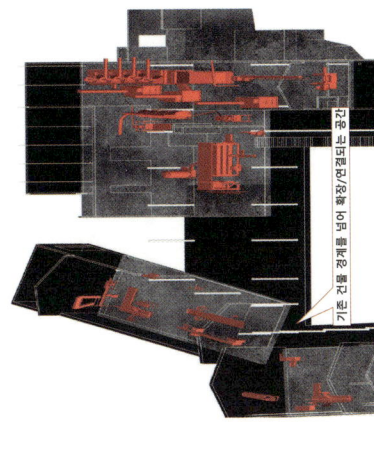

기존 구조, 시설물(보존/활용)
기존 건축물 영역
신설 철골 구조
신설 RC 구조

competition 7   의성성냥공장 리모델링

5.

과제2. 유휴공간 재생 사업으로서 기존 건축물이 가치와 잠재적 가능성을 고려한 공간 활용계획

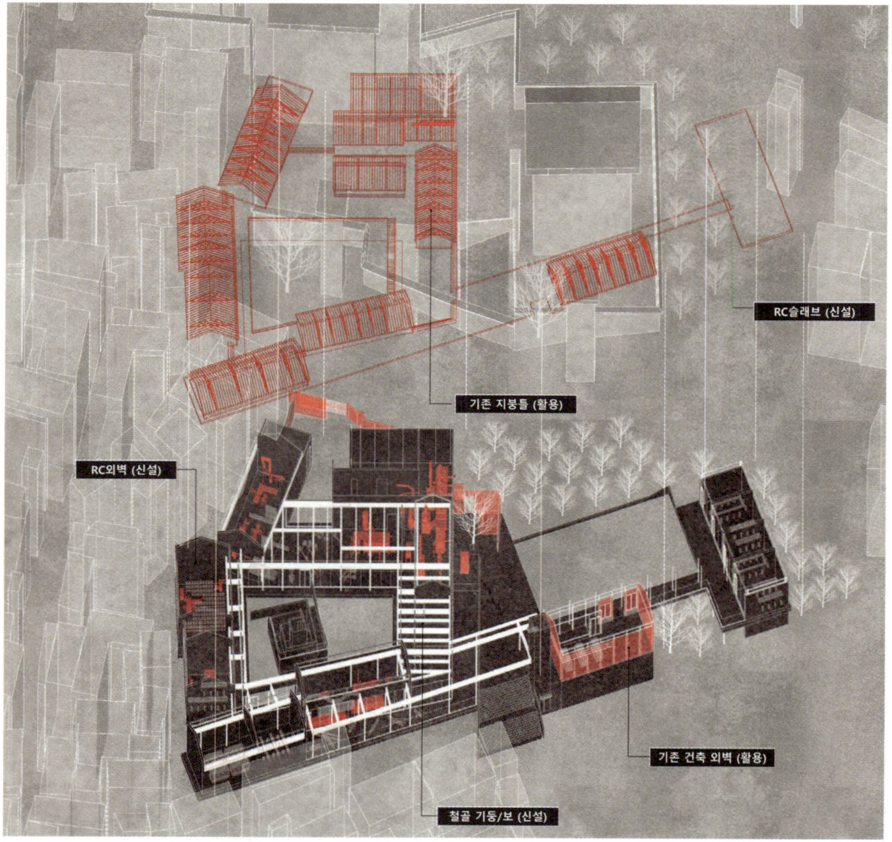

집합적 질서의 특성을 가진 기존 건축물

기존 실내공장단지에서 우리는 작은 건물들이 연립이 질서 있게에 대한 가능성에 주목한다.

작은 실내공간과 대음이 인접한 외부공간과 연계도 중요한 잠재적 가능성이다.

확장과 연대로 진화하는 기존 건축물

새롭게 요구되는 주단시의 볼륨도 기존 공장이 개별단지 단위의 크기로 장착적 질서로 배치된다. 대물과 기존 건물들과 함께 활용성을 도모하고, 새로운 프로그램에 대응하기 위해 기존 건물과 소규모 건물들을 열어 가며, 그래에 대응하기 위해 수평으로 증축된 공간으로 건물들을 열어 가며, 따뜻하게 되었다 외부공간 역시, 두 개의 서로 다른 성격의 외부공간으로 재편된다.

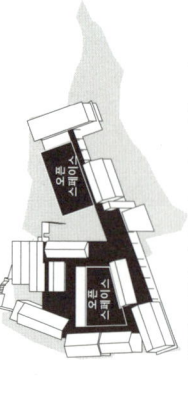

박공 트러스가 만드는 기존 건축물의 풍경

성능율과 구조는 건물들의 단단고 조기 비탄 고수에에 가깝다. 외벽은 구조적 불안성과 노후로 인해 제난을이 어렵다. 공간의 연장과 확장을 위해 외벽은 새로 신설되는 구조를 적용하되, 기존 박공지붕의 트러스를 재활용하여 기존 공장의 풍경을 유지한다.

집합적 질서와 지붕틀(트러스) 구조가 만들어내는 공간

당선 건축사사무소 아키텍톤

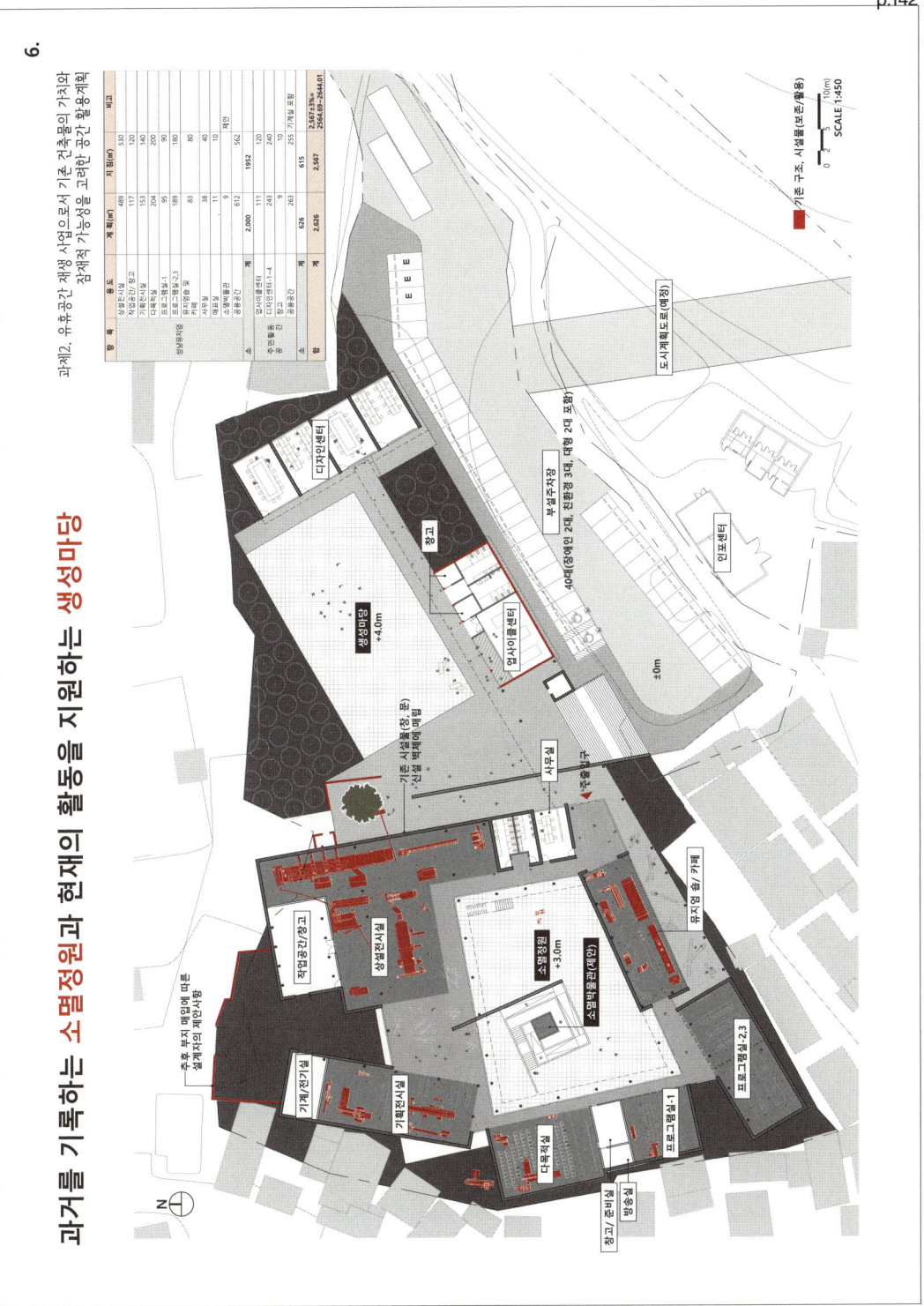

몽타주적 공간과 도큐멘타의 경험

7.

과제2. 유휴공간 재생 사업으로서 기존 건축물이 가치와 잠재적 가능성을 고려한 공간 활용계획

생성마당을 둘러싼 주민활동공간

주 진입구에서 우측의 영역으로 주민활동공간으로 인식이를 생하는 우회하게 기존 건축물의 외벽을 재활용하는 공간이며, 디자인 센터는 기존 공간과 유사한 규모로 신설되며 생성마당을 둘러싸며 배치된다. 생성마당은 다양한 주민행사 및 프로그램들에 대응하는 활동적이 외부공간으로 작동한다.

디자인 센터
생성마당
역사이를 센터
공용 화장실
그늘쉼터
기존 건축 외벽 보존, 재활용

주민 주진입의 방향

소멸정원을 둘러싼 성부뮤지엄공간

소멸정원의 중심에는 소멸나무이라는, 이 작은 공간에는 옛 의상성당공간의 기둥들이 전시되기도 하며, 소멸된 근대의 사연에 대한 기둥들을 전시되기도 한다. 더불어 개발의 논리에 사라진 대면건축물들이 소멸 위의 지붕 소도시 의상에서 재현전시되기도 한다.

소멸전시
경사로 전시

A. 생성마당
B. 디자인센터
C. 역사이를 센터
D. 부출입구
E. 뮤지엄 숍/카페
F. 프로그램실 2,3
G. 프로그램실-1
H. 다목적실

주민활동공간영역
생성마당

성부뮤지엄영역
소멸정원

01 주출입구
02 포플러 나무
03 생성광장(마루-下)
04 안내데스크
05 숍 및 카페(편의실)
06 상설전시
07 기획전시
08 로비
09 소멸전시실
10 소멸정원
11 도슨트 공간
12 다목적실
13 프로그램실-1
14 프로그램실 2,3
15 생성전시실-1
16 생성전시실-2(주부)
17 뮤지엄 숍/카페
18 로비

당선 건축사사무소 아키텍톤

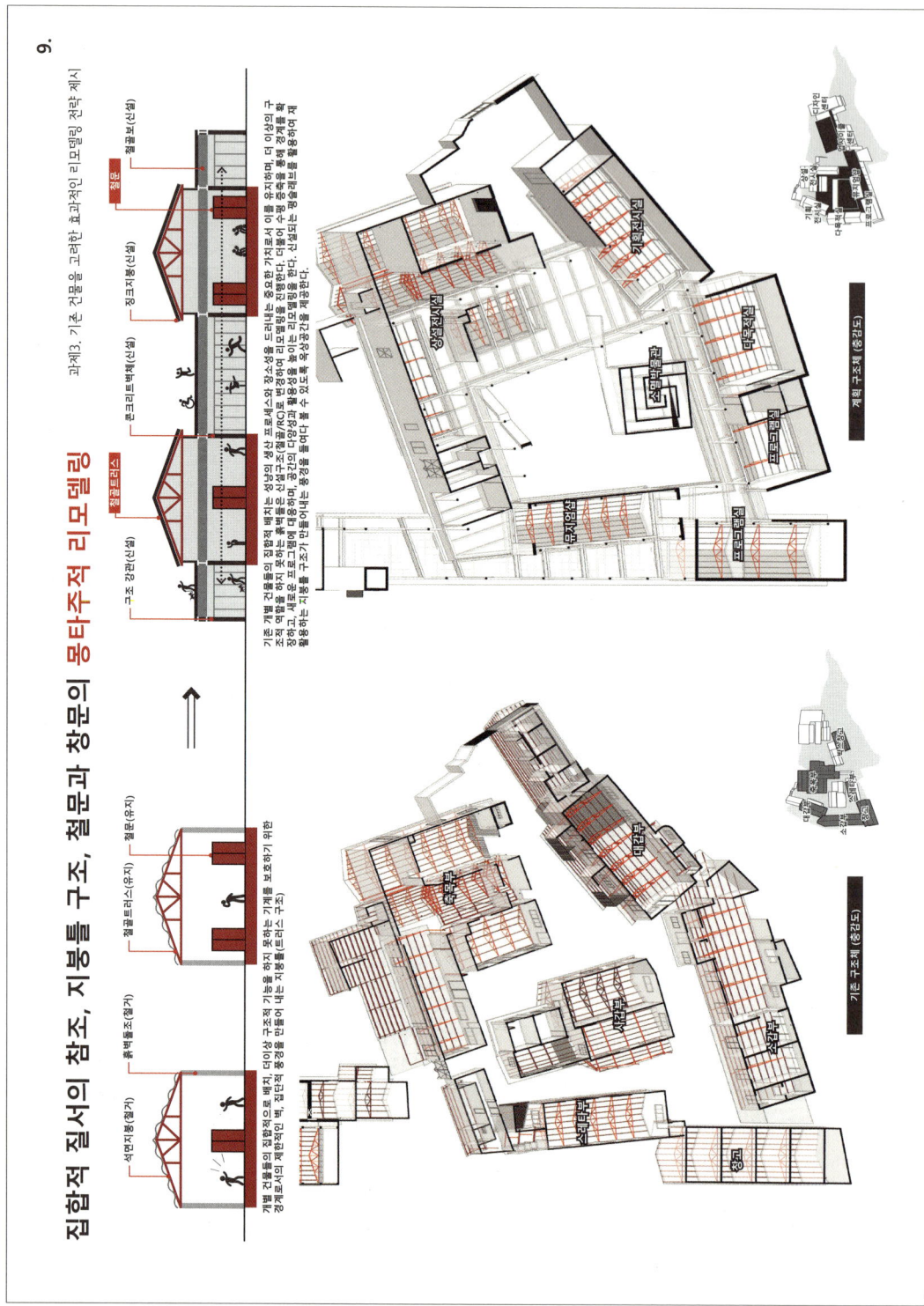

설계 일정계획과 과업수행조직

의성성냥공장 문화재생사업의 기본방향은 보존이 아닌 활용을 전제로 하는 정비이어야한다.
조사/분석은 어디를 남기고, 어디를 지울 수 있는지가 아닌 어디를 어떻게 남기고, 어디를 어떻게 지울지가 중요하다.

10. 과업수행방안

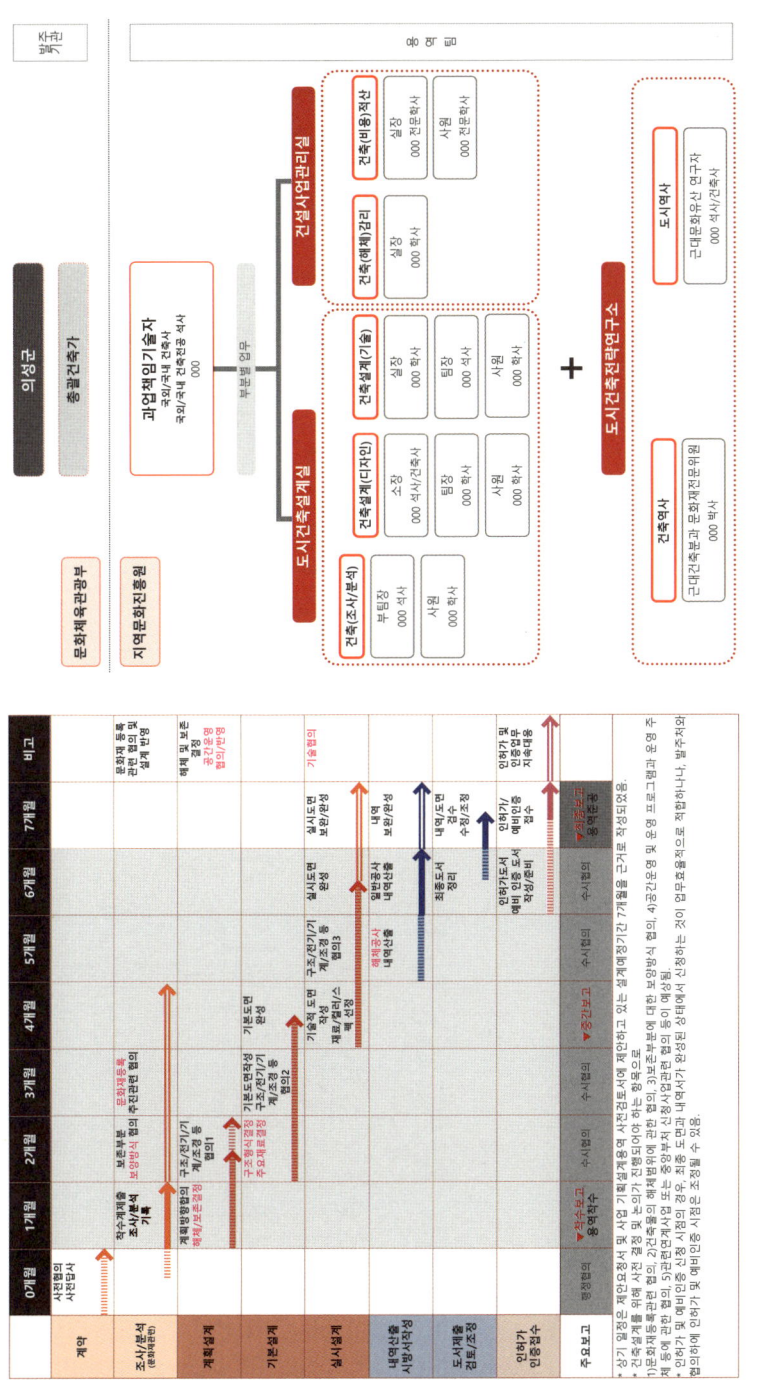

architects 이순건축 건축사사무소

prize 3등

contents 계획의 목표와 계획의 기본방향, 배치계획, 평면계획, 공간계획, 단면계획, 구조 및 재료계획, 건물 시스템 계획, 개요 및 실별 면적, 설계일정계획

오늘의 성남공장

왜(Why)

성남이 근대에서 갖는 의미는 특별하다. 라이온스가 시대물품으로 널리 사용되어 시장 곳곳에 도래되고 더 이상 대량생산할 이유를 상실할 때까지 모든 국민의 삶 곳곳에 들어와 '불씨' 씨앗씨의 기본적인 역할을 예전이 '성냥'은 일제 제품을 뿐 아니라 생활 문화를 대변해주는 '현상'으로 기억되어야할 문화적 가치가 충분하다.

성남공장은 가내 수공업이 소규모 제조업이 우리나라 산업 발전에 기여한 바는 또한 문화 여자가 없다. 전후 여공들의 노동력으로 뒷받침 되어 있던 구조의 '형'을 울리키는 공장들이 운영하고 있는 두류 시대들의 1955년 이 자리에 공장 을 신축한 이후 2013년 휴업을 하기까지 의성의 주요한 제조 기업으로서 역할을 한 본 성냥 공장 품품렉스를 보존하는 것은 발전성을 갖는다.

무엇을(What)

목재를 공장에 들어와 가공하는 다양한 형식의 문제들을 제조로 만들어 내는 시스템은 현재 이 자리에 온전하게 남아있다. 이 온전함을 다른 곳에서도 찾아볼 수 없는 유일성과 희소성 그것이다. 어느 하나를 빠뜨릴 수 없는 발연의 과정으로 자각의 건물과 기계들이 가능한 한 '온전한' 보존되어 당시의 생산환경을 지금 우리에게 전달할 수 있는 이 품품렉스의 보존함은 가장 근본적인 요소이다.

성남공장을 가득 채워있는 여공들의 공급을 위시한 사람들의 채취까지 직접적으로 느끼게 되는 것은 이 기억의 '현상'을 보존하는 가장 주요한 방법이다. 즉, 현장의 '환경(atmosphere)'을 총제적으로 전달하는 것(what)이 관건이다.

언제(When)

'그 때(memory)'를
'지금(now)'의 필요에 의해
'내일(sustainability)'으로 넘겨줄 필요가 있다.
'그때'를 가능하는 형태를 만드는 것이 무엇인지를 파악하여 '지금'의 방법으로 지속 가능하도록 전달하는 방식에 시간이 녹아있다.

어디서(Where)

기존의 생산 공장은 그 때에도, 지금도, 미래에도 그 자리에 굳게 되지만 '이 곳'을 방문하는 이들에게 다시시켜주는 것 또한 중요한 일이다. 공장이 일제에 있는 주변의 향교, 마음, 그리고 멀리 육신 가방 떨어져 멀리져 울리쳐 환경을 이루는 '이 곳'에 대한 애기들을 통해 이 곳을 건축적 돌려 제시하여 현지의 뿐만 아니라 단지의 들에게 소속된 정체감을 일체할 수 있다면 '이 곳'은 그저 옛날의 공장만이 아니게 될 것이다.

성남공장의 내일과 건축의 개입

- 접근

기존 공장 클러스터의 배치 양식을 흐트러뜨리지 않는다. 공장의 배치는 한정된 대지의 조건 안에서 최대한의 효율성을 확보하며 정교한 밀천성을 가지고 있다. 독촉부에서 시작하여 최종 장고(이전까지의 합리적인 성남공장 한 삶의 제품을 이룬다. 족조에 일제의 당시 성남공장이 '상황'에 대비한 보양의 효과를 이기도 하다. 전체를 흐트러뜨리지 않고 대비한 보양의 효과를 이루는 신측 부분의 대안이 필요하다.

*동일화(identification) : 기존의 품품렉스와 함체가 되어 일성을 지향한다.
*오브제화(objectification) : 기존의 컴플렉스와 주변의 상황을 관찰하여 현상을 다성 시키는 건축적 틀(cornice)을 제시한다.

- 재료

전체 품품렉스의 주 재료를 이루는 흙 벽돌은 기억을 이끌어내는 어쩌면 외진 주변에서 통일로 신라 이 부터 광범위하게 지속될인 기본적인 건축 재료이다. 흙, 색석, 짚으로 구성된 원시적이고 기본적인 재료의 구성은 그 자체로서 보존할 가능으로 대체 다른 세월의 변이를 전달 수 있는 작업만의 수단에 구사만이 기술에 보존이 가능해도록 최대한의 보존에만 한다.

- 구조

철골로 구성된 기공과 지붕 트러스는 기존이 구조형식을 유지하면서 전면적으로 재측할 되어야 한다. 단, 새로운 구조들은 기존의 흙 벽돌 구조를 동시에 보탁하여 단일빛이 아닌 마당의 합리화를 위한 공통 만드는 것이기도 하다.

- 철거와 보존 그리고 신축

기존 공장 프로세스 중 성냥 제조의 공정을 잘 보여줄 수 있는 부분을 보존하고 대체적으로 일상실이 결여있다고 판단된 부분은 진입하거나 새로운 기능으로 대체 한다. 또한 신측으로 기존 공장 전체에 하나로 아우 되는 전실태로 대를 제안한다. 이에는 클러스터 전체의 공장렉스 배치양식을 해체지 않으면서 새로운 공동의 기능들 가지고 새로운 소통을 수도 작용될 것이며 주차장에서 축복으로 길게 들어 품품렉스로 진입하는 그룹노트를 형성(이동지 동시에 전체의 동선을 총체적으로 이루런다.

- 관람동선

스트림을 통해 들어온 광평적인 그 곳으로부터 각 공장으로 진입하여 기존의 제조장이 정확히 보존된 공장들로 진입하게된다. 기계를 사이로 가는데 바닥을 보존한 상태로 광평적을 내지로 새로운 동선 바닥이 형성되며 관람자는 기존의 환경을 은은히 느낄 수 있되 올라진 거리기 주시된 체 전체 지는 바닥을 따라 이동하게 될 것이다.

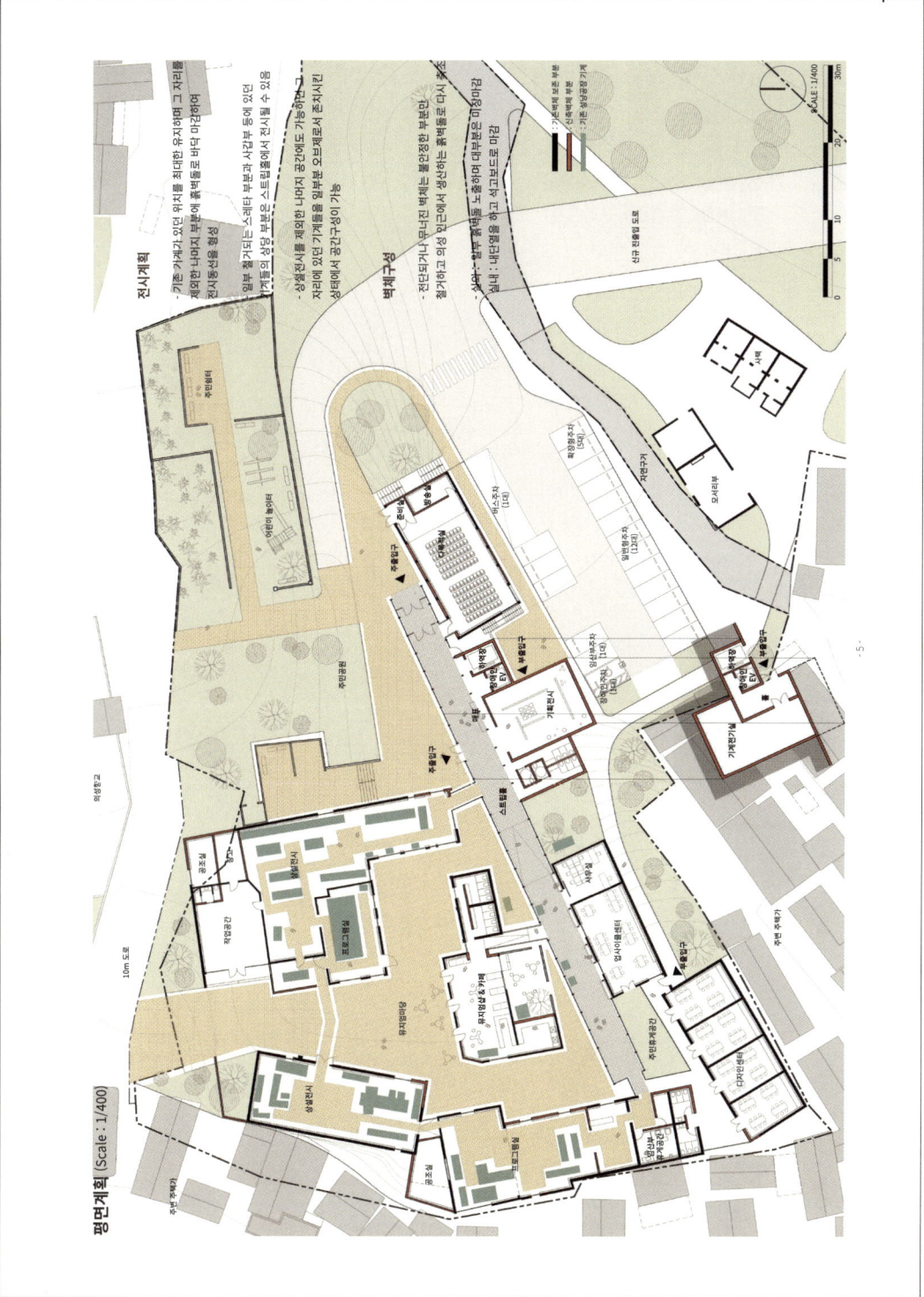

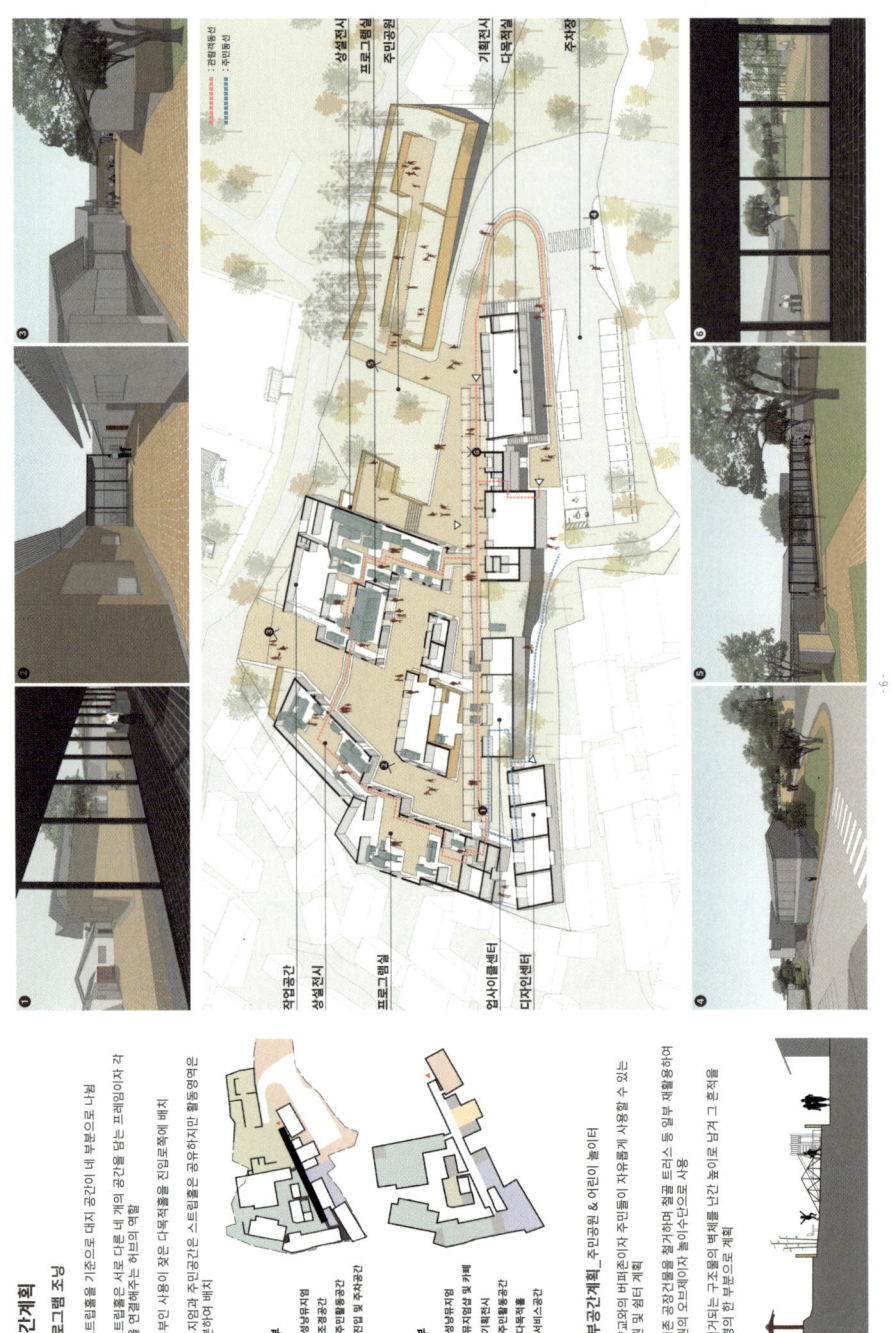

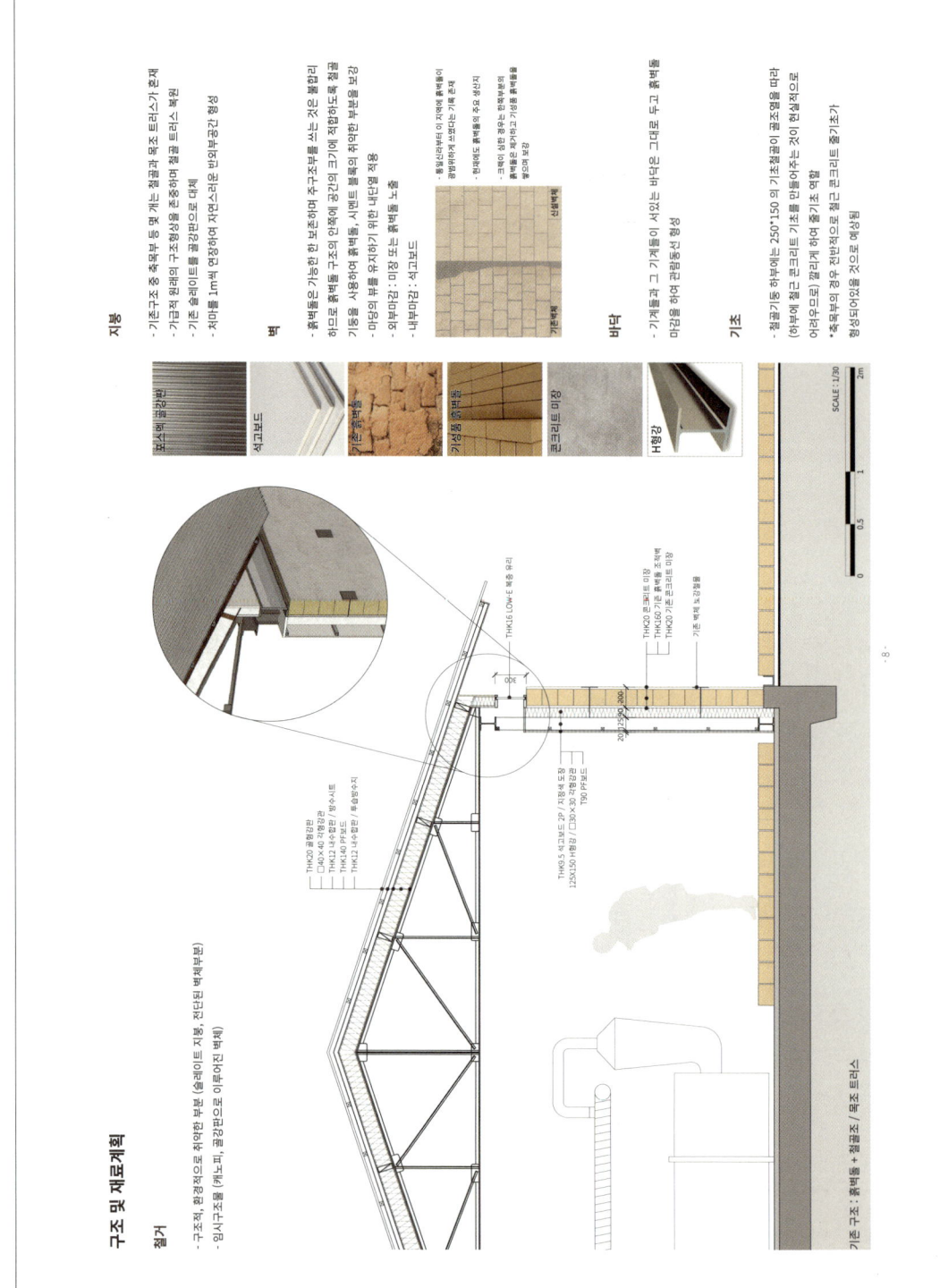

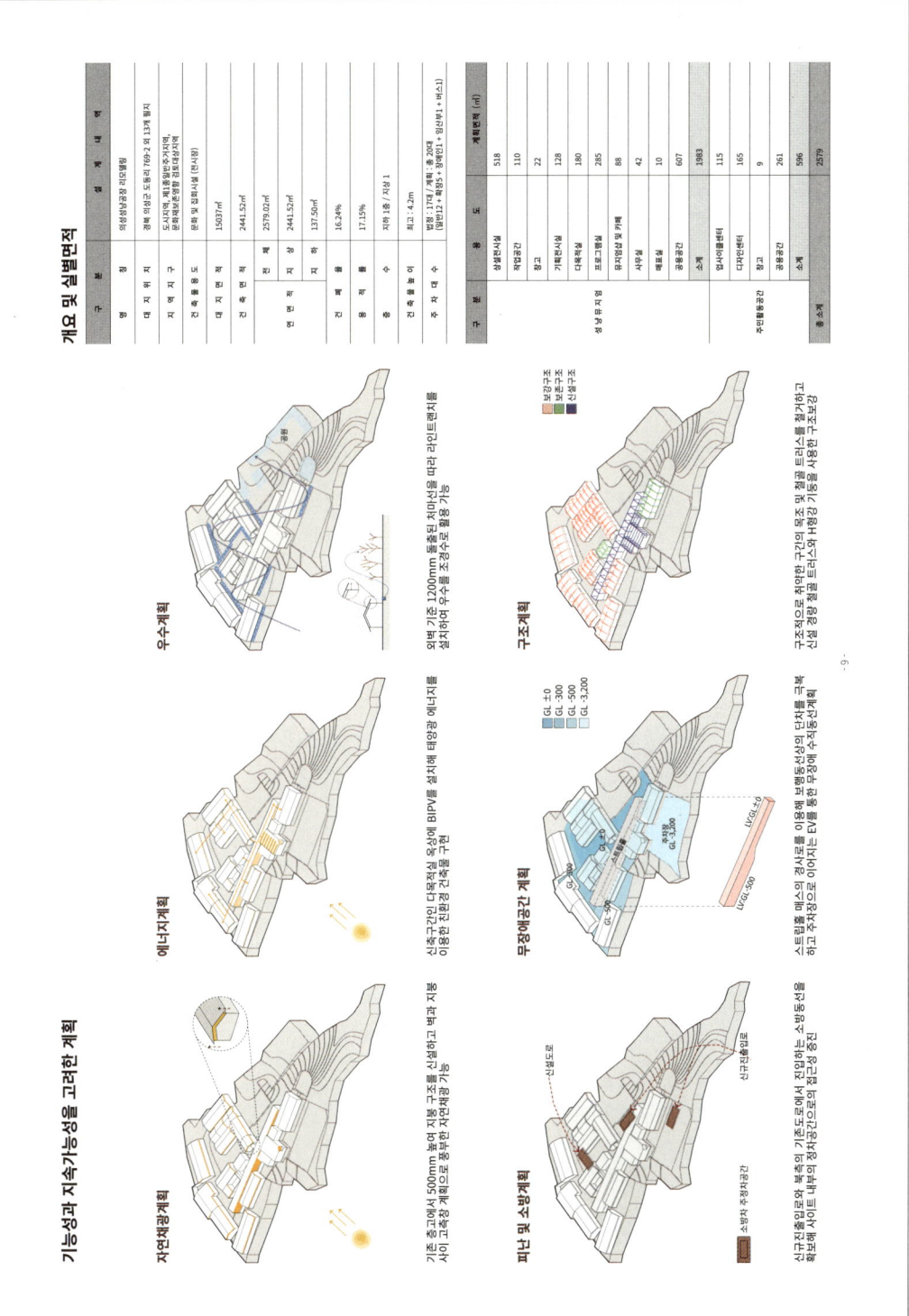

과업수행조직

과업 총괄	손 진
	김보령 박한란 황은지

설계일정계획

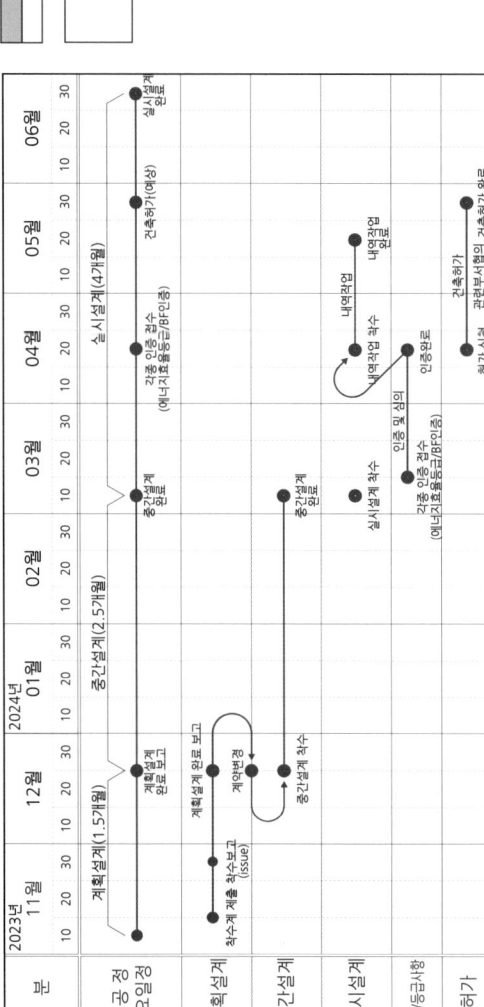

이미지 출처
https://www.wonil-steel.com/post/%출물한는-76-시간도금한한-무용-제품-베아하우
소-포자-포함
https://www.ohmynews.com/NWS_Web/View/img_pg.aspx?CNTN_CD=IA002628914
https://moheung.invil.org/index.htm?menuno=2192&lnb=30200
https://www.daewooden.co.kr/default/product/jo06/product01.php?tn=56&oub=01&com_board_basicread_form&com_board_idx=11&com_board_of=25
https://www.istockphoto.com/kr/%EC%82%AC%EC%A7%84/%EB%B9%BN%EA%B2%BD-%EA%B1%B4%EC%B9%9C%EB%AA%AB8-%EC%B2%BN%EC%A7%80-%EA%B4%91-%EC%AD%B0%9C-%EC%B6%94%9C%AC%9C-%ED%91%9C%EB%9C%A6%ED%9E%90%A6
%AC%ED%96%8A%A%B8-%EC%96%B%AC%ED%94%A3%6C-gm1193914646-339774720
https://m.blog.naver.com/lok255ve/221590192963?viewImg_1

3등 이손건축 건축사사무소

commentary on architecture competiton #0
설계경기 코멘터리 #0

초판 1쇄 발행. 2024년 8월 27일

제작총괄. 이용현
편집. 정평진
디자인. 김범준
교정. 이중용

발행처. (주)스코어러
출판등록. 2024년 1월 25일
등록번호. 제 2024-000010호
주소. 서울시 용산구 서빙고로 17, 4층
전화. 02-3785-2134
이메일. contact@scorer.co.kr
홈페이지. scorer.co.kr

ISBN. 979-11-988727-0-8 93540
정가. 43,000원

이 책의 저작권은 저자에게 있습니다. 내용의 전부 또는 일부를 이용하려면 반드시 동의를 거쳐야 합니다. 파본 및 잘못된 책은 구입하신 곳에서 교환해 드립니다.

commentary on architecture competition